大專用書

決策支援系統

王存國・季延平・范懿文 著

三民書局 印行

國家圖書館出版品預行編目資料

決策支援系統／王存國，季延平，范
懿文著.--再版.--臺北市：三民，
民88
　　　面；　　　公分
含參考書目
ISBN 957-14-2502-8 (平裝)

1.決策支援系統

494.8　　　　　　　　　　85010156

網際網路位址　http://www.sanmin.com.tw

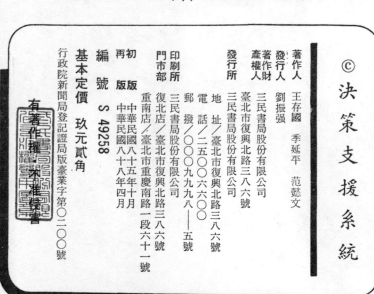

© 決策支援系統

著作人　王存國　季延平　范懿文
發行人　劉振強
產著作財
權人財
發行所　三民書局股份有限公司
　　　　臺北市復興北路三八六號
　　　　地　址／臺北市復興北路三八六號
　　　　電　話／二五○○六六○○
　　　　郵　撥／○○○九九九八一─五號
印刷所　三民書局股份有限公司
門市部　復北店／臺北市復興北路三八六號
　　　　重南店／臺北市重慶南路一段六十一號
版　版　中華民國八十五年十月
再初　　中華民國八十八年四月
編　號　S 49258
基本定價　玖元貳角
行政院新聞局登記證局版臺業字第○二○○號

有著作權·不准侵害

ISBN 957-14-2502-8 (平裝)

作者序

　　隨著資訊科技的突飛猛進，以及企業經營環境的快速變遷，企業內運用資訊科技以提升其競爭力的情形已經愈來愈普遍了！然而，很多資訊科技的應用經驗顯示，這些耗費資本投入而建置的資訊系統常僅僅扮演著資料累積的功能，而未能發揮其決策支援的效益。本書的撰寫便是在協助推動「發揮資訊資源的決策支援效益」的主要目標下進行的。主要的讀者對象，是大學部或是專科學校中主修資訊相關科系的學生、資訊相關的研究所一年級的學生、或是其他對決策支援系統有興趣的企業人士。

　　本書的編寫主要分為三部分，第一部分介紹決策支援系統的基本概念，主要是由范懿文負責撰寫；第二部分探討決策支援系統的技術考量，主要是由季延平負責撰寫；第三部分介紹決策支援系統的開發與應用議題，主要是由王存國負責撰寫。各章節的撰寫，都是廣泛收集各方有關決策支援系統的理論與實證經驗之知識後，再加以撰寫，希望能夠幫助讀者以一學期的時間有系統地認識決策支援系統。

　　作者們也特別在此感謝多位協助本書完成的友人，三民書局編輯部同仁及中大資管系所學生。尤其是建星、慕文、志玫、志育、光志、麗玲、麗美、德裕及台平等人在資料搜集，打字及編排，校對稿件方面付出的心血及建議，我們衷心感謝。此外，王存國特別感謝中央工管所高信培教授對第三部分的寶貴意見。

　　最後，因為倉促完書，不免有疏漏之處，我們誠摯地希望各位先進能夠對本書不吝指正賜教。

王存國　季延平　范懿文　謹序

民國八十五年八月

決策支援系統

目　次

第三章　企業的決策支援需求

第四章　決策支援系統架構

第二編〈決策支援系統的科技面

第八章　決策支援系統的科技基礎

第九章 決策資訊資源之管理

第十章 企業模型

第十一章 決策支援系統規劃方法

第三編〈決策支援科技的發展與應用

第十三章　個人決策支援系統的發展

第十四章　高階主管資訊系統

第十五章　群體決策支援系統

第十六章　談判支援系統

第十七章　組織決策支援系統

第十八章　科技延伸與經驗

・第一編・

決策支援系統基本概念

　　本編章節旨在介紹決策支援系統的基本觀念，幫著讀者瞭解二十多年來，學者專家及實務業者對決策支援系統理論與實務的貢獻及看法。本部分包括七章：第一章是決策支援系統導論，第二章說明組織的決策問題，第三章探討企業的決策支援需求，第四章介紹一般決策支援系統的基本系統架構，然後分別在第五章，第六章及第七章介紹資料庫子系統，模式庫子系統及用戶界面子系統。

第一章　決策支援系統導論

概　要

　　在九○年代，邁入資訊化的社會是全世界的企業都察覺到的醒悟。許多企業不但投入相當多的資源來應用電腦與通訊科技幫他們處理資訊管理的工作，更深切地瞭解到資訊資源的決策支援效益可以提升企業的競爭力。所以決策支援系統在各個領域中的開發與使用經驗，也越來越多。這些應用經驗中，有的系統發揮了其決策支援效益，改善了決策者的決策品質；也有的系統毫無價值，造成資源的浪費。所以本書將系統化地介紹決策支援系統的理論與實務經驗，讓資訊相關人員都能掌握決策支援系統的設計開發及使用要點，使系統能發揮所有的效益。本章首先介紹決策支援系統的各項基本概念，說明決策支援系統的緣起，定義，特性，類別以及重要效益。以幫助讀者認識決策支援系統與其他資訊系統的差別。

第一節　緒論

　　資訊科技日新月異，不管是電腦硬體設備或是各類通用套裝軟體，都越來越價廉物美。另一方面，電腦使用者的各種資訊科技或資訊系統應用經驗也正不斷地累積及成長，使得今日資訊科技能夠解決的問題包羅萬象。從替代人工的程序自動化系統，到提昇決策績效的決策支援系統，都顯示出電腦科技的廣泛應用。許多原來需要人來解決的問題，都可以交給迅速、精確、刻苦、耐勞的電腦去解決。其中，以幫助組織決策者提昇決策績效的決策支援系統的過去經驗累積相對較少，而未來發展機會及應用潛力大。所以，本書特別針對決策支援系統這個主題，把過去許多學者專家及實務業者努力的成果，加以系統化詳盡介紹。本章首先簡介決策支援系統的各項基本概念，第二節討論為什麼要學習決策支援系統，第三節介紹決策支援系統的發展背景及緣起，第四節說明決策支援系統的定義及特性，第五節針對一般決策支援系統的目標以及預期重要效益加以討論，第六節介紹決策支援系統之應用類別，第七節則對本書各章加以摘要簡介。

第二節　為什麼要學習決策支援系統

　　生活在現代社會中的我們，經常有機會與各種資訊系統互動，產生許多極有價值的資訊，享受到資訊科技帶給我們的好處。例如，透過金融資訊系統提供的服務，我們只要在一家銀行開立帳戶並申請金融卡，便可在任何一部參加共用系統的自動櫃員機上查詢餘額、提領現金或轉帳。這些在我們身旁處處可見的資訊系統，常常提醒著我們正生活在資訊化的社會中。隨著資訊化社會紀元的來臨，我們對資訊系統或科技帶給我們的各種影響，都應有知己知彼、百戰百勝的準備。

對決策支援系統的工作者或學習者而言，有系統地瞭解並學習決策支援系統的觀念、方法、技術和應用是非常重要的。第一個原因是，如前言中所述，相對於其他電子資料處理系統或管理資訊系統而言，決策支援系統的過去經驗累積較少，至今尚未完全發揮其所有的潛力及效能。所以，不管是個人決策支援系統或組織決策支援系統，其未來發展的機會及應用潛力都很大。不管你現在是不是決策支援系統工作者之一，你很快地將會有機會在工作或生活中接觸決策支援系統。如何奠定良好的基礎，幫助你善用決策支援系統，在合理成本中提昇決策績效，是一個非常重要的課題；你甚或可以進一步地專注於研究基礎理論或科技，來充實特定決策支援系統的必備能力。

第二個原因，一個針對特定問題開發的決策支援系統，其發展及應用正是各種系統開發工具和方法整合應用的成果。你在程式語言、系統分析與設計、資料庫系統、作業研究或網路系統……等各學科所學習的觀念和方法，可以藉著開發決策支援系統時加以複習及整合應用，更加精進。同時，更可以藉著學習決策支援系統的開發，有機會瞭解自己在資訊管理或電腦科學等學科中，所學不足的地方，進而可以調整充實自己的方向。

第三個原因是，組織內的各項資訊資源都有其相關決策制定的參考價值，所以各個資訊系統實質上都有可以支援決策的本質。例如，會計部門經理可以根據會計資訊系統的應收帳款明細報告，決定催收帳款的工作項目及進度。學習決策支援系統的決策支援理論，可以使得組織中已耗資不少成本開發的資訊系統在適量成本的調整下，發揮其無可限量的決策支援效益。

第四個原因是，任何決策支援系統的發展都須有成本的投入。如何掌握適當的發展策略及進行步驟，並調整組織機能及程序來使決策支援

系統成功，發揮其最大的系統效益是非常重要的關鍵成功因素。唯有對
決策支援系統有所瞭解後，才能釐定每一個特定決策支援系統的適當組
織機能發展策略及可行合宜的進行步驟。

第三節　決策支援系統發展背景及緣起

電腦在企業組織中的一般業務資料處理應用，源起於 1950 年代。
第一臺電子計算機是美國賓州大學於 1946 年推出的 ENIAC(Electronic
Numerical Integrator And Calculator)，主要是針對軍事工程計算的
需求而發展的。1950 年美國國內第一部應用內儲程式的商用電子計
算機 EDVAC (Electronic Discrete Variable Automatic Computer)
問市後，次年 3 月，由 Eckert-Mauchley 公司所生產製造的 UNIVAC
I(UNIVersal Automatic Computer I) 在美國戶口普查局安裝啟用，以
處理規模龐大的人口普查資料，開啟了電腦的電子資料處理 (Electronic
Data Process, EDP) 紀元。此時，電腦在組織的應用主要是將人工作業
處理自動化，所以非常強調如何增進交易資料的處理效率。其工作內容
大部分是處理非常結構化的交易工作，故又稱此類資訊系統為交易處理
系統 (Transaction Process Systems, TPS)。此時期的電腦輔助決策應用
僅限於一些零星的管理科學模式的程式應用。

隨著硬體設備與軟體工具的研發及進展，加上電子資料處理的經驗
累積及企業功能應用系統的蓬勃發展，於是，1960 年代的早期有所謂
管理資訊系統 (Management Information Systems, MIS) 的崛起。美
國明尼蘇達大學的管理學院更在 1968 年成立了第一個管理資訊系統的
博士學程，此時期的電腦應用可稱為管理資訊系統時期。在管理資訊系
統時期，因為資料庫系統概念的提倡，組織的資訊系統應用與規劃著重
在資訊資源的整合效益，並提供管理階層一些搜尋資料，整合報告的功

能。雖然管理資訊系統已提供管理階層一些資訊報告，但仍以結構性的
資料處理及彙整報告為主，尚未提供與決策分析息息相關的若則分析及
沙盤演練等功能。

　　專門輔助管理階層決策釐訂的決策支援系統是在 1971 年由 Scott-
Morton 所提出的「管理決策系統」(Management Decision Systems)
觀念所演變而來的。當時提出這樣的觀念主要是希望能夠提昇電腦在組
織中的應用層次，從傳統的電子資料處理到協助中高階層的管理員制定
日常的決策工作。後來經過許多專家學者的持續研究及實務應用，決策
支援系統強調將重點放在組織的半結構或非結構決策之輔助工作上，注
重決策效益並強調彈性。伴隨著資訊科技的驚人進展，今天的決策支援
系統則以組織中各管理階層為支援用戶，輔助其各決策階段，協調各決
策者的溝通，累積專家的專業知識應用，適應不同決策風格等特性存在
於組織中。

第四節　決策支援系統定義與特性

　　關於決策支援系統的定義，學者及專家之間可以說是眾說紛云，至
今尚未有定論。有的作者認為「任何支援決策制定的系統都是決策支援
系統」(Alter, 1977)，這是決策支援系統最廣義的定義。這個定義強調
系統的主要用途是以支援決策制定為目標，除此之外，這個廣義的定義
不能提供研究及開發決策支援系統的重要準則及建議，所以有許多學者
分別另外提出其他不同觀點的定義。歷年來學者對決策支援系統的重要
定義如表 1-1 所示。本書整合歷年來學者的定義，並兼顧決策支援系統
發展趨勢及應用特質，提出一個概括性的定義如下：「決策支援系統是利
用資訊科技 (information technology) 針對組織中的個人或群體之半結
構化 (semi-structured) 或非結構化 (non-structured) 決策任務、提供擷

表1-1 決策支援系統的定義

學　　者	決策支援系統的意義
Scott-Morton(1971)	一個以電腦為基礎的交談式系統，這個系統可以協助決策者使用資料及模式，以解決非結構化的問題
Alter(1977)	任何支援決策制定的系統都是決策支援系統
Keen and Scott-Morton (1978)	決策支援系統是結合人類智慧與電腦功能，幫助管理決策者面對半結構問題時，來改善其決策品質的電腦化系統
Keen(1981)	決策支援系統是設計用來增進 (improve) 經理人員以及專業幕僚的效能 (effectiveness) 及生產力 (productivity) 的交談式電腦系統
Alari & Napier(1984)	決策支援系統是設計用來加強 (enhance) 決策者在半結構化的問題上的效益而以電腦為基礎的系統
Mann & Watson(1984)	決策支援系統是提供決策者能夠很容易存取決策模式和資料，以協助其解決半結構化及非結構化決策工作的交談式電腦系統
Hogue(1987)	決策支援系統是具有特殊目的的電腦系統，它用來協助組織中中高階層的管理者處理具有明顯重要性 (significant importance) 的決策問題
Banerjee & Basu(1993)	決策支援系統必須協助決策者，透過各種模式之間的合作產生實際有用的資訊，並經由適當的使用者界面傳遞給決策者。決策支援系統的目的並非是提昇決策者解決結構化問題的效率 (efficiency)，而是增進決策者在整個決策過程中的效益
Turban(1995)	決策支援系統是為支援非結構性管理問題的決策制定，提供友善親和的界面，幫助決策者擷取資料及洞察情勢，以改善其決策品質而開發的交談式彈性電腦系統

取相關資料、進行沙盤推演分析、比較可行方案等功能，搜尋最佳建議來幫助決策者提昇其決策績效之人機交談式 (interactive) 系統。」本書採用如此涵蓋性的定義來說明決策支援系統，是想將資訊科技的各項進步成果納入研究範圍。例如傳統的決策支援系統只針對合適作業研究或管理科學的計量模式之問題提出決策分析支援，但是現在又有人工智慧領域中的專家系統 (expert systems) 技術，可以用來輔助一些須要用定性知識推論的決策任務之釐定，建立所謂的智慧型決策支援系統 (intelligent decision support systems)。利用本書的定義，則可將這些資訊科技的研發成果納入決策支援系統規劃範疇。

雖然學者專家提出的決策支援系統定義各有其觀點，但是各學者都強調決策支援系統的下列五個要點：

1.使用電腦或資訊科技的研發成果。

2.支援組織各管理階層決策者之決策釐定而非取代決策者制定決策。

3.針對比較半結構或非結構的決策問題而開發。

4.適當結合與決策問題相關的分析模式或推論功能及資料擷取儲存功能。

5.強調容易使用，特別重視研究如何使非電腦專業人員也可以很容易使用的界面設計。所以一般決策支援系統界面多是以交談式型態出現。

因為各學者對決策支援系統的定義有嚴有寬，各有其強調的重點，所以也有學者以特性研究方法來增加對決策支援系統的瞭解，例如 Sprague 曾針對 Alter 等人的個案研究，整理出決策支援系統所具有的四個重要特性：

1.決策支援系統是針對中高階層管理者所面臨的比較非結構性、不明確的決策問題而開發。

2.決策支援系統企圖將分析技術與資料存取功能結合起來。

3.決策支援系統特別強調容易使用的特性，使得非電腦專業人員也可以很容易地在交談式模式下使用。

4.決策支援系統特別強調「調適性」(adaptability) 及「彈性」(flexibility)，以配合決策環境和決策方式的可能改變。

以上所述的特性可以幫助我們瞭解決策支援系統這種資訊系統適用的範疇。此外，學者 Keen 從許多決策支援系統的實例運用上觀察出三個決策支援系統與其他資訊系統在使用上不同的特色：

1.決策支援系統大多是非固定使用的電腦系統，經常以備詢的角色執行各種臨時的 (ad hoc) 分析，快速的存取資料以及產生非標準格式的報表。

2.決策支援系統經常使用在「若則分析」(what-if) 的沙盤推演上。

3.決策支援系統常常不具備明顯正確的答案，經理人員通常必須在定量分析和環境因素兩者之間做一個取捨平衡考量 (tradeoffs)。
這些特色可以說明決策支援系統在實務上的運用所扮演的不同於一般資訊系統的角色的地方。

第五節　決策支援系統的目標及重要效益

因為特定決策支援系統常是針對某一特定決策任務而加以開發的，所以個別決策支援系統的系統目標與能力各有差異。但是，就決策支援系統整體對決策績效的影響而言，理想上決策支援系統的目標應有下列十項：

1.決策支援系統必須要能整合人類智慧及電腦資料來支援決策，尤其是在半結構性和非結構性的決策問題上，其他電子資料處理系統，管理資訊系統無法有效解決，正是決策支援系統發揮效益之處。

2.決策支援系統必須為各個不同組織階層的決策者提供支援，並儘可能地協助不同階層之間的整合。

3.決策支援系統可以支援不同的決策者參與方式，包括個人決策和群體決策支援。

4.決策支援系統必須容易使用，並提供交談式系統處理模式，以便使用者與電腦的即時資料交流。此外，由於中文輸入指令不易，所以在圖形界面技術成熟之後，圖形使用者界面便廣泛被使用在決策支援系統之使用者界面上。

5.決策支援系統應該支援決策過程的所有階段。如 Simon 所提的「情報 — 設計 — 選擇」三個決策過程，都應有決策支援系統發揮效益，提昇決策品質的考量空間。

6.決策支援系統必須支援各種不同的決策程序，不應固定在特定的一種決策程序上。

7.決策支援系統不但要能支援獨立的決策，也要能支援相依的決策。

8.決策支援系統常由使用者主導決策支援系統的使用。

9.決策支援系統應有適應環境變更和不同決策風格的彈性。

10.決策支援系統應提供臨時的 (ad hoc) 決策支援功能的建構能力。

這些目標是理想上決策支援系統可以達成的境界，但是在實務界或文獻中所發表的大部分決策支援系統通常受限於資源的取得困難、時間的壓力或其他限制，而只達成了其中的幾項。

一般而言，一個成功的決策支援系統可以幫助決策者：1.增加考慮的方案個數，2.對相關產業做更加深入的瞭解，3.對未來預期的突發狀況加以預測模擬，突發狀況發生時，便可更快速且適宜地反應，4.具有臨時 (ad hoc) 分析的能力，5.增加新的學習和觀察能力，6.增進溝通的效能，7.達成更好的管理控制績效，8.降低決策制定的成本，9.達成更好的決策品質與決策執行成果，10.與隊友更有效的團隊合作，11.節省決策制定所需的資料彙整及分析時間，12. 更有效的運用資訊資源以及各項組織資源。

綜合上述一般決策支援系統提供的功能，我們可以將決策支援系統的重要效益以下列四點來說明：

1.提升決策分析的品質：利用電腦快速擷取資料、表達資訊、運算分析的能力，決策者可在很短時間內搜集更多相關資料，對狀況做更深入的瞭解，分析更多的方案，找到更好、更可行的解決方案。

2.提昇管理效能：有了決策支援系統的輔助，管理者可在較短的時間內完成決策的制定，便有較多的時間來做策略規劃思考，來追蹤決策執行的進度與成果，及從事其他提昇其管理控制效能的活動。

3.具有調適變通的能力：決策支援系統的臨時 (ad hoc) 分析能力可幫助決策者對決策執行過程中可能發生的各種突發情形，進行事先的預測分析，並在當時立即反應。

4.決策支援系統可使組織中建置經年的電子資料處理系統或管理資訊系統發揮其決策輔助效益：常常我們可以把組織中已存在的資料加以篩選、精簡、彙整、組合分析之後，產生非常有價值的資訊，幫助管理者更有效率地掌握正確的情勢，提昇其管理績效。

第六節　決策支援系統的類別

決策支援系統可依不同的分類標準，而有不同的類別重點。各類別的決策支援系統可能因其所屬類別的特性而在設計程序、實施策略或使用過程中各有差異。以下分別介紹六種分類標準：一、依企業機能分類的決策支援系統；二、依技術層次分類的決策支援系統；三、依系統輸出支援決策的直接性分類的決策支援系統；四、依使用頻率與規模分類的決策支援系統；五、依決策者人數及參與決策方式分類的決策支援系統；六、依系統來源分類的決策支援系統。

一、依企業機能分類

企業組織中的主要機能部門都可以有其專屬的決策支援系統。例如，財務管理部門可以利用各種財務分析支援系統來分析投資方案的預期損益及影響；行銷部門的銷售預測決策支援系統也可以讓企業在降低存貨成本的情況下，提高服務水準。其他還有各種策略規劃支援系統、生產管理決策支援系統等依企業機能分類的決策支援系統在組織中運作。

二、依技術層次分類

Sprague 和 Carlson（1982）將決策支援系統依其技術層次分為三個層級，各層級所適用的工作本質與範圍都不同，其對使用者的技術能力要求也不一樣。第一個層級是針對某特定決策問題而設計開發的決策支援系統，稱為特用決策支援系統（Specific Decision Support Systems, SDSS）。特用決策支援系統是為特定的工作或用途而開發的軟體系統。不同的決策問題可能有部分作業相同，但是針對其特殊用途差異，仍使用不同的特用決策支援系統。第二個層級是將開發各個特用決策支援系統時都需用到的基本作業程序或功能彙集而成一個決策支援系統母體（DSS Generator）。而所謂的決策支援系統母體就是一組相關軟硬體的組合系統，提供快速且容易開發特用決策支援系統的能力。第三個層級便是幫助開發特用決策支援系統或決策支援系統母體的硬體或軟體單元，即所謂的決策支援系統工具（DSS Tools）。決策支援系統工具是最基礎的技術層級，可以直接用來發展特用決策支援系統，也可先用決策支援系統工具發展決策支援系統母體後，再由決策支援系統母體發展出特用決策支援系統的應用。

三、依系統輸出支援決策的直接性分類

Alter (1980) 將決策支援系統依其系統輸出支援決策的直接性分為七類: 檔案櫃系統 (file drawer systems), 資料分析系統 (data analysis systems), 分析資訊系統 (analysis information systems), 會計模式 (accounting models), 表達模式 (representational models), 最佳化模式 (optimization models) 及建議模式 (suggestion models)。前三項系統主要功能偏重在資料的取用及表達分析上, 是所謂的資料導向系統 (data-oriented systems); 後四項系統利用各種模擬或最佳化模式分析來建議決策方案, 是所謂的模式導向系統 (model-oriented systems)。

四、依使用頻率與規模分類

決策支援系統可依其定期使用或長期持續使用的特性而成機構性決策支援系統 (institutionalized DSS)。此外, 也有為了應付臨時發生的緊急決策問題而開發的臨時用決策支援系統 (ad hoc DSS)。通常機構性決策支援系統較具規模, 且多由專業人員負責從事設計開發及維護事項; 而臨時用決策支援系統範圍通常較小, 若有持續使用的需求時, 也可擴充其規模而成組織的機構性決策支援系統。

五、依決策者人數及參與決策方式分類

組織中的決策方式可能是個人決策或群體決策。支援個別決策者的決策支援系統提供的是個人支援 (personal support); 若同時支援兩個或兩個以上的決策者溝通協商, 共同制定決策的決策支援系統提供的是團體支援 (group or team support); 另外也有一些序列性相依決策, 各決策者只作部分決定, 便把問題交給其他人。此類決策須要組織支援

(organizational support)。

六、依系統來源分類

大部分的特用決策支援系統是為組織中特定的決策者量身訂作 (cus-tom-made) 的系統。但是近年來系統應用經驗累積成熟，加上各種開放系統技術進步，已有一些特用決策支援系統在一個組織中應用成功後，進而轉進其他組織中支援類似決策問題的制定。於是有廠商將這些可在多個組織中使用的特用決策支援系統或一般決策支援系統母體開發成套裝軟體，出售給決策者，這即是成品型系統 (ready-made systems)。

第七節　本書章節安排簡介

本書的目的是希望為決策支援系統學習者或工作者提供對決策支援系統的系統化介紹與說明，所以在內容方面，兼重概念的說明與技術的介紹；而在章節的安排上，採循序漸進式地分三部分來介紹決策支援系統。第一編介紹決策支援系統的基本概念，分七章來說明組織的決策問題及決策支援需求，決策支援系統的定義、緣起、一般系統架構、及各子系統單元。第二編探討決策支援的技術考量，分五章來介紹開發應用決策支援系統的各項科技、方法及工具。第三編說明決策支援的開發與應用議題，以六章來介紹發展決策支援系統的方法及各項決策支援系統的延伸應用。

研討習題

1. 試說明決策支援系統的定義與特性。
2. 何謂決策支援系統母體？請由日常生活中的例子說明決策支援系統母體的應用經驗。

3. 請說明在各種不同的分類標準中，那種分類對瞭解決策支援系統的設計原則最有幫助？

4. 決策支援系統的個人支援、團體支援與組織支援有那些差異？

5. 訪談企業組織，瞭解他們的決策支援系統內容、使用情況及績效。

——參考文獻——

1. Alavi & Napier, "An Experiment in Applying the Adaptive Design Approach to DSS Development," *Information & Management,* Vol.7, No.1, 1984.

2. Alter, "A Taxonomy of Decision Support Systems," *Sloan Management Review,* Vol.19, No.1, 1977, pp.39–56.

3. Alter, "Transforming DSS Jargon into Principles for DSS Success," *DSS-81 Transactions,* 1981.

4. Applegate, et al., "Model Management: Design for Decision Support Systems," *Decision Support Systems,* 1986.

5. Banerjee & Basu, "Model Type Selection in an Integrated DSS Environment," *Decision Support Systems,* 1993.

6. Barbosa & Hirko, "Integration of Algorithm Aids into Decision Support Systems," *MIS Quarterly,* Vol.4, No.1, 1980, pp.1–12.

7. Bennett, "User-Oriented Graphic System for Support in Unstructured Tasks," *User Oriented Design of Interactive Graphics Systems*, New York: Association for Computing Machinery, 1977.

8. Bidgoli, H., *Decision Support Systems-Principles and Practice,* West Publishing Company, 1989.

9. Blanning, "Functions of Decision Support Systems," *Information & Management,* Vol.2, No.3, 1979, pp.87–93.

10. Blanning, "An Entity-Relationship Approach to Model Management," *Decision Support Systems,* 1986.

11. Blaylock & Rees, "Cognitive Style and the Usefulness of Informa-

tion," *Decision Science,* 1984, pp.74-91.

12. Bonczek, Holsapple and Whinston, "Future Directions for Developing Decision Support Systems," *Decision Sciences,* 1980.

13. Brightman & Harris, "An Exploratory Study of DSS Design and Use," *DSS-82 Transactions,* 1982.

14. Brookes, "A Framework for DSS Development," *DSS-85 Transactions,* 1985.

15. Carlson, "An Approach for Design Decision Support Systems," *Proceedings of the 11th Hawaii International Conference on System Sciences,* 1978.

16. Cash, Mcfarlan, Mckenney, and Applegate, *Corporate Information Systems Management-text and case,* IRWIN, Inc., 1992.

17. Chang, Holsapple and Whinston, "Model Management Issues and Directions," *Decision Support Systems,* 1993.

18. Crawford, "Current Issue in Online Catalog User Interface Design," *Information Technology and Library,* 1992.

19. Dolk, "Data as Model: An Approach to Implementing Model Management," *Decision Support Systems,* 1986.

20. Dough & Duffy, "Top Management Perspectives on Decision Support Systems," *Information and Management,* Vol.12, No.1, 1987, pp.21–31.

21. Garnto & Watson, "An Investigation of DataBase Requirements for Institutional and Ad Hoc DSS," *Data Base,* 1985.

22. Geoffrion, "An Introduction to Structure Modeling," *Management Science,* 1987.

23. Ghiaseddin, "An Environment for Development for Decision Sup-

port Systems," *Decision Support Systems,* 1986.

24. Gorry & Morton, "A Framework for Management Information System," *Sloan Management Review,* Vol.13, No.1, Fall 1971, pp.55–70.

25. Hogue, "A Framework for the Examination of Management Involvement in Decision Support Systems," *Journal of Management Information System,* Vol.4, No.1, 1987, pp.96–110.

26. Holsapple & Whinston, "The Information Jungle," *Dow-Jones-Irwin,* 1988.

27. Keen, "Adaptive Design for DSS," *Data Base,* Vol.12, No.1, 1980.

28. Le Blanc & Jelassi, "DSS Software Selection: A Multiple Criteria Decision Methodology," *Information and Management,* Vol.17, 1989.

29. Mahmood & Medewitz, "Impact of Design Methods on DSS Success: An Empirical Assessment," *Information and Management,* 1985, pp.137–151.

30. Mallach, E. G., *Understanding Decision Support Systems and Expert Systems*, IRWIN, Inc., 1994.

31. Mann & Sprague, "A Contingency Model for User Involvement in DSS Development," *MIS Quarterly,* Vol.8, No.1, 1984, pp.27–38.

32. Santos & Holsapple, "A Framework for Designing Adaptive DSS Interfaces," *Decision Support Systems,* 1989.

33. Scott-Morton, *Management Decision System: Computer Based Support for Decision Making*, Division of Research, Harvard University, 1971.

34. Sherif & Gray, "From Crisis Management to Fast Response DSS: International Perspective," *DSS-91 Transactions,* 1991.

35. Sprague, "A Framework for the Development of Decision Support Systems," *MIS Quarterly,* Vol.4, No.4, 1980.

36. Sprague, "DSS in Context," *Decision Support Systems,* Vol.3, 1987, pp.197–202.

37. Sprague & Carlson, *Building Effective Decision Support Systems,* N.J.: Prentice-Hall, Inc., 1982.

38. Turban & Efraim, *Decision Support and Expert Systems-Management Support Systems,* N.J.: Prentice-Hall, Inc., Englewood Cliffs, New Jersey, 1995.

39. Tversky & Kahneman, "Judgement on the Uncertainty: Heuristic and Bias," *Management Science,* 1974, pp.1124–1131.

40. Valusek, "Adaptive Design of DSSs: A User Perspective," *DSS-88 Transactions,* 1988.

41. Walker, et al., "Selecting a Decision Support System Geenerator for the Air Force's Enlisted Force Management System," *DSS-85 Transactions,* 1986.

42. Watson & Sprague, "The Components of an Architecture for DSS," *Decision Support Systems,* N.J.: Prentice-Hall, Inc., 1992.

第二章　組織的決策問題

概　要

　　決策支援系統的主要目的是希望使用資訊科技強大的資料處理與運
算能力，可以幫助決策者瞭解、分析決策問題，進而提昇其決策品質。
本章將從決策問題的特性，管理決策的層次，決策制定程序，決策模式，
以及團體的決策制定等層面來說明組織的決策問題。

第一節　緒論

決策制定是企業管理活動中最重要的活動，管理學家賽蒙 (Simon) 曾經指出管理決策制定就是整個管理過程的同義字。各企業功能部門都必須執行其決策任務以達成企業目標。決策結果常常決定了組織的各項資源的取得與使用方式，對組織的生存與發展影響深遠。所以，各決策者都致力於尋求各項支援，以提昇其決策品質。利用資訊科技進步的成果來輔助決策者制定決策，提昇決策績效的決策支援系統在組織中的地位也愈來愈重要。本章便是針對決策支援系統支援的主體──決策活動──加以系統化介紹。第二節說明何謂決策問題，第三節討論一般決策問題的特性，第四節解釋管理決策的層次，第五節探討決策過程及決策程序，第六節討論一般決策常用的決策模式，第七節則介紹團體的決策制定的目標、程序、及團體決策支援的溝通輔助需求。

第二節　何謂決策

決策，就是「在數個方案中選擇可以達成企業目標的可行方案之決定」的意思。決策問題的產生從消極面來看，是因為決策者面臨問題，而不得不去尋求解決方案；從積極面來看，也可能是因為決策者對現況的不滿而試圖去找出一套方法，以求改善現況，開創新機。尤其是企業管理者對組織的規劃活動，正是一系列的決策活動。一方面解決企業應朝那個方面調整的問題；另一方面也藉以發掘商機，改進企業經營績效，更求發展。

決策二字在學理上的意義和一般口語上的用法稍有差異。一般我們說到決策，可能指的是下定決心，作抉擇的意思。在作抉擇時，有的人是靈光一閃，也有的人是經過苦苦掙扎，才做下那關鍵性的決定。依學理上的說法，決策是被描述為一連串的過程，而我們一般所說的「做下抉擇」，在學理上則被視為整個決策過程中的一部分。

常有人將決策制定與解決問題混為一談。但是決策常是因為有問題發生，而需找出解決問題的可行方案的活動。當方案執行成功時，才算真正地解決了問題。所以，決策問題的發生是決策制定的先決要件。決策問題可能是因為實際情況和預期情況產生差異，也可能是想洞察先機而產生的。於是透過定義問題，尋求各可能方案，決定可行方案的過程，找到一個建議方案，便是決策的制定。當然，惟有深思遠慮的決策才能多方考慮各種突發狀況，增加方案施行成功的機率。只有成功地施行建議方案，問題才算是獲得解決。

決策問題可能發生在個人或組織身上。基本上，個人所面臨的決策問題通常較小，所需要考慮的相關訊息也較窄，決策結果所產生的影響範圍也很小。而且，由於每個人的喜好不同，同樣的決策結果，對某人來說是好的，但對其他人而言則不一定如此。而一個組織所面臨的決策問題則較個人複雜許多，譬如新廠房的投資、資金取得的政策等組織決策問題要考慮的因素多而複雜。此外，在組織中真正做下抉擇的，可能是一個人，如經理，也可能是一群人，如董事會、經理群等。

第三節　決策問題的特性

當組織中的決策者對現況產生不安或不滿的感覺時，期望透過方案的選擇與執行來改變某些環境或組織狀況者，便是決策者面臨了所謂的組織決策問題。一般而言，組織決策問題有下列五項特性：

一、未來導向

組織決策問題通常是決策者在決策時點考慮將來所應該採取的行動。因此，在思考的過程中，必須要預測許多未來的情境變化，以及各種可能產生的突發狀況，以便使現在選擇的方案適合將來的需求。

二、選擇導向

既然名為決策，意即是從兩個以上的可行方案中挑選出一個來實行；如果一個問題的解決方式是我們無從選擇的，那就無法稱之為決策問題了。

三、結構性差異

組織內某些決策問題，能夠用預先設計的規則或程序來解決的問題，是屬於結構性 (structured) 的決策問題。這些可以預先設計的決策規則常包括在組織明文規定的規章或作業手冊內，由主管作的決策和授權屬下作的決策結果都相同。在企業中，通常較常發生的事件，累積了長久的經驗之後，漸漸制定一套標準的決策程序後，便成了結構性的決策問題。這些結構性的決策問題的解決程序通常都可預先設計，因此，大都交由較少專業知識的作業階層人員來處理，也很容易交給電腦的決策制定系統來執行。

另外，在企業經營環境中，常有一些決策問題，沒有一定的決策原則或決策程序；需要依賴具有專業素養的決策者隨機應變，利用其價值判斷來處理者。這些無法事先建立決策準則的問題屬於非結構性 (unstructured) 問題。企業一些不常發生的決策問題，因為成本的考量而不去為其制定一套決策程序的問題，或者是決策者對於此類決策問題並無法完全瞭解與掌握的，不管是因為牽涉範圍過廣或是問題內容經常變更者，都是可歸類為非結構性問題。

而介於結構性問題與非結構性問題兩者之間的決策問題，有部分可依賴事先設計好的決策規則，另一部分則需要決策者主觀判斷者，便是所謂的半結構性 (semi-structured) 決策問題。

四、時間壓力大

現代的組織經營環境變遷快速，商機稍縱即逝，問題不馬上解決便影響組織生存；決策者常是需要在有限的時間下做出考量，因此時間的壓力對決策者而言是極大的挑戰。時間有限的情況下，對於資料的搜集，問題的深入瞭解，及各種方案的分析評估都是決策者急於尋求決策支援的動機。

五、預估的結果不同

對決策者而言，各個可行方案在將來所有可能產生的效用與風險，都和行動方案的結果有關，通常在決策制定時，對決策行動方案結果的預估有三種型態：

1.確定 (certainty) 型態：

對於每一個可行方案的結果皆能清楚的預知，且每一個可行方案都只有一個結果。

2.風險 (risk) 型態：

每一個可行方案都有數個可能的結果，但我們可以以極小的誤差預知每個可能結果發生的機率。

3.不確定 (uncertainty) 型態：

每一個可行方案都有數個可能的結果，但無法確定各個可能結果發生的機率。

如果每一個可行方案的結果是確定的，那我們就可以清楚瞭解每個可行方案對我們所能產生的效用；而可行方案若是屬於風險型態的結果，則可以使用統計上的期望值來計算其預期效用值；若是可行方案的結果是屬於不確定的型態，則對可行方案效用的估計則沒有一放諸四海皆準的方式，一般可以使用的為最小遺憾法則 (minimize regret)、小中取大 (maximin)、或者大中取小 (maximax) 的法則。確定型的決策問題可利用電腦對不同的效益函數作排序，再由決策者選擇最適方案。風險型決策問題因為其各結果發生的機率可以事先預知，因此，選擇難度較不確定型決策問題低。總而言之，我們希望透過決策支援的輔助，決策者可以減少僅憑臆測就作決策的情況，而可以把不確定型的決策問題分析瞭解成風險型決策問題，甚至讓風險型決策問題越來越靠近確定型決策問題。

第四節　管理決策的層次

關於管理決策的層次，依 Anthony 著名的決策分類架構來看，企業的決策問題可以依照組織層次分為下列三種類別：

1.策略規劃層次的決策：企業的整體政策、目標和相關資源分配決策。

2.管理控制層次的決策：為了使企業有效的取得與使用資源的相關決策。

3.作業控制層次的決策：意指在預算的限制下，能有效益且有效率地運用可供使用的設備資源去完成企業活動的相關決策。

這三個層次的決策活動，可以用每個層次的規劃內容為基礎而加以分別。策略規劃層次主要是處理長期的事務，其所作的決策都是有關於企業方面、市場策略及產品組合等之選擇。管理控制層次則是考慮中期規劃的事務，包括有資源的取得和組織、工作的結構及人員之取得和訓練。作業控制層次則是和目前作業的短期決策有關。如定價、生產量、存貨等，都是作業控制層次所需考慮的項目。

當然某些管理人員所負責的決策問題可能涵蓋兩個或是兩個以上的層次，但是其比例則是隨著管理活動而移動。例如，一個工廠的廠長可能大部分的時間都在處理作業控制層次的決策。而相對的，一位執行副總裁則會花較多的時間在策略規劃層次的決策。

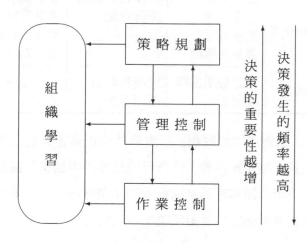

圖 2-1　組織決策的層次

圖 2-1 說明了各個層次的決策問題之相互關係，並且顯示了企業內的各種決策將直接促進組織的學習，而有助組織的進步。從此圖我們可以看出，較低層次的決策問題所發生的頻率較高，反之，較高層次的決策問題則較不常發生。而且，較高層次的決策意謂著較高的風險，決策者所需要使用的資訊較廣，這些資訊也難以搜集完備。按照這樣的推論，策略規劃層次的決策在所有的層次中，是以最不完全的資訊做下影響最大的決策。

Gorry 與 Scott-Morton 整合 Anthony 管理決策層次看法與 Simon 的決策問題的結構性觀點而提出了企業的決策的分類架構如表 2-1 所示：

表 2-1　組織的決策問題

	作業控制	管理控制	策略規劃
結構化	存貨訂貨 補充存貨 從定存或決策	線性規劃法 競價和比價	工廠選址問題 購併其他企業 購買一間公司
半結構化	債券交易 生產規劃 生產流程 供應商選擇	選擇貸款機構 廣告分配	資本需求 購併分析 增加產品線 加入新市場
非結構化	雜誌封面選擇 雇用領班	雇用管理者 部門重組	研究發展 公司改組

　　由表 2-1，我們可以瞭解到，即使是位於企業組織最高層次的策略規劃層級的人員面臨決策活動，仍有可能是屬於半結構化甚至是結構化的問題，因此決策問題本身的結構程度與企業層級之間，並無絕對的關係存在，完全要看所面臨的決策問題本身的特性而定。

第五節　決策制定程序

　　決策者發現決策問題，到選定方案的整個過程，是一連串活動進行的組合。這些活動的進行包含許多工作項目。例如：決策者可能花一段或長或短的時間來收集資料、分析資料，瞭解情況……等。這些活動的進行方式也可能是非常正式，非常科學化，也可能非常不理性。但是這些活動對於決策者之最後決定常常影響極大。所以，我們探討決策問題時，也一定要從決策制定的過程來研討之。

　　決策實際上是許多活動所結合而成的決策程序，而其中最常為大家所引用的，為 Herbert A. Simon 將工作性質相似者歸類後而提出之三階段模式。以下即以此模式來說明決策程序。

　　Simon 的決策制定模式將決策程序分為三個階段，分別為⑴情報 (intelligence) 以及⑵設計 (design) 和⑶選擇(choice) 三個階段。在情報階段，主要的進行活動內容是辨識需要決策的環境，並搜尋資料以瞭解問題，以定義問題範圍或機會。在設計階段，決策者盡量找出各種可行的解決方案，並分析各方案的結果與影響。在選擇階段，決策者依最佳決策準則來挑選一個方案來執行。

　　由情報至選擇階段並非是一個不可迴轉的過程，當決策者在設計階段發現資料的搜集不夠完善時，就可能重新回到情報階段以搜集更完整的資料。因此，我們可以將決策程序以圖 2-2 表示這種可以迴轉的流程。

圖 2-2　決策程序的流程圖

　　將決策程序應用在企業內來看，我們以製造業投資資金來興建新廠房決策為例。尋找廠房興建的地點、對於所需要運用到的外部資金及內部資金成本的計算搜集等，皆屬於情報階段所應進行的工作。之後的設計階段，必須提出各種可行的投資方案，並分析其優劣，所採取的分析方式可以是以量化的資訊來表示，如投資報酬率，或是非量化的方式來表示，如描述性的分析。最後，我們才能依據先前所產生的資訊在選擇階段，決定採行何種方案。

　　若將決策程序應用在個人身上，以購屋為例，當我們感覺原來的住處不敷使用，或是想要追求更佳的生活環境時，決策問題就發生在我們的身上了。一開始，我們可能會先去房屋仲介公司或是從報章雜誌上搜集相關的資訊，並且到各個工地的現場去參觀比較，以上可稱之為決策的情報階段。接著的設計階段中，我們可能要決定哪裡的房子有哪些優點及缺點。某棟房子可能周遭環境極佳，但是價格太高；另外一棟則是建材的使用較優，但是交通不便等等……。最後才是進入選擇階段而決定買哪一棟房子以及使用多少貸款等等。

　　一般來說，個人的決策程序並不是有那麼清楚的脈絡可循，個人也很可能不去依照這三個階段的決策程序來行事，而憑著個人的第六感衝動決定，再加上個人所遭遇到的決策問題的影響力不若企業的決策問題來的廣泛，所以本書所探討的決策支援系統所支援的決策問題僅及於組織方面所面臨組織決策的相關議題。

第六節　決策模式

　　雖然個別決策者面對決策問題時，尋找解決方案的過程與風格不盡相同，但是，我們可以根據決策者的認知型態，決策模式內容，決策問題本質等分類標準來討論各種決策者制定決策時所使用的決策模式。

　　Davis (1974) 以決策者認知型態，將決策模式區分成理性分析模式與經驗法則模式。理性分析模式是指決策者重視決策程序的情報階段，設計階段及選擇階段的施行，強調在每一個階段都搜集足夠的相關資料，瞭解現況，完成階段任務之後才進行下一階段的工作項目。理性分析模式決策者常使用科學化的理性分析方法，而將問題分割成數個較具結構性的子題；而數量模式或管理科學模式是他們解決問題時常使用的工具。經驗法則模式是決策者不強調決策程序的各階段施行，而以試驗學習的實作來調整制定的方向。經驗法則模式的決策者常自發性的引用其原有的經驗、常識或直覺來釐訂決策，他們不必將決策問題劃分為數個範圍較小而較具結構性的子問題，也能夠依直覺經驗決定解決方案，因此，每一個方案執行時的回饋訊息，便是這類決策者改進其經驗法則庫的驅動原。

　　此外，決策模式也可依其內容本質而區分為規範式決策模式或是描述性決策模式。規範式決策模式幫助決策者搜尋所有的可行解空間後，試圖找出滿足其限制條件下的最佳解決方案。一般管理科學或是作業研究學門內的線性規劃，多目標規劃模式都屬於規範式決策模式。而描述性模式是將決策者有限資訊處理能力等先天限制納入考量因素，而僅描述實務運作過程中各參數及決策變數之間的關係，而不去搜尋最佳解決方案。因為描述性決策模式強調的是描述事實的狀態，所以非常適合審查研究各方案在不同情況之下的可能結果。一般常用的模擬分析模式便是描述性決策模式。

　　最後，決策模式也可依其決策問題本質是否需考量政治因素而分為協商性決策模式和單純理性模式。協商性決策模式通常是決策問題牽涉到二人或二人以上的政治權力分配。因為決策者有利益互相衝突的情形產生，此時成員間溝通的效益，協商的能力都影響了最後結果的制定；決策支援系統學門中提出的群體決策支援系統概念，或談判支援系統的概念都是為了對此類決策模式加以支援。詳細內容請參見本書的第十五章及第十六章。而單純理性模式則是一個決策者或是一群決策者對決策目標範圍都有一定程度的共識情況下，以透過一組理性的資料匯集、表達、分析、排序、選擇的規則而決定的。此時的分析模式可能是基本的數學統計分析模式，也可能是複雜的專業數量模式。在單純理性決策模式的情況下，決策支援可以透過提供友善的人機界面，幫助決策者擷取相關資料，進行必要分析來輔助決策的制定，以期能夠提昇決策品質。

第七節　團體的決策

　　企業決策的制定常有可能是無法由一個人完全作主的，而必須由一群相關人士共同開會或協商定案的，這種決策者人數有二人或是二人以上的決策問題屬於團體的決策。

　　實務中，委員會、審議小組、專案小組等類似的團體在一個企業的經營中是隨處可見的。這些團體組織而言，一方面有其存在的必要性，因為在面對複雜的問題之下，團體的討論可以讓彼此的資訊和意見得以交流。但是另外一方面來說，團體的合作通常代表著效率不佳甚或是效果不彰。

　　通常一個被人們認為是成功的團體，它必須要符合以下三個目標：

　　1.在適當運用成員的時間之下，完成指定的工作。

　　2.要儘可能讓團體成員覺得討論之後的結果是令他們滿意的，或是大家都可以接受的。

　　3.在解決問題的過程中，要能夠不傷大家的和氣，以便這個群體在下一次面臨問題時，還能發揮一定的成效。

　　從上述目標來看，群體所努力的目標似乎不單只是要解決問題而已，事實上，「一個群體在解決問題時的實際成果是他們所有的努力總和減去討論過程所導致的損失，再加上團體互動而獲得的助益」，我們可以用下列的數學式來表示這個關係：

團體決策實際的成效 = 所有成員的努力總和 − 因團體討論而造成的損失 + 因團體互動而產生的助益

　　何謂因團體討論而造成的損失呢？舉例來說，如果有成員在討論過程中因聆聽他人想法而忘了自己原來的看法時，便沒有機會在團體討論過程中貢獻他的想法，這即是一種因團體討論而造成的損失。而何謂因團體互動而產生的助益呢？例如當我們在討論過程中聆聽別人的意見時，從中發現一些新的思考方向，進而想出一些好點子，便是一種因團體互動而產生的助益。

從支援決策的角度來看，通常我們會想要瞭解到底是什麼原因造成了團體在討論的過程中損失了一些好的意見，進而我們可以利用資訊科技的能力來減少這些因團體討論而造成的損失。下面我們從管理學和決策科學的角度整理出常見的五個因團體討論而造成的損失原因如下：

1.在團體中，一些有支配慾或是熱情的成員通常會將參與問題討論視作一種樂趣，以在討論中展現他們的才華為榮，而未認清團體討論的目標是為了集思廣益。若是整個討論過程都被這些有支配慾或是熱情的成員所操縱時，那麼所謂的團體決策成果可能就是這幾個人的意見了。一般來說，這些人的特質是常常搶著說話，不等他人把話講完，也不仔細去聆聽他人意見，因此團體便喪失了部分意見交流的機會。

2.一些組織地位較低的成員有可能會自動自發的去順從那些組織地位較高的成員，因此，意見交流的美意便大打折扣。

3.在團體討論之下，當一個人認為目前討論的內容與他的價值觀相違背，而表現出強烈不滿時，大家可能會為了避免傷和氣，而略過這方面的討論。

4.在團體的成員表示自己的意見時，可能會因為溝通上的部分誤解，而導致在實際實行時發現與原來討論的不符合。

5.通常團體聚在一起時，比較容易傾向於對問題探討而不去評估資料是否足夠。似乎當大家一起討論的時候，就會相信真理越辯會越明的，而不必再回頭來去搜集更多的資料。此外，團體的決策中，對於可行方案的研擬，在數目上也比較少，似乎是眾志成城，大家都認為是對的方案就一定是最好的，何必要浪費時間去研擬替代的方案呢？

即使上述的原因對一些有經驗的管理者來說是一點也不陌生，也注意到了這些情況所可能帶來的問題，但在團體討論時，還是免不了犯下這些錯誤而不自覺。所以，我們希望藉由系統化的群體決策程序探討來降低這些錯誤發生的機率。

就決策過程來看團體的決策，個人決策過程中的情報、設計、選擇三個階段，在團體決策時，這三個階段對個別決策者而言仍然存在。但是就整個團體來說，因為不同的決策者必須要互相溝通，所以遠較個人決策時的程序複雜，這也是為什麼我們常常可以發現團體常常會為一件小事在會議上討論半天而不見得有任何共識。

依 Fisher (1974) 的看法，團體決策的程序基本上可分為四個階段：導入時期 (orientation)、衝突時期 (conflict)、共識時期 (emergence) 和強化時期(reinforcement)。

一、導入時期

在開會時，第一個階段是導入時期，與會成員先交換些資訊以便進入情況。主要是讓大家先談談(1)開會的目的，(2)開會的任務和要求，(3)互相介紹與會成員。對團體中的人來說，導入階段之主要工作是瞭解團體的任務，並提出可能的疑惑及問題，以確保資源的有效使用，並準備進入下一個階段的討論。

二、衝突時期

在第二個階段，各與會成員便有機會提出自己的看法及建議或反駁別人的意見，以便得到團體中大多數成員對自己看法的認同；同時藉著意見交流的時候，觸發修訂自己建議的動機。由於此階段常有爭辯發生，所以稱之為衝突期。但是這個階段的衝突是希望「真理可以愈辯愈明」，希望所有與會成員都客觀而理性地提出自己的看法，做合理的判斷，終將找到合理的方案。

衝突期的主要是要：(1)提供與任務有關的各種資訊供與會成員客觀地評估，(2)確保團體中各成員有充分的機會表達他們的意見，及(3)讓與會成員們有充分的溝通來獲取一些共識。這個階段中，各成員的主要工作有二：一是搜集事實：盡量搜集和任務有關的資訊，並與其他成員交換情報。為了達成目標，與會的成員必須陳述個人現有的資訊，共同研究大家所搜集的資訊並評估所搜集的資料是否足夠；二是建立決策準則：產生一組決策規則，引導團體達成最後的決策。這些準則須能協助團體成員(1)找出理想的決策是什麼及其貢獻，(2)辨識理想決策的主要單元，以備必要時作為尋找次佳決策方案的依據，(3)建立最後決策的標準，及(4)定義團體決策的財務、法律、人員、或其他方面之可能限制。

三、共識時期

第三個階段是所謂的共識時期。理論上，在經過了前一階段的廣泛交換意見後，共識應該可以逐漸形成，進而找到最好的方案內容。共識階段是團體決策的一個關鍵階段。若此階段成員未能達成共識，而有人因為自己的主張未被接受而心懷不滿的時候，則他們可能採取抗拒方案的行動，影響團體決策的成效。因此，這個時期也特別強調共識產生的重要性及理性過程。

在共識階段，與會成員可以(1)用腦力激盪法或其他方法來找出所有可能的決策方案及各方案內容，(2)依據前一階段所建立的準則及限制來評估每個可能方案，及(3)形成一個能達成任務的決策方案，並積極尋求大多數團體成員的支持。

四、強化時期

共識形成之後，便可以進入強化共識階段。各成員的主要工作是(1)確認大家公認的方案，(2)決定最後的決策內容，(3)準備其他和執行決策有關的事項。為了要在團體討論結束之後產生一份高品質的決策結果報告，在強化階段中，大家應該(1)回顧整個決策過程中的各階段工作內容，(2)嚴謹地整理團體的最後決策，(3)分配各成員工作以完成最後報告，(4)搜集其他需要的資料以完成最後報告。

總之，我們不要忽略在團體決策時，可能會有成員懼於主席的權威，或是害怕被其他與會成員批評而不敢提出和別人不同的看法，甚至有可能因為時間太短的原因而被迫縮短上述的四個時期的進行的情形。此時，團體決策反而常常無法達到集思廣益的效益。所以，便有群體決策支援系統的決策輔助需求，來改進這些缺失，以增加團體決策的績效。本書第十五章將系統化介紹群體決策支援系統。

研討習題

1. 試討論決策制定與解決問題的關係。
2. 請舉例說明 Simon 的決策程序模式的各階段。
3. 何謂非結構化決策問題？
4. 請討論組織層級與決策問題的關係。
5. 試說明何謂群體決策及其決策程序。

——參考文獻——

1. 謝清佳、吳琮璠，《資訊管理理論與實務》，增訂版，民國85年。

2. 梁定澎，《決策支援系統》，松崗書局，民國80年。

3. Bell, D. E., et al., *Decision Marking*, New York: Cambridge University Press, 1988.

4. Churchman, C. W., *The Systems Approach*, Rev. ed., New York: Delacorte, 1975.

5. Courtney, J. F., et al., "Studies in Managerial Problem Formulation Systems." *Decision Support System*, Vol.9, 1993, pp.413–423.

6. Fisher, B. A., *Small Group Decision Making: Communication and Group Process*, N.J.: Prentice-Hall, 1974.

7. Flood, R. L., & M. C. Jackson, *Creative Problem Solving*, New York: Wiley, 1991.

8. Gordon, L. A., et al., *Normative Models in Managerial Decision Markiing.* New York: National Association of Accounting, 1975.

9. Huber, G. P., "Cognitive Style as a Basis for MIS and DSS Designs: Much Ado About Nothing?" *Management Science*, Vol.29, No.5, 1983.

10. Keen, P. G. W., & M. S. Scott-Morton, *Decision Support System: An Organizational Perspective.* Reading, MA: Addison-Wesley, 1978.

11. Keeney, R., & H. Raiffa, *Decisions with Multiple Objectives, Preferences, and Value tradeoffs*, New York: Wiley, 1976.

12. Mintzberg, H., *The Nature of Managerial Work*, New York: Happer & Row, 1973.

13. Mittman, B. S., & J. H. Moore, Senior Management Computer Use: Implications for DSS Design and Goals, Paper presented at the DSS-84 meetings, Dallas, Texa, 1984.

14. Pear, J., *Heuristics: Intelligent Search Strategies for Computer Problem Solving*, Reading, MA: Addison-Wesley, 1984.

15. Rios, I. D. *Sensitivity Analysis in Multi-objective Decision Marking*, Berlin, New York Springer-Verlag, 1990.

16. Robbins, S. R., *Management,* 3rd ed., Englewood Cliffs, N.J.: Prentice-Hall, 1991.

17. Shank, M. E., et al., "Critical Success Factor Analysis as a Methodology for MIS Planning," *MIS Quarterly,* 1985.

18. Simon, H., *The New Science of Management Decisions,* Rev. ed., Englewood Cliffs, N.J.: Prentice-Hall, 1977.

19. Sprague, R. H., & E. D. Carlson, *Building Effective Decision Support Systems,* Englewood Cliffs, N.J.: Prentice-Hall, 1982.

20. Tabucanon, M. T., *Multiple Criteria Decision Making in Industry,* New York: Elsevier, 1989.

21. Turban, E., & J. Meredith., *Fundamentals of management Science,* 6th ed., Homewood, IL: IRWIN, Inc., 1994.

22. Tylor, A., *Applied Decision Analysis,* Boston: PWS-Kent, 1991.

23. Van Gigch, J. P., *Applied General System Theory,* 2nd ed., New York: Happer & Row, 1978.

24. Wedley, W. K., & R. H. C. Field., "A Predecision Support System." *Academy of Management Review,* 1984.

25. Zanakis, S. H., et al., "Heuristic Methods and Applications: A Categorized Survey," *European Journal of Operations Research,* No.43, 1989.

第三章　企業的決策支援需求

　　隨著資訊科技的突飛猛進以及經濟環境的快速變遷，企業應用資訊科技來輔助決策制定的需求越來越多。然而這些電腦化決策輔助系統都需要不少的企業資源的投入，若不能針對企業的決策需求加以瞭解，常常造成系統無法滿足決策者的需求，投入的資源無法產生其預期的效益。所以本章將從決策制定的困難，人類處理資料的特性，一般決策者的行為偏差，決策支援需求與資訊系統，情境因素對決策支援的影響，決策支援的程度等方面來探討企業的一般決策需求。

第一節 緒論

企業在競爭激烈的經營環境中，想要提高利潤，爭取生存發展的空間，就必須審慎做好企業的各項決策來創造市場機會或降低各種成本。所以，企業中各決策者無不盡力爭取各項決策支援的輔助資源，以期能提昇其決策品質，創造優異業績。而電腦化決策支援系統正是一項最有效的支援工具。但是電腦化決策支援系統的開發與使用都需要一定成本的投入，如果不能對使用者變化多端的支援需求有所瞭解，將造成資源的無謂浪費。所以，企業的決策支援需求便是本章所要介紹的主題。本章第二節說明一般決策制定的困難，第三節對人類處理資料的特性加以討論，第四節介紹因決策者處理資料的特性引起的一般決策者的行為偏差，第五節以決策支援需求與資訊系統來探討電腦如何支援決策程序的各個階段，第六節則研討各項情境因素對決策支援的影響，第七節則從決策問題因素及個人管理特質因素兩個層面來說明決策需要被支援的程度。

第二節 決策制定的困難

在本書的第二章中，我們探討了決策問題具有未來導向等特性，這些特性使得決策者在制定決策時產生了許多的困難。基本上，我們可以從執行結果的不確定性、決策問題的連續性、決策目標的衝突性及決策問題的複雜度四個不同的角度，來討論造成決策困難的原因。

一、執行結果的不確定性 (Uncertainty)

由於決策問題本身往往需要對未來情況作預測，凡是預測便不免有預測誤差，使得決策者無法對行動方案的結果產生確定性的判斷；而由於此種不確定性的存在，形成了執行結果的風險，因此也增加了決策者制定決策的困難程度。

二、決策問題的連續性 (Sequential)

在瞬息萬變的企業經營環境中，許多決策問題之間常有相依性，任何一個錯誤或延遲的決策都可能形成連鎖的效應，而造成無法挽回的結果。因此每一個企業決策都必須設法在面對時間的壓力以及對之後的決策所可能造成影響的雙重考量下制定。在這樣強大的壓力之下，決策制定的困難可想而知。

三、決策目標的衝突性 (Conflict)

一般企業所面臨的決策問題往往必須兼顧許多彼此互相衝突的目標，例如以投資決策而言，財務經理往往必須在風險和報酬率這兩個互斥的目標之間找到一個平衡點，再加上相關法令的規定及企業資源的限制等等決策時必須考量的限制因素，因此決策者經常必須在多個目標間尋求妥協，以期使企業整體獲得最佳的整體效益，因而加重了制定決策時的負擔。

四、決策問題的複雜度 (Complexity)

由於影響環境變化的因素相當複雜，決策者除了需瞭解問題本質及範圍之外，也需對各項影響環境變化的因素有所掌握，以便在決策時能有全方位的考量，而作出最佳決策。這也正是企業決策者常需尋求各種決策輔助或支援的主要原因。決策支援系統即是利用資訊科技的能力配合決策者的專業經驗來降低決策問題之複雜度的有效方法。

而一般決策者在制定決策時常遇見的決策困難有哪些呢？根據 Dough

和 Duffy 在 1987 年針對高階管理者所作的調查，他們整理出十二項常見的決策困難如下：在時間壓力下做決策；面臨互相衝突的目標；複雜性高；不易估計決策的後果；資訊不足；決策不易實施；不易瞭解資訊是否充分；不易與他人溝通；不易決定資訊的相關性；決策效果不明確；問題不明確；目標不明確。

第三節　人類處理資料的特性

若從資料流動方向的角度來看，我們也可以將決策看成是決策者觀察資料、搜集資料、擷取資料、分析資料及表達資料的一連串資料處理活動組合而成的程序。因此，決策者處理資料的特性，對決策績效有很大的影響。根據行為科學學門的研究指出，人類處理資訊有下列五個特性：

一、個人資料處理能力非常有限

依據認知科學的研究，人類由於先天能力上的限制，在同一時間最多只能夠處理 5 到 9 個單位的資訊。隨著企業經營環境的日趨複雜，在人類先天的限制之下，大多數人都只能勉強作到 Simon 所說的「有限理性」(bounded rationality)。也就是說，當人類面臨的決策問題牽涉的範圍太廣、變數太多，早就遠遠超過人類的智力所能負擔的極限時，為了避免資訊過載 (informatioin overload)，一般人都利用簡化的模型來描述和解決問題，亦即在人類所能負擔的智力水準之下，來建構問題和尋求理性的解決方案。然而這種做法卻會造成決策者對問題本身瞭解的「完整性」(completeness)、資訊的「充足性」(adequacy) 以及判斷的「精確性」(accuracy) 上都大打折扣。此外，決策心理學家的實證研究結果顯示，人類對機率資料的處理常以直覺為主，缺乏整合資訊的能力。

二、資訊過濾機能在資料過量點後加強運作

人類接受訊息輸入與輸出反應的關係在資訊過量點之後成為負相關。也就是說,當人接受各種訊息輸入時,在未達資訊過量點之前,每一輸入都有其相對輸出的正相關比率;但是超過資訊過量點之後,發生所謂「面臨資訊過量」的現象,於是資訊過濾機能便加強運作,非但不能維持原輸出反應績效,反而降低了其回應水準。

三、資料可以多通道輸入但是資料的處理是採循序單件處理方式

人的資訊輸入通道,是可同時自各個不同的輸入單位接受訊息的。例如,我們常常看到有些人邊講電話邊看報紙,便是同時自眼睛與耳朵兩個輸入單位輸入訊息資料。雖然輸入資料可以同時多管道進行,但是人類大腦在瞬間處理資料的方式仍是循序式單件處理方式。通常人類從一個資料處理工作移轉到另一個資料處理工作的速度很快,所以我們仍可觀察到有人「眼明手快」的情節。

四、資料儲存區分長期記憶區與短期記憶區

人的記憶儲存區,一般而言,可分為長期記憶區 (long-term memory, LTM) 與短期記憶區 (short-term memory, STM) 。長期記憶區的容量較大,存入的資料可以記憶一段較長的時間,但是存入時需先建立一個參考點 (reference point),所以存入時的速度較慢;取出資料時,也是透過該參考點以取得資料。因此,若參考點遺忘,就不能取出該資料了。而人的短期記憶存取速度都很快,但是容量非常有限,且只能維持很短的時間。我們常聽到的「時間會讓人淡忘一切」說法,尤其是指

存在短期記憶區的資訊，若不是進入長期記憶區內的話，往往很快就被遺忘了。

五、對於資料差異的辨識能力有限

人類對於資料差異辨識的能力也是非常有限的，若兩個物件之間的差異在一個特定的範圍內，人就無法區別。加上人類受到情緒起伏及生理狀況的影響，特別是在疲勞，生病或分心的時候，更無法精確地辨認差異的存在。

第四節　一般決策者的行為偏差

人類因為智力及能力的限制，加上我們在前一節所討論的各種資料處理特性的影響，常常會依據以往經驗所建構的「經驗法則」作為決策的主要依據，因此往往會造成一些偏差。Tversky 和 Kahneman (1974) 將這些偏差行為歸類為下列四種決策行為上的偏差來說明：

一、代表性偏差 (representativeness bias)

人類的資料處理能力有限，因此常會依據以往類似事件的典型代表經驗作為決策判斷的基準，因而導致忽略事件本身的機率分布或者容易以平均值來判斷事件等等……偏差行為。

二、取得性偏差 (availability bias)

人類往往因為對某些事件的印象過分深刻，或者事件本身發生的時間較接近等因素，造成了決策者制定決策時過份依賴自己印象深刻或舉手可得的資訊，而做了不客觀的判斷，因而影響到決策的品質。

三、調整性偏差 (anchoring and adjusting bias)

人類由於智力限制，在面臨決策時會預先選取一個「切入點」 (anchor)，然後依據個人的經驗及所獲得的資訊，針對此切入點作一修正調整。這種做法一般人都會有調整不足的傾向，或者因為訓練不夠所產生的過分自信，都會使得決策品質降低。

四、動機偏差 (motivational bias)

決策者因為過去的經驗使然，因此在做決策時會因為動機的影響有過分保守（或激進）的現象出現，無法反映其真正的決策信念，這種偏差也會嚴重的影響決策的正確性。

第五節　決策支援需求與資訊系統

為了克服決策制定的困難及矯正決策者的行為偏差，我們應設計一個決策支援系統在組織內提供(1)各種內部歷史資料或統計資料的定期或不定期靜態彙整報導，(2)異常狀況的動態緊急警示，(3)各項到期事項的時程提示，及(4)各項調整或新訂決策方案的影響分析等功能來輔助管理者的決策經營活動。

而在各階段決策活動的決策支援需求方面，我們將以 Simon 的決策三階段過程來說明電腦如何支援決策活動的進行。在情報階段，旨在辨認問題及確認問題，大部分需要仍依賴決策者的價值判斷、直覺及認知能力。因此，電腦在此階段只能支援問題尋找的工作。例如，電腦可以掃描、比對或分析的方法找出現況與所期待的狀況的差異來支援問題的尋找與確認工作。

　　在設計階段，決策者需依組織目標，確定與決策問題有關的各項因素及其屬性，並找出變數之間的關係，以解釋環境，尋找各種解決方案並分析各項方案可能產生的結果。其中確認變數之間的關係及分析各項解決方案的可能結果的這些工作中，有大量計算負擔的工作，很適合交給運算能力非常強的電腦來做。因此，資訊系統在此階段的參與方式，是決策者確認目標及限制條件後，將初步認定的變數及模式輸入決策支援系統內，再交由電腦據此模式計算分析，產生各項敏感度分析的結果，讓決策者能更清楚變數間的關係，進而修正模式，再交給電腦計算，這樣的互動可以一直進行到決策者滿意為止。

　　在選擇階段，決策者需從所有的可行方案中，決定一個建議方案。電腦利用各項管理科學技術，可以支援確定類型與風險類型的決策選擇工作。但是，對於各方案結果不明且不知其發生機率的不確定類型決策問題，電腦也可以提供類似在設計階段的互動方式，將問題加以進一步瞭解、預測，使問題越來越趨近於風險類型決策問題，再善用各項資訊科技加以輔助支援。

第六節　情境因素對決策的影響

　　在決策的過程中，各決策階段進行時，應視當時的情境因素而採行不同的處理策略。因為各情境因素對決策結果的影響很大，Sabherwal與 Grover (1989) 便在他們的研究中找出了五種對我們決策時有重大影響力的情境因素: 各決策問題間的同質性，決策者對問題的瞭解程度，問題涵蓋的期間，決策問題未來發展的可預測性，及決策者的決策風格。我們可以表 3–1 來對這五種情境變數加以說明:

　　這五種情境變數對於決策程序中重視問題的發現、將問題加以系統化的情報階段的影響有:

1.高問題同質性代表以往有類似經驗，所以問題較容易被系統化。

2.對於問題的瞭解程度越深，越不重視將問題系統化的過程。

3.期限越長，越有機會將問題系統化。

4.若組織能夠先預料到可能發生的問題，就可以預先做好完善的規劃，如此卻加長了用來將問題系統化的時間。

5.知覺型的決策者將問題系統化的程度較高；想像型的決策者將問題系統化的程度較低。

表 3-1　影響決策支援之情境變數

情境變數	說　　明	討論內容主題
問題的同質性	*問題型態的多樣化程度	*工作的新奇性 *工作的變異性 *工作的重複性 *工作的變化性
對問題的瞭解程度	*對於決策問題目標範圍等的瞭解程度	*問題的結構性 *問題的可分析性 *問題的困難性 *問題的不確定性
問題涵蓋的期間	*問題必須要在多少期限內被系統化並且解決	*問題涵蓋的期間
問題的可預測性	*問題可以被預料到會發生的程度	*決策問題未來發展的可預測性
決策者的決策風格	*感受的模式（想像或知覺） *決策者所採行的評估模式（思考或個人偏好、感覺）	*決策風格 *認知風格 *整合的複雜性

在設計階段，強調的是尋找或設計各種可行的解決方案，並根據以

往經驗加以修改以配合目前狀況，所以各情境變數對沿用原有方案或開發新方法的影響有：

1.具有高同質性的問題代表著過去曾有已發展成熟的解決方法可供採用。

2.對問題瞭解程度的深淺與是否另外發展一套新方法系統，或是從過去的方法挑選兩者都有很大的影響。

3.在較短的問題期限之下，可能會傾向於使用現有的經驗或是從現有經驗中找出可用者；而在較長的問題期限下，可能傾向於發展一套新的解決方案。

4.問題可預測性並不影響設計階段的方案設計或修訂選擇。

5.知覺思考型決策者傾向於採用新發展的解決方案；知覺個人感覺型決策者傾向於列出許多的解決方案，而且可能從過去經驗中發覺可行的解決方案；直覺型的決策者傾向採用過去之經驗，並根據現況做適當修改。

而在選擇階段，常用分析法、直覺判斷法以及討論法來進行方案的抉擇。此時情境變數的影響分述如下：

1.問題的同質性並不影響選擇階段所採行的模式，最多也只是透過對問題瞭解程度的影響來影響選擇階段。

2.對問題的瞭解程度越高，越傾向於使用分析法或是討論法；反之則傾向於使用直覺判斷法。

3.在較長的問題期限之下，人們傾向於使用分析法或是討論法；反之則傾向於使用直覺判斷法。

4.問題的可預測性並不影響選擇階段。

5.想像思考型決策者傾向於採用直覺判斷法；知覺思考型決策者傾向於採用分析法；而個人感覺型的決策者則可能會採用討論型的判斷方式。

第七節 決策支援的程度

企業中的決策問題何其之多，既然我們在處理決策時，皆會因為個人的缺陷、問題的複雜度等原因而有所疏失，那是否意味著企業中所有的決策問題都需要以電腦化或非電腦化的方式來支援呢？以下我們即從兩個角度來探討企業中不同的決策問題所需要被支援的程度，這兩個角度分別為決策問題因素以及個人管理特質因素。

一、決策問題因素

在第二章時，我們已經探討過決策問題大致上可依其結構性分為結構化與非結構化兩種類型。而結構化問題由於已經有了定義相當完整的程序，所以可用自動化的程序加以處理，所以與其說支援這類的問題，不如說是以自動化的方式取代這類的決策。非結構化或者是介於兩者之間的半結構化問題，常可以經由分割成數個小問題之後，產生一些可以用電腦化的方式來支援其數值計算與資料處理，或是以決策科學的方法來對事實加以分析的子問題，以配合決策問題的整體決策制定。

另外，我們也可依問題在被處理時所需要應用到的知識將決策問題分類為專業型的決策問題與非專業型的決策問題。這裡所稱的專業是指比較具有專業的知識及經驗的專業領域中，像是律師業、會計師業或醫師業。因為此類型的決策者在專業知識體系的充實上及思考推演邏輯上都經過嚴謹的訓練，並有大量的前人累積經驗程序與方法可供參考。故在其面對問題時，多半會參考經過許多前人累積的經驗，依照不同的情況而做判斷決策。由於這種十分專業化的特質使然，使得他們在做決策時常依靠自己的專業知識、及價值判斷，所以他們所需的決策支援是屬於專家系統類別的智慧型決策支援系統。

　　而另外一類的非專業型決策問題的決策者並非不具有專業的素養，而是他們所面對的問題目前尚無大量且嚴謹的專業知識或經驗可供他們參考。當決策問題的內涵千變萬化時，決策者常試著依靠個人的智力與經驗將所有可能面臨到的狀況予以瞭解與分析。譬如企業中的策略規劃決策問題，因為要考慮的未來情境多而複雜，所以當決策者在處理此類決策問題時，就非常需要資料搜集的決策支援，幫助他們瞭解問題；同時各種描述性決策模式也經常在此類決策問題中被應用來沙盤演練各個方案的影響。尤其是企業面臨的各種決策問題時，通常還是要遵循企業的某些目標及受限於企業資源限制，所以決策支援系統對於問題的資料搜集及環境資料的分析，也可以發揮相當的輔助效果，例如，企業歷史資料的迅速擷取與分析。

二、個人的管理特質因素

　　企業中每位管理者的認知型態及價值觀都不盡相同，這些所謂的管理特質也直接的影響到他們對於資訊的需求以及決策的型態。個人的管理特質是經由每個人自然的學習而來，決策者如何去分析問題，對相關資訊的重視程度等都受他們個別特質的影響。前面我們曾經提到人類在處理資訊時會有許多的偏差行為，而不同特質的決策者所產生偏差行為的程度也就不一而足了。

　　我們時常可聽到不同特質的經理人自己描述他們決策特質時的形容語句如下：

　　　　大部分的情況之下沒有絕對正確的事

　　　　總而言之，天下沒有不變的真理

　　　　世上唯一不變的真理就是變化自己

　　　　「人」才是一切成功的關鍵因素，而非資訊

認知決策的不確定性，並隨時保持高度警覺

決策之所以能夠達成是因為我們清楚地描述了我們的正確目標

藉由溝通來達到人員的激勵是非常重要的

　　由上面的各句形容語句中，我們可以得知有的決策者重視資料並強調理性分析，但是也有決策者認為人性考量及直覺判斷才是因應未來環境變遷的利器。例如，有上述這些形容語句觀念的決策者便是屬於後者。他們的決策特質並不是那麼的重視決策的支援，反倒是十分強調個人的直覺判斷，他們常認為未來是難以根據過去的資料加以預測準確的。當然，有這種風格與特質的決策者常常不願投入心力來用數量模式的分析方法或是電腦化的沙盤演練方式來加以決策支援的。所以，這一類的人就算將其可能需要決策支援的地方加以處理，他也不會認為這些會對結果有相當的影響程度而加以重視。所以，具有這種特質的決策者在決策支援需求的程度上是較低的。而唯有強調理性分析、重視資料的決策特質的決策者才會重視決策支援的價值的。

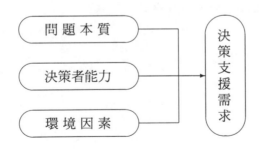

圖3-1　決策支援的需求

　　綜合上面的討論，我們可以看出組織的決策支援需求受到決策問題的本質及決策者風格的影響。不同性質的決策問題所需的決策支援型態與程度各有差異；各種決策者對決策支援的需求也不盡相同。此外，組織的經營環境及決策者所處的組織環境也同時影響著組織決策支援的程度。

　　總之，我們可以用圖 3–1 說明組織的決策者為何需要決策支援。基本上，決策者之所以需要決策支援，是由於人們在沒有任何輔助支援的情形之下做決策時，常常無法使決策結果達到可以達成的最滿意狀況。決策問題的特性、個人能力的限制以及其他決策環境的影響都是決策者需要決策支援的原因。雖然因為環境因素牽涉廣泛，較為複雜而未在本章節詳細研討，但是我們仍不能忽略其對企業的決策支援需求的影響。

研討習題

1. 試說明人類處理資料有哪些特性。

2. 一般決策者有哪些典型的行為偏差？決策支援系統如何幫助決策者避免這些偏差的發生？

3. 試討論各情境因素對決策的影響有哪些？

4. 舉例說明電腦如何支援決策制定的各階段。

5. 訪談企業主管，找出其制定決策的困難有哪些，並探討哪些困難處資訊科技可以支援，哪些不可以。

——參考文獻——

1. 謝清佳、吳琮璠,《資訊管理 —— 理論與實務》, 增訂版, 民國 85 年。

2. 梁定澎,《決策支援系統》, 松崗, 民國 80 年。

3. Davis, G. B., & M. H. Olson, *Management Information Systems: Conceptual Foundations, Structure, and Development,* 2nd ed., McGraw-Hill, New York, 1985.

4. Doung & Duffy, "Top Management Perspectives on Decision Support Systems," *Information and Management*, Vol.12, No.1, 1987, pp.21–31.

5. Keen, P. G. W., & M. S. Scott Morton, *Decision Support Systems–An Organizational Perspective,* MA: Addison-Wesley, 1978.

6. Sabherwal, R., & V. Grover, "Computer Support for Strategic Decision–Making Processes: Review and Analysis," *Decision Sciences,* Vol.20, 1989, pp.54–76.

7. Sage, A. P., *Decision Support Systems Engineering,* John Wiley & Sons, Inc., 1991.

8. Scott-Morton, M. S., *Management Decision System: Computer Based Support for Decision Making,* Cambridge, MA: Division of Research, Harvard University, 1971.

9. Simon, H., *The New Science of Management Decisions,* Englewood Cliffs, N.J.: Prentice-Hall, 1977.

10. Stabell, C. B., "Towards a Theory of Decision Support," *The 8th International Conference on DSS,* The College on Information Systems of the Institute of Management Sciences, 1988.

11. Tversky & Kahneman, "Judgement on the Uncertainty: Heuristic and Bias," *Management Science,* 1974, pp.1124–1131.

第四章　決策支援系統架構

概　要

　　決策支援系統在各個領域的應用越來越多的情況下，我們都有機會成為一些決策支援系統的使用者，甚至是系統的開發者。因此，需對決策支援系統的架構及組成單元做系統化的瞭解，以便在使用決策支援系統時或設計開發決策支援系統時，將決策支援的基本能力與組成單元都納入考量。本章的主旨即在介紹決策支援系統的理論設計架構及組成架構，並討論決策支援系統應有的基本能力。

第一節　緒論

在八〇年代，對於決策支援系統的研究可以說是蔚為風潮。在九〇年代且即將進入另一個世紀的今天，決策支援系統已不再只是學術單位或者研究機關才會接觸到的，它已經深入各個領域應用，接觸的人不再是侷限學者或者研究人員，而是各階層各行業的人都有可能成為使用者或發展者。因此，在決策支援系統的設計開發過程中，常常使用者也可能同時是設計者、發展者的情況下，實有必要對於決策支援系統架構作系統化地瞭解。本章我們將介紹決策支援系統的設計架構與組成架構。第二節討論決策支援系統應有哪些與企業決策支援需求相匹配的基本能力，第三節說明決策支援系統在各決策制定階段的角色為何，第四節探討一般決策支援系統的設計屬性，第五節說明決策支援系統的構成單元有哪些，第六節描述決策支援系統的控制機制，最後一節則是討論建置決策支援系統時應考量哪些議題以使決策支援系統發揮其潛在效益。

第二節　支援決策的基本能力

決策問題的各項特性加上決策者處理資料的能力限制，使決策者制定決策時常面臨各種困難。這些決策制定困難產生了企業決策支援需求。而透過決策支援系統的使用，正可降低這些決策制定困難程度。例如，利用電腦快速擷取資料及計算分析的能力，便可減輕決策時面臨的時間壓力困難。因此，決策支援系統必須針對這些決策支援需求提供一些基本能力，方能發揮其輔助效益。而透過這些基本能力的組合應用，決策支援系統即可為決策者提供適宜的方法來因應其決策支援需求。一般而言，這些決策支援系統的基本能力有選取能力、聚集能力、估計能力、模擬能力、計算能力、最適化求解能力六種。

一、選取 (selection) 能力

由於一個使用者在作決策時必然會參考到相關的資訊，為了避免資訊過多或是資料不足的情形，一個決策支援系統應提供可以幫助決策者從資料庫中篩選有用的相關資料的選取能力。

二、聚集 (aggregation) 能力

決策時常需對決策問題深入瞭解，所以必須審視所有的相關資料後，加以研判。但是過多的資料常會造成資訊過量的情形。故決策支援系統應提供聚集能力，將相關的資料統合聚集成為更簡明的資料，以方便決策者參考。

三、估計 (estimation) 能力

因為決策問題具有未來導向的特性，所以決策者常需對一些情境做預測。為了做好這些預測工作，決策者便需要對預測相關的參數、變數做估計。決策支援系統應提供決策者做好快速而準確的估計工作的工具，例如統計上常見到的迴歸分析、時間序列分析等方法。

四、模擬 (simulation) 能力

另外還有一些決策，其決策後的執行結果可能太複雜而必須應用電腦模擬方法，讓我們在作決策之前對各種可能的情境作沙盤推演的瞭解。決策支援系統應提供結合電腦模擬來幫助決策者瞭解問題情境及各方案可能的結果的能力。

五、計算 (equalization) 能力

複雜而量大的計算通常不是人力所能負荷，而電腦提供的快速運算及邏輯推演功能也是一個決策支援系統必備的基本能力之一。

六、最適化 (optimization) 求解能力

一個決策支援系統還有一項功能便是設法找出複雜問題的最佳解。有些問題或由於時間成本、決策者的能力限制或問題的特性等因素，決策者通常只在求得滿意解之後即不再尋求所有可行解中的最佳解。但是利用決策支援系統的最佳化模式的應用，決策者便可在合理的時間內搜尋各種可行解，進行分析比較，而得到最佳解。

上述這些決策支援系統的基本能力基本上可視為是從資料與模式這兩個方面來支援決策者的決策能力。選取能力、聚集能力、估計能力主要偏重於資料運用的能力，而模擬能力、計算能力、最適化能力則重於模式運用的能力。

綜合這些基本能力的組合應用，決策支援系統對於決策者可提供以下各種方式的支援：對於決策過程能夠利用程序模式來輔助；對於協助因素的整合及複雜方案的選擇方面，可以利用選擇模式來達成；決策所需之資料與知識的儲存、擷取、和表達，可以資料庫管理技術來支援；決策問題的界定與表達可以用表達技術來協助；用模式分析與法則推理技術來提高問題解決的績效；用判斷修正的技術來量化經驗決策和消除決策的偏差。

這些基本能力及支援，從使用者的角度來看，通常表現為運算元 (operators)、導引輔助 (navigation aids)、調適元 (adaptors)、以及順序規則 (sequencing rules) 四個處理能力的單元。

運算元是指決策支援系統中基本的處理能力。它們可以說是各項決

策支援功能的基本動力。各決策支援系統能力，都需要運算元來執行。例如，「列表」運算元可把資料以表列的方式顯示出來。總之運算元執行時可把資料、模式、參數，或影像轉換成使用者所需要的表達或儲存格式。

　　導引輔助協助使用者在決策過程中選擇適當的運算元、調適元或順序規則，使其能在複雜的程序中尋求最佳的決策。對複雜而大規模的系統而言，導引輔助工作非常重要，否則使用者很容易就迷失在系統所提供的各項運算元中，卻不一定能取得最合適的，甚或因此而懼怕使用或抗拒使用系統來支援其決策制定。導引輔助可以主動提供建議，也可以是被動地提供相關的查詢結果資料。

　　調適元讓使用者去更改決策支援系統的其他單元，為系統提供必要的調適能力。例如，它讓用戶修改「列表」運算來產生不同的表格型式。除此之外，它也可以用來改變執行運算或取用資料的程序，使得更符合使用者的需求，或修改導引方式。

　　順序規則是決定其他各單元被使用的順序之功能。它提供使用者處理單元來決定在什麼時間，什麼運算元，導引輔助，或調適元應該被使用。此外，它也要確定運算元、導引輔助、及調適元的組合應用是合理且可行的。

第三節　決策支援系統的角色

　　在決策制定過程之中，決策者和決策支援系統共同完成整個決策釐定與執行的週期。兩者之間的分工情形，決定了系統的角色。

　　有一些決策問題的結構性非常差，通常無法明確地將問題的本質加以瞭解，並預先設計好適用的決策準則。決策者面對此類問題時，通常需要自己做大部份的分析、設計方案、選擇和執行工作。但決策支援系統在這種情形之下，還是能提供一種類似資訊銀行的系統功能，在資料庫內儲存著各式各樣決策相關的即時資料，提供給決策者檢索、整理、分析。如此一來，決策者不需要在遇到決策時，才急忙四處去搜集情報，更無須只利用個人的臆測來做決策的依據。

對半結構性的決策問題，決策支援系統可以在決策過程之中設計可行的方案，並且針對這些方案做基本的分析、比較。決策者可以將問題的若干環境條件、假設加以變動，透過「假設……則……」分析，來沙盤演練各項方案的可能結果，再加上一些主觀判斷，即成決策。這種涵蓋決策過程中的情報階段和分析階段的決策支援系統，就是傳統的決策分析支援系統。

若決策問題有相當程度的結構性，決策支援系統可以依據事先設計好的決策準則，在各個可行方案中挑選一個，交由人來執行。這一類系統也可稱為決策制定系統。甚至有部分結構性的決策問題，其決策方案的執行，是可能被自動化的。因此，除了可以委由決策支援系統來制定決策之外，還可由系統來直接採取行動，執行決策。我們可以稱此類自動決策並執行的決策支援系統為自動化決策系統或自動化控制系統，例如金融業的計息作業便是一個很好的例子。

第四節　決策支援系統的設計屬性

我們也可以從系統整體對決策過程的影響以及決策支援系統與環境之間配合的角度來看決策支援系統的設計屬性。一般而言，決策支援系統在系統設計時有三個應考慮的設計屬性：決策引導、決策限制及量身訂做程度。

一、決策引導 (decision guidance)

決策支援系統主要功能在於使複雜的決策過程簡化，並為決策者提供有價值的指導，使決策者能順利完成決策。依此而言，決策支援系統的設計應重視它所指引的程度和價值。

決策支援系統引導會對兩方面產生影響：決策程序的結構和決策程序的執行。決策程序的結構最主要的部分便是運算元的選擇。決策者往往必須從各種可能方案中找出最適決策問題的技術，這是件相當困難的工作。因此，系統可設計決策導引。一般來說，由於應用決策支援系統的來輔助決策制定，可能使決策支援系統內提供引導的某些方法方便使用，但是另一些系統內未提供引導的方法則不再方便使用。因此使得某些決策程序較受重用，而另一些則不再被使用，因而影響了決策程序的結構。

此外，決策程序的執行也會受到決策支援系統的影響。所謂決策程序的執行主要是指所選定運算元的使用。不同的決策引導設計可以對決策步驟有不同程度的支援。

就決策引導形式而言，主要有兩種方法：建議性引導 (suggestive) 和資訊性引導 (information)。這兩種方式的不同在於它們介入的程度深淺。「建議性引導」替決策者做判斷，以決定該如何做或該取得哪些資料等。「資訊性引導」則僅展示有關的資訊，由決策者判斷下一個執行程序為何。

另外，決策引導提供的方式有三種：固定式引導 (predefined)，機動式引導 (dynamic) 和參與式引導 (participative)。固定式引導是由設計者在設計系統時便決定系統要提供哪些建議和資訊，並將之建立在引導的機制之中，成為不易改變的系統單元。機動式引導和參與式引導則允許系統的引導在稍後可以被修改。一般而言，機動式引導是指系統本身有個內建的學習機構，可以根據用戶的使用狀況自動的「學習」最佳的配合，並據以調整系統，使人機的合作越來越有默契。而參與式引導則指系統本身並沒有自動的調整功能，但允許用戶根據本身的需要來進行系統引導的調整。

二、決策限制 (decision restrictiveness)

因為使用決策支援系統而有的系統引導，相對地也會存在著決策限制。且因為事先設計的引導方式通常是針對某些特別情境所設計的，若決策環境改變，則決策支援系統因系統引導而伴隨而來的限制也就降低了其應用效益。

決策限制可以由兩個不同的角度來看：一個是絕對的限制，另一個則是用戶感覺的限制。絕對的限制是指決策支援系統實際上不支援某些可能的決策程序，因而造成決策者運用這些決策過程時的不便。所以，決策限制可以看成是可能的程序和決策支援系統支援提供的程序之間的差集合。而用戶感覺的限制則是指決策者認為可能用到而決策支援系統未支援的程序。

決策支援系統對支援程序的限制主要是影響了決策程序的結構與執行。對結構上而言，決策支援系統可能限制了某些決策活動的進行，或是限制了某些決策活動的進行次序。至於執行上的限制則主要在參數與必要資料的取得與使用上。

三、量身訂做程度 (customization)

有些決策支援系統是以專案方式發展，針對特定的決策問題及特定的決策者需求而開發，因此不能像一般目的通用套裝軟體 (packages) 一樣，在各種情境下都能廣泛地被應用。通常量身訂做的程度愈高，系統所提供的引導也愈多；但當環境改變時，其所造成的決策限制也愈高。

因此，決定系統的量身訂做程度是設計時的一個重要屬性。

第五節　決策支援系統的構成單元

　　對於系統使用者以及決策支援系統的建置者而言，瞭解一個決策支援系統中各單元結構是很重要的。若一個使用者能夠瞭解到決策支援系統構成單元可以提供的服務，則他便明白可以要求決策支援系統做什麼；而一個系統的建立者則能據此瞭解到如何去建立一個有效的決策支援系統。

　　此外，對於決策支援系統構成單元的瞭解，也有助於對新技術或新方法的需求預測及其未來研發方向的釐定。例如，瞭解了決策支援系統的對話子系統功能需求後，便能積極研發更好的圖像界面 (icon-based) 技術、觸控螢幕 (touchscreen) 技術，來提供引導系統運作的新選項方式。此外，對於模式的表示及使用，也需要人工智慧研發成果來加入法則推演的表達及推論能力。

　　決策支援系統的組成單元以及各單元間的關係可以 Sprague 和 Carlson 在 1982 年所提的決策支援系統架構模式來說明。此模式主要是將決策支援系統分為對話子系統、資料庫子系統、以及模式庫子系統，也就是所謂的「D, D, M」模式。在這個概念之下，包括對話 (dialog, D) 單元來溝通使用者以及系統，資料 (data, D) 單元用來支援系統應用資料的能力，以及模式 (models, M) 單元提供分析的能力。圖 4-1 即圖示一個決策支援系統在考量組織機能下的組成成分。這些組成成分基本上可分為對話子系統、資料庫子系統、以及模式庫子系統，也有學者將這些成分稱之為對話單元、資料單元及模式單元。

　　目前我們主要是探討一個決策支援系統的組成成分。我們將試著去描述現階段的成分。無庸置疑地，隨著科技的演進，這個領域將可能不

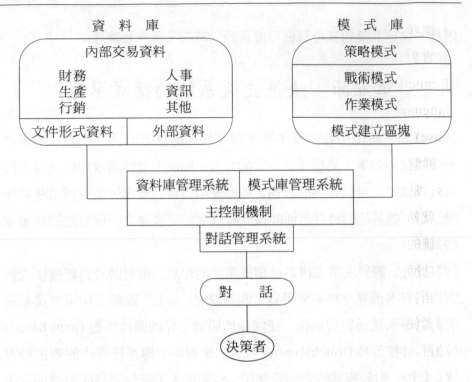

圖 4-1 決策支援系統之組成成分

斷地擴大成長。例如，當專家系統的知識庫擷取表達技術成熟到可應用到決策支援系統時，我們也可在資料庫中加入決策者的定性經驗法則知識的資料。現階段的架構主要可分為對話單元、資料單元及模式單元。

接下來，我們針對圖 4-1 的決策支援系統的架構分為對話單元、資料單元、以及模式單元三個部分來簡介說明，至於各單元的系統化，請參見本書第五、六及七章。

一、對話單元(the dialog component)

對話單元是負責管理決策支援系統和使用者直接溝通的單元，因此也被稱為「使用者界面」(user interface)。對於使用者而言，資料單元和模式單元完全是透明的，使用者並不需要瞭解在對話單元的背後有哪些複雜的機制，因此 Watson 和 Sprague 指出，從使用者的觀點，其實對話系統就是整個決策支援系統。為了完成這種系統的透明性，Bennett 把對話系統看成三個功能的結合，它們分別是行動語言 (action language)、表達語言 (presentation language) 以及知識庫 (knowledge base)。行動語言就是決策支援系統命令輸入機制，它是包含各種硬體（鍵盤、滑鼠……）以及軟體功能（下拉選單、命令按鈕……）的結合，當使用者透過行動語言對決策支援系統下達指令之後，決策支援系統就執行適當的動作以產生結果傳回給使用者。表達語言就是決策支援系統的結果輸出機制，它也是各種硬體（如螢幕、印表機……）以及軟體功能（如圖形、表格……）的結合，決策支援系統執行使用者應用行動語言下的指令所產生的結果就透過表達語言傳回給使用者，所以有的學者便將「行動／表達」語言組合稱為決策支援系統的「輸入／輸出」語言。但是每個決策支援系統所具有的行動語言或表達語言可能都不一樣（不同軟硬體的組合），因此除了此兩個功能之外，尚必須包含知識庫才能組合成一個完整的對話系統。Bennett 在此所稱的知識庫，並不是如同人工智慧領域中用來存放專家知識的結構，而是用來存放一些「使用系統」所需要的知識，目前在一般的視窗系統上常使用的線上輔助就是知識庫功能的例子。

　　目前決策支援系統在對話單元的研究有將「輸入／輸出」語言分離的趨勢，可以使得對話系統在設計上具有相當的彈性；當有新的軟硬體功能出現時，我們就可以針對不同的語言功能做改良。例如當滑鼠成為輸入設備（行動語言的硬體部分）的主流之後，我們可以輕易的改善使用者在行動語言上的便利性卻不用更動表達語言的部分，將來有更好的輸入設備時（如目前非常昂貴的觸摸式螢幕，尚在實驗中的語音輸入等等……），這個過程仍然可以持續下去，而不用擔心會影響到系統的其他部分。

原則上，在設計決策支援系統的對話單元時，必須要考量三個重要的因素——「科技」、「工作」以及「使用者」。一個決策支援系統的設計者必須針對所面對的工作（問題），選擇「最適合」的科技，這裡所謂最適合的科技主要是配合使用者的需求。我們曾經說明決策支援系統必須配合各種不同的決策環境來做設計，使用者對決策支援系統界面的需求就是一個重要的考慮因素。根據 Blaylock 和 Rees (1984) 的研究，使用者的認知風格 (cognitive style) 明顯的影響到資訊表達的格式選擇，因此不同的使用者和不同的問題型態都會導致使用者界面採用不同的科技來製作，並不一定最新的科技就一定最適合。DeSanctis (1984) 曾經就「圖形」的表達方式對使用者的影響做過實證研究，他發現在工作簡單但卻需要精確數字的情形之下，表格反而比圖形更有效果；而在比較分析，趨勢觀察之類的應用上，圖形的效果就遠比表格有效多了。由此可知在設計使用者界面時必須考慮的重點是「所面臨的問題」本身以及「使用者的背景」，而不能單純的只考慮技術的因素。

除此之外，Watson 和 Sprague (1992) 也指出，在對話系統的設計上，「彈性」和「簡單」常常是互斥的兩個重要目標，越容易使用的系統其操作程序通常比較固定，因而也就越沒有彈性。不過由於決策支援系統本身是調適性系統的特性，因此對彈性的要求可能比簡單更為重要。基本上，學者梁定澎 (1991) 指出一個好的對話系統要考慮下述七個原則：

1.多樣原則：支援不同程度的老手和新手一樣有效。

2.容忍原則：有良好的錯誤回復能力，容忍使用者的錯誤。

3.效率原則：減少完成特定工作所需的步驟，並在合理的反應時間內輸出。

4.方便原則：用戶可以方便的使用所有的運算程序。

5.彈性原則：提供好幾個不同的方法去執行一個運算需求。

6.一致原則：使用一致的交談格式及命名原則來減少學習的需要和時間。

7.協助原則：提供明確的協助和錯誤訊息給使用者。

此外，Crawford (1992) 等學者根據認知心理學的相關研究整理出在使用者界面的設計上有以下六個一般性的設計指導原則：

1.同一畫面上文字出現的面積不應超過總面積的30%。

2.任一畫面的使用者選項不應太過複雜，7 加減2 個大概是人類在同一時間所能處理的極限。

3.系統必須讓使用者感覺是他在控制系統而不是系統在控制他，以免讓使用者產生排斥感。但是對於一些生手而言，系統也必須有適當的「導航」功能，以減少使用者的排斥感。

4.使用者界面的操作方式必須一致而且明確，不能任意變動，以免造成使用者學習的負擔。

5.使用者界面必須具有容錯的能力，對於使用者操作上的錯誤必須給予適當的指導，不可因為操作的疏忽或錯誤就造成系統的當機。

6.每一個畫面的設計功能必須明確，讓使用者能夠一目了然，馬上知道應該採取哪一種操作步驟，以免困擾使用者，降低其信心。

二、資料單元 (the data component)

基本上我們可以把決策支援系統看成是一種將模式或是分析技術與傳統的資料存取功能相結合的資訊系統，因此資料存取功能的效率對整個決策支援系統的績效會有很大的影響。透過資料庫管理系統，決策支援系統可以很有效地管理各種支援決策制定所需要的分析資料。所謂的資料庫管理系統，其實是「一個電腦化的檔案資料管理系統」。為了支援決策所需的資訊及資料需求，資料庫管理系統應具有下列六項基本功能：

1.在資料庫加入新的檔案。

2.增加新的記錄。

3.查詢處理。

4.記錄更新。

5.記錄刪除。

6.檔案刪除。

而使用資料庫管理系統來管理資料則具有七項明顯的優點如下：

1.減少資料的重複性 (redundancy)。

2.避免資料的不一致性 (inconsistency)。

3.增加資料的共用性 (share)。

4.加強資料的安全性 (security)。

5.維護資料的完整性 (integrity)。

6.達成資料與應用程式間的獨立性 (independency)。

7.可將資料標準化 (standardize)。

從決策支援系統的應用角度來看，資料庫更可以說是建立決策支援系統的先決條件，缺乏正確的資料庫內容，或使用不良的資料庫管理系統都會導致決策支援系統的失敗。例如，國內中鋼公司初期推動的決策支援系統，也是因為資料內容有問題及資料分散等原因而宣告失敗的。而使用資料庫對決策支援系統而言，則可以產生以下各項優點：1.可以簡化決策支援過程中的資料蒐集與維護的工作，2.確定了決策支援系統必須支援的功能和使用者，3.可以簡化決策支援系統的設計工作，4.可以消除績效和安全性要求這兩方面的潛在衝突，5.增加決策支援系統間資料資源共享的功能。

目前資料庫的架構主要有層級式 (hierarchical)，網路式 (network)，關連式 (relational) 以及物件導向 (object oriented) 四種，其中層級式和網路式的架構因其資料結構需事先設定，不能提供決策支援的彈性需求的原因，所以除了在一些比較特殊的應用上之外，已經逐漸的被淘汰。物件導向資料庫是目前新興的研究領域，它對於一些特殊資料型態(如聲音、影像……)的處理，具有其他資料庫所沒有的優勢，不過目前並沒有完全發展成熟。關連式資料庫則是目前資料庫領域中功能最強，也最成熟的產品，由於它具有「關係式代數」的數學理論基礎，因此發展的相當完整。

在關連式資料庫中只有一種資料結構，稱為「關係」(relation)，一個關係是一組相關的資料組合，也可以看成是我們習慣使用的「表格」(table)，每一個關係(表格)是由橫列(tuple)以及屬性(attribute)所組成，而某一個橫列所具有的一個特殊屬性則代表一個資料項(item)。每一個關係(表格)就是一群「相關」的資料項的集合。在關連式資料庫中，不同的關係(表格)間可以透過八個「關係運算子」(relational operator)來做運算，以產生新的關係(表格)，而關連式資料庫管理系統(relational DBMS)就是負責執行這八個運算子，以及儲存和管理這些關係(表格)的軟體系統。

基本上，資料庫的運作必須依靠DDL(data definition language)和DML(data manipulation language)兩個語言，來分別處理資料的定義和運算。在關連式資料庫系統中，目前主要是採用SQL(structured query language)作為運作語言，在SQL的結構中即包含了DDL及DML兩個部分。我們可以利用SQL來定義各種的關係(表格)，輸入和刪除資料庫中的資料，也可以利用SQL來操作八個關係運算子，進行資料表格間的關係運算。

三、模式單元 (the model component)

決策支援系統的分析能力主要是靠模式的應用演算而得的能力。模式通常是以數學的表示式來表示一個問題，並提供演算法來描述解決問題的處理程序。模式的種類有很多種，而且它能以多種不同的方式來分類。一般可以依在企業內的應用階層、功能、隨機性以及應用的普遍性來區別。

依模式在企業內的應用階層來分，我們可以把模式分為策略模式，戰術模式，及作業模式。通常策略模式用來規劃企業的發展方向及策略；戰術模式是在既定的組織策略下，搜尋達成企業目標的可行戰術，並建議最適戰術；而作業模式則是用來規劃最適的作業方案。

依功能來分，模式可分為最佳化 (optimization) 模式及描述性 (description) 模式。最佳化模式，通常用來輔助滿足所有限制條件情況下的最佳可行解的搜尋；而描述性的模式則是描述一個系統的行為及結果，它並不建議最佳化的條件。

若依隨機性的處理來分，我們可以說大部分的系統都是屬於機率型的 (probabilistic) 模式。也就是說，大部分系統的行為並不能百分之百確定地被預測到，因為它有隨機性的存在。一個機率模式試著以機率的資料輸入，經由處理後產生機率輸出來取得系統的機率本質。即使大部分的系統是屬於機率型的，然而多數的數學模式卻屬於固定型的模式 (deterministic)。所謂固定型的模式就是以許多變數來預測單一值，產生單一輸出。固定型的模式通常比機率型的模式更受歡迎，因為它們通常比較簡單、較不昂貴、以及花費較少的時間來建立以及使用，且通常提供使用者較滿意的資訊來支援決策活動。

至於應用的普遍性方面，一個模式可以是只為了一個特定決策問題而發展，也可以為了通用性目的而發展的。前者稱作是訂做型模式 (custom-built models)，而後者則稱之為通用型模式 (ready-built models)。一般而言，訂做型模式在描述一個特別的問題方面，提供一個比通用型模式較好的陳述與表達，但是通常它會有較大的成本花費及較少的調適彈性。

第六節　決策支援系統的控制機制

　　雖然在發展決策支援系統時會有不同的設計需求，但是每種需求都可以用對話單元、資料單元、模式單元之建立及應用來瞭解決策支援系統。對話單元是使用者界面、資料單元是資料的記憶單元、模式單元是由提供分析推演的模式庫所組成的。若將這三個單元整合起來就構成了所謂的決策支援系統。而決策支援系統必須有一個控制機制來對這三個單元加以管理，以便滿足決策者的決策支援需求。這些控制機制可分為對話管理、資料管理、模式管理、以及主控制機制來說明。

一、對話管理 (dialog management)

　　決策支援系統大部分的能力、彈性及使用性等特性都是由系統和使用者之間交互作用的能力所產生，我們稱這部分為對話子系統。如同前面所提到的對話可以分為三部分：行動語言、表達語言、以及知識庫三者。上述三者領域中的能力強度和多樣性決定使用者界面的豐富性。一般而言，對話管理所必須具備的一些能力有：

　　1.具有依據使用者的選擇而變換格式的能力。

　　2.具有容許使用者選擇不同的輸入媒體的能力。

　　3.能用多種不同的形式及媒體表達資料。

　　4.能彈性支援使用者知識庫的內容。

二、資料管理 (database management)

　　資料庫就是電腦所儲存之資料的聚集，而資料庫管理系統則是用來產生、維護、存取、更新、及保護一個或更多資料庫的電腦系統。資料庫管理對建立決策支援系統是非常重要的。缺乏適當且正確的資料庫和資料庫管理系統將使決策支援系統的建立極為困難，因為資料單元是決策支援系統三個主要構成單元之一。因此資料單元及資料庫管理系統在整個決策支援系統中占著一個很重要的地位。

　　資料庫模式以及資料庫管理系統決定決策支援系統可以利用的資料結構、運算、以及完整性限制。但通常一種資料庫管理系統只支援一種資料模式，為一個或更多採用此種模式的資料庫所提供、維護、以及存取資料庫中資料所需的運算。通常資料管理需提供的主要功能有：

　1.提供資料字典 (data dictionary)。

　2.記憶資料。

　3.刪除資料。

　4.更新資料。

　5.檢索資料。

　6.保護資料。

　7.資料共享。

　8.誤失恢復。

　9.最佳化存取策略的應用。

三、模式管理 (model base management)

　　決策支援系統的主要效益來自它整合資料存取及決策模式的能力。它可以提供決策模式設計嵌在資訊系統中，然後以控制機制或資料庫作為模式間整合及溝通的橋樑。

　　決策支援系統模式的管理主要的能力應包括。

　1.快速且容易地輸入新模式。

　2.使用造模組塊並提供整合使用功能。

　3.維護各種的模式，支援各階層使用者的能力。

　4.把彼此相關的模式聯接起來；

5.其他儲存、歸類、連結、以及存取模式的管理功能。

四、主控制機制 (main control mechanism)

對話、資料、以及模式三個管理系統一方面各自獨立運作，另一方面又互相關聯，組合應用來提供整體決策支援系統的成效。例如模式在運算時可能需要用到資料庫中的資料，則資料便以參數的形式送到模式中去執行，而模式輸出入又必須透過對話顯示給使用者，當然模式需要的資料也可能會是要求使用者直接以對話的方式來輸入。因此，三者之間便需要有個整體的控制機制來加以協調，而這個主控制機制的主要任務在於：

1.各組成單元的整合協調。

2.資料的傳遞與運用。

3.運算的排序與執行。

4.進行必要的調適。

5.提供適當的使用引導。

第七節　決策支援系統建立時需考量的議題

認識了決策支援系統基本架構之後，設計者和使用者為發揮決策支援系統的潛在利益，在建立決策支援系統時應考慮的議題有哪些呢？一般來說，至少需包括下列五個議題：

一、認識決策支援系統的範圍及能力

決策者首先必須認識決策支援系統的本質是提供決策支援的輔助，而非替代決策者做決策。一方面因為決策者才是對決策結果負責任的人，除非是結構性極強的工作任務才可交給電腦系統自動執行而不致有

過失爭議的情形，否則決策者應主導決策支援系統的使用，並為最後的
結果負責。

二、決策支援需求有哪些

決策支援系統要提供決策者利用資訊系統去做事情的能力，則必須
找出所有的決策支援需求，而非單單在資訊方面的需求。但是要瞭解管
理者的決策支援需求，或其他腦力工作者的決策支援需求，是一件非常
艱難且複雜的工作。

一個解決這問題的可行方法，是依決策者所顯示「哪些是他所需
要，而且必須由資訊系統取得的資料及分析功能」這個方向來發展及使
用決策支援系統。例如，系統設計應能掌握並追求使用者在主要決策過
程中所採行的資料擷取或分析步驟。

至於系統滿足需要的能力及績效增加的價值，就需要系統評估來
判定。決策支援系統的評估和其他的管理資訊系統的評估同樣困難及重
要。通常，直接經常參與決策支援系統的使用者是評估系統的最適當人
選。

三、如何選擇負責推動決策支援系統發展的人

負責推動決策支援系統發展的人在組織中的位置及角色也常影響決
策支援系統的成敗。決策支援系統發展的倡議者和指導者通常應該是使
用者部門，而非所謂的資訊部門。但是，在目前的技術狀況下，系統的
建立常需要資訊部門專家在技術方面的大力協助。例如，系統的倡議者
或建立者可能是總經理的手下幕僚，但仍需要資訊部門中的專家擔任技
術支援的角色。然而因為系統開發工具的進步，決策支援系統的發展工
作在某種程度上有一種日益普及的趨勢，也就是說越來越多系統發展的
工作逐漸由資訊部門移轉使用者部門中。

　　此外，有些公司也可設立一個決策支援系統建立者小組，為整個組織規劃決策支援系統的需求之優先順序，並發展必要的技巧來配合使用者，熟習各種現有的技術，研究決策支援系統發展所需要的步驟，甚而直接進行特定決策支援系統的開發等。

四、決策支援系統的開發工作應如何進行

　　原則上，決策支援系統的開發工作最好由小規模且容易見效的部分開始再不斷成長。所以大部分的決策支援系統的設計開發方法多採反覆設計或調適性設計開發的方法。調適性設計方法因為要把以往所有的階段合併成一個一再反覆的步驟，我們將需要重新定義系統發展的里程碑並對專案管理的過程作相當的修改。另外，整個開發過程也需較多的使用者參與。總而言之，決策支援系統建立者需要為決策支援系統的開發，發展出一套進度表、檢查點、文件撰寫策略，以及專案管理工作等，並與使用者溝通，讓使用者瞭解系統的進行過程及他們應負責的部分有哪些。甚至可藉此機會教育使用者，讓他們有足夠的能力來負擔日後系統的維護工作。

五、慎選決策支援系統開發的起始點

　　我們期望透過資訊技術的使用，能夠改善決策品質及效率。傳統的資訊系統發展常是不斷的縮小系統的範圍及定義，直到我們能清楚地知道系統剛好能作我們所需要作的工作。因此只要這種系統分析／設計／建立／實施的過程每一步都嚴謹而正確，就其原來的目標來衡量，系統就算成功了。但是，決策支援系統的範圍及它所要求的能力都是隨問題而變，系統分析師及建立者都只是一個從旁協助使用者的角色，不能有意義地改變系統的範圍及定義，因此無法使用傳統的系統發展方法，將所有需求範圍都納入考量再逐步減縮其範圍。另一方面，系統發展的階

段性成功經驗又是影響決策者參與意願的重要因素。所以決策支援系統的起始點的選擇，是一個重要議題。

研討習題

1. 一般而言，一個決策支援系統應有哪些與支援需求相配的基本能力？

2. 決策支援系統是否需要自己的資料庫？為什麼？

3. 「由使用者的觀點而言，對話 (Dialog) 就是系統」意指為何？您同意這樣的描述嗎？試討論之。

4. 一般決策支援系統的構成單元有哪些？並討論其間的互動關係。

5. 決策支援系統建立時有哪些需要考慮的議題，以使決策支援系統可以發揮其潛在效益？

─參考文獻─

1. 梁定澎，《決策支援系統》，松崗，民國 80 年。

2. 吳宗啟，〈決策支援系統在中鋼〉，《資訊傳真》，民國 80 年 10 月，頁 78–80。

3. Blanning, R., "Functions of Decision Support Systems," *Information and Management,* 2:3, 1979, pp.87-93.

4. Blaylock & Rees, "Cognitive Style and the Usefulness of Information," *Decision Sciences*, Vol.15, No.1, 1984, pp.74–91.

5. Crawford, "Current Issue in Online Catalog User Interface Design," *Information Technology and Library,* 1992.

6. Date, *An Introduction to Database Systems,* 5th ed., Addison-Wesley, 1990.

7. DeSanctis, "Computer Graphics as Decision Aids: Directions for Research," *Decision Sciences*, Vol.15, No.4, 1984, pp.463–487.

8. Gorry, G. A., & M. S. Scott-Morton, "A Framework for Management Information Systems," *Sloan Management Review,* Vol.13, No.1, Fall 1971, pp.55–77.

9. Hogue, J. T., "A Framework for the Examination of Management Involvement in Decision Support Systems," *Journal of Management Information Systems,* No.1, 1987, pp.96–110.

10. Sprague, R. H., "A Framework for the Development of Decision Support Systems," *MIS Quarterly,* December 1980, pp.1–26.

11. Sprague, R. H., & E. D. Carlson, *Building Effective Decision Support Systems,* Englewood Cliffs, N.J.: Prentice-Hall, 1982.

12. Sprague, R. H., & H. J. Watson, "MIS Concepts: Part I," *Journal of Systems Management,* January 1975, pp.34–37.

13. Sprague, R. H., & H. J. Watson, "MIS Concepts: Part II," *Journal of Systems Management,* February 1975, pp.35–40.

14. Steven Alter, "Transforming DSS Jargon into Principles for DSS Success," *DSS-81 Transactions*, 1981.

15. Watson & Sprague, "The Components of an Architecture for DSS," *Decision Support Systems*, N.J.: Prentice-Hall, 1992

16. Zachary, W., "A Cognitively Based Functional Taxonomy of Decision Support Techniques," *Human-Computer Interaction,* 2, 1986, pp.25–63.

第五章　資料庫子系統

概　要

　　在最近的一項對國內企業的決策支援系統應用現況調查研究中，研究結果發現企業對決策支援系統的應用方向有約61.64%的比重是「運用有效的分析工具，將大量的資料加以分析，產生有用的整合性資訊」，是各項決策支援系統應用方向中應用最多的一項。由此可見，資料的提供與管理對決策支援系統的應用是非常的重要。本章便是針對決策支援系統中負責資料提供與管理的資料庫子系統加以說明。首先解釋何謂資料庫及資料庫管理系統，接著說明決策支援系統對資料管理的一般需求以及其資料庫設計與資料模式，最後探討資料庫設計及使用的未來趨勢。

第一節　緒　論

在第四章所介紹的決策支援系統組成架構中的資料單元，通常是以資料庫技術來提供系統所要求的資料管理功能。所以我們也可將資料單元稱為資料庫子系統。本章即是針對決策支援系統的資料庫子系統做整體概念性的介紹。

資料庫子系統在決策支援系統的重要性可以從兩個有關國內企業應用決策支援系統的經驗來說明。第一個經驗是中鋼公司初期規劃發展的決策支援系統，因為其中的資料內容不即時、不正確、資料表達太複雜等因素，因而導致決策支援系統無法發揮其應有的效益。這個經驗顯示了資料庫子系統是決策支援系統的一個重要元件，若資料管理不良，將導致決策支援系統的失敗。第二個經驗是最近的一項對國內企業的決策支援系統應用現況調查研究結果發現企業對決策支援系統的應用方向有約61.64%的比重是「運用有效的分析工具，將大量的資料加以分析，產生有用的整合性資訊」，正是各項決策支援系統應用方向中應用最多的一項。由此可見，資料的提供與管理對決策支援系統的應用是非常的重要。

本章將分節來對決策支援系統環境下的資料庫系統 (data base systems) 及資料庫管理系統 (data base mangement systems, DBMS) 做一個整體概念性的介紹。第二節將介紹何謂資料庫以及資料庫和資料庫管理系統之間的關係，並就使用資料庫的優點加以說明；第三節討論決策支援系統對資料庫管理一般需求；第四節探討決策支援系統環境下的資料分類並說明其來源；第五節將簡介決策支援系統環境下的資料庫設計方法；第六節描述常用的七種資料模式 (data models)；第七節則是就自然語言 (natural language), 分散式資料庫 (distributed data base) 和資

料庫機器 (data base machine) 三方面來介紹決策支援系統環境下的資料庫設計及使用的未來趨勢。

第二節　資料庫及資料庫管理系統

　　大部分的人一提到資料庫 (data base)，都常有先入為主的觀念，認為資料庫是電腦應用領域的專有名詞，只適用在電腦上。其實不然，所謂資料庫，廣義而言，只要是資料存放的地方就可稱為資料庫。舉例而言，我們每天所使用的萬用手冊及存放文件的檔案夾都可以稱的上是資料庫的一種。但是這種資料庫的處理速度及準確性都不是非常好。因此緣故，在兼顧決策支援系統的效率及安全考量上，本章把決策支援系統的資料庫定位在使用電腦的資料庫上。

　　在電腦技術的領域中，所謂資料庫是指一系列整合性電腦檔案 (files) 的集合。而檔案則是一系列相關記錄 (records) 的集合，記錄則是一系列相關欄位 (fields) 的集合。這些欄位與記錄都是組織交易活動的相關資料描述。

　　資料庫對任何一個決策支援系統而言，都是一個關鍵的元件。無論決策支援系統是模式導向或是資料導向的應用，決策支援系統都需要合宜而有效率的資料庫來提供決策者適時適量的資料，幫助決策者瞭解決策問題。

　　一個好的資料庫子系統需有功能強的資料庫管理系統來管理資料庫內的資料儲存、取用及更新等活動。資料庫管理系統是指包含建立、儲存、維護、處理資料庫等功能的電腦軟體程式。換句話說，資料庫管理系統就是介於使用者和資料庫之間，使得使用者和資料庫能夠溝通的橋樑。

　　一般而言，有資料庫子系統的決策支援系統有下列幾項優點：

1.能夠從等量的資料中得到更多的資訊。

2.能夠滿足臨時的 (ad hoc) 資訊需求。

3.資料重複的情形將減少。

4.程式和資料獨立，使得系統維護或資料維護工作比較簡單。

5.資料管理的效率將提高。

6.可以比較容易發現資料的相關性。

7.資料安全問題可以獲得解決。

8.簡化決策支援系統的資料搜集與維護工作。

9.增加各個決策支援系統間資料資源共享的功能。

10.簡化決策支援系統的設計工作。

我們通常把組織中負責設計及實際執行建構資料庫的人稱為資料庫管理員 (data base administor, DBA)。原則上，資料庫管理員所負責的工作範圍會因資料庫的複雜程度的不同而有所不同。因此有些組織動用整個工作小組來做資料庫的設計及維護工作。而在一些小的組織中，只分派一個人就負責了整個資料庫的設計。一般而言，一個好的資料庫管理員將有下列的工作內容：資料庫的設計和實際建構；保護資料庫；設計安全的考量；建立完整的作業程序；完成資料庫設計的文件；增加新的資料庫功能；使現存的資料庫功能能夠好好的運轉；做資料庫的效率評估等。在資料庫的環境中，資料庫管理員的角色是非常重要的。在決策支援系統的環境中，資料庫也須有類似資料庫管理員的角色，來管理資料庫子系統內各工作的運作。尤其是一些決策支援系統也包含外部資料在其資料庫內，即時更新資料內容等資料管理工作，也對決策支援系統的效益產生了很大的影響。

第三節　決策支援系統對資料庫管理的一般需求

決策支援系統需提供決策者記憶輔助以及資料精簡的功能，所以一個好的資料庫管理系統需要具備下列的作業功能，方能在決策支援系統環境下，有效率的使用：

一、基本的資料管理作業功能

基本的功能包括資料庫建立、更新、刪除、增加、插入和維護。這些功能能把資料適當地保存下來，以提供決策者記憶輔助的功能。

二、基本的邏輯推演及運算功能

資料庫管理系統至少應該具備在不同的記錄和欄位下，可以作邏輯判斷或簡單的算術運算功能。對於一些不同詳細程度的查詢作業而言，這些簡單的邏輯判斷及算術運算功能經常被使用。

三、萃取資料的功能

這個功能可以說是查詢功能的進一步延伸。幾乎所有決策支援系統的研究者或開發者都同意決策過程包括由大量資料中精簡或萃取資料活動，決策支援系統可藉由資料庫管理系統提供的記錄合併或集合功能，幫決策者萃取所需的資料，增加作業的效率。

四、搜尋資料的功能

資料庫管理系統必須有搜尋的功能，使用者只要輸入某些條件式，則系統會直接把符合要求的資料列找出來。舉例而言，若使用者輸入「找出所有資管系學期平均成績高於九十分的學生」，則系統會直接把資料庫的中學生資料屬於資管系且學期平均成績高於九十分的學生列出來。值得注意的是，當我們輸入限制式時，常會用到一些集合符號，如交集 (AND)，聯集 (OR) 或是差集(NOT) 等等，系統必須要能夠辨別這項符號所代表的意義。

五、排序功能

排序對於資料庫而言，可以說是非常重要的功能。尤其是決策者常常不是以一套既定的程序來處理資料，決策支援系統的排序功能必須是能針對任何決策者指定的欄位，進行漸升和漸減的排序活動。此外，為了系統的執行效率，還需要選用好的排序方法以利系統執行。

六、資料的摘要分析功能

這個功能也可以看成是基本運算功能的延伸功能。決策支援系統常須從現有的資料中，進行摘要分析，彙總出更有用的資料，例如：計算所有資料的平均值、標準差、資料總和等等，幫助決策者瞭解問題現況。

七、集合功能

這個功能是把資料庫中兩個或兩個以上的檔案、記錄、表格合併而成一個集合檔案、記錄或是表格。這些集合功能包括聯集 (union or merge)、交集 (intersection) 和合併 (join) 功能。

第四節　決策支援系統環境下的資料類別

為了作業管理、管理控制及策略規劃之決策制定，每個組織都會保存一些資料以便進行相關的活動。這些組織內部保存的資料，我們可稱

之為內部資料 (internal data)。決策者有時也需用到其他組織所搜集及保存的資料，所以決策支援系統也常使用所謂的外部資料 (external data)。換句話說，決策支援系統所處理的資料可分為內部資料和外部資料。內部資料即是在組織內部處理及收集的資料，這些內部資料包含了由組織內部的會計子系統所提供的交易資料，或是由製造、行銷等子系統所提供的資料。就組織整體而言，會計子系統為組織內部的其他子系統收集和維護最基礎的資料，而這些資料包括了分類帳、總帳、固定資產、應收帳款、應付帳款、存貨等等。

當決策支援系統是為支援策略規劃決策而設計開發的時候，則系統中必定有一些資料是必須從外部取得的，這些資料即是外部資料。而一個組織的外部資料可以從許多不同的資料來源獲得，例如，競爭者的情況，勞工市場的情況，工會的發展，政府的政策，供應商的狀況，經濟景氣指標，未來可能趨勢，顧客的分布情形，作業技術的最新改良情形，文化變動指標，政治環境的改變情形，顧客滿意度，稅務結構，銀行政策，資本市場等資料都可能對策略規劃決策產生影響。

這些不同的外部資料來源在不同的決策支援系統中，代表著不同的意義及功能。也因為不同外部資料的來源及決策支援系統的目的不同，將會設計不同的資料庫系統以供決策支援系統使用。一般而言，越是規劃導向的決策，越是需要廣泛的資料來源。由於資料來源的廣泛，而且決策過程常需進行資料搜集工作，所以決策支援系統的資料庫子系統也常需提供資料來源目錄供決策者參考。

第五節　決策支援系統環境下的資料庫設計

在設計一個決策支援系統環境下的資料庫時，必須同時考量管理面的觀點和技術面的觀點。就管理面的觀點而言，資料庫的設計必須重視決策者的資訊需求。因此，資料搜集的方法、資料種類、資料來源、資料性質都需以使用者的角度來設計。此外，有關資料的維護及儲存的方式的問題，例如：資料應該放在一起或是個別分開？資料需要做索引嗎？資料多久需要更新一次？哪些資料的來源需要考慮？哪些資料收集的方法需要被採用？也常需由決策支援系統的使用者來決定。

通常組織的決策支援系統所需的內部資料，多從財務會計、生產製造、市場行銷及人事管理等四個主要的企業功能中彙整而得。每一個企業功能下的資料範例可參見表5-1。

表5-1　各企業機能相關資料範例

企業機能	財務會計	生產製造	市場行銷	人事管理
資料範例	成本 稅務 資產負債表 現金流量 損益表	倉庫管理 存貨管理 產品管理 技術 法律環境	經濟因素 顧客滿意度 競爭情況 出貨量	薪資 人事檔案 契約 員工訓練

從技術面的觀點來看，資料庫的設計者可根據系統使用者的資料及功能需求內容來設計實體資料庫。此外，一些重要的技術問題如：

1.哪一種資料讀取方法最恰當？是循序式、隨機式或是索引循序式？

2.哪一種處理方式應該被使用？是線上處理、批次處理或是兩者都提供？

3.如何做好有效率的安全防範？

4.要如何做好備份以及錯誤復原的工作？

也必須靠資料庫設計者利用最新的資訊科技加以選擇的。

　　通常在資料庫的設計中，檔案結構可分為循序式、隨機式或是索引循序式三種。在循序式的檔案中，若使用者需要讀取一筆記錄，則需要一筆一筆的把這筆資料之前的所有資料都讀過或跳過之後，方可讀取所需的記錄。而隨機式的檔案結構中，無論記錄的實際位置為何，都可以根據位址隨機地讀取所需的記錄，不再需要一筆一筆的找。至於索引循序式的檔案結構則建立索引表，可以根據索引表到相關位址上迅速地找到資料，也可循序讀取資料。此外，資料庫設計者當然也需重視資料資源的保護措施，採用最有效的資料安全設計，讓每個使用者只看到自己權限範圍內的資料，並適時地進行檔案備份工作，以應不時之需。

　　另外一個決策支援系統資料庫設計的考量是預防各種資料問題的產生。無論是功能多麼強大的資料庫或是資料庫管理系統，如果搜集和儲存資料發生了下述的任何問題，決策支援系統都將因此變得沒有效益：

一、資料不正確

　　不正確的資料可能是因為人為的輸入錯誤，或是根本在搜集資料的初始階段，資料就是錯誤的。而要解決資料不正確的唯一方法只有訂定更加嚴格的資料搜集及輸入程序。此一標準的程序要能夠做到判定資料的正確性，並對其資料來源加以辨認，並保證資料的來源是正確的。

二、資料不是即時的

　　如果資料不能即時提供給決策者，將會對決策支援系統的效益造成直接的危害。因此，設計資料輸入等確認程序時，也同時需要考慮資料的時效性。

三、資料沒有適當的索引

　　決策支援系統的資料來源有多樣性，又需兼顧決策者對系統反應時間的績效要求，所以資料庫的設計者必需發展一個能夠自動整理及索引的系統。

四、所需的資料並不在資料庫中

會發生所需的資料並不在資料庫中這類問題，可能是因為決策支援系統的目標被不適當的定義，或是決策支援系統的使用者及設計者失察所導致。無論是哪一種情形所導致，這些不存在的資料必需加以辨識、搜集並加以儲存以供決策支援之需。

第六節　資料模式

在我們開始考慮資料庫要如何設計，及在資料庫中要如何儲存資料時，我們所必需要採行的第一步就是定義資料模式 (data models)。所謂資料模式就是在電腦系統中建立、表示、組織和維護資料的架構與程序。通常資料模式包含下列三個元件:

1.資料結構 (data structure):

通常資料模式包含一個或一個以上的資料結構，例如關聯式資料結構，層級式資料結構，或網路式資料結構等等。

2.資料模式的作業功能 (operations):

一般的資料模式的作業功能有資料庫的資料新增，查詢，更新，檢視等等。

3.資料完整性規則 (integrity rules):

資料模式必需定義資料庫中的資料範圍，這些範圍包括資料的最大值和最小值，處理程序的種類以及其他的限制條件等等。

在決策支援系統環境下常用的資料模式有檔案模式，關聯式資料模式，物件導向資料模式，層級式資料模式，網路式資料模式，規則式資料模式，以及其他自由格式的資料模式。茲分述如下：

一、檔案模式

檔案模式通常又稱為記錄模式，是直接由一個或多個檔案所構成。而這些檔案是由一系列的記錄和欄位所構成。這些檔案之間並沒有任何關係相連接。因此，檔案模式也就沒有像其他的資料模式一般強大的功能。雖然檔案模式的功能並不如其他的資料模式，但是一些基本的資料管理功能如檔案建立、刪除、更新以及簡單的檢視，檔案模式也具備。然而，對於比較複雜的決策支援系統環境而言，檔案模式的能力就極為有限了。

二、關聯式資料模式

關聯式資料模式是用一些二維表格的物件組合而成，而我們也可將這些二維表格稱為關係表 (relation)。每一列就是一筆資料記錄 (tuple)，每一行是一個屬性欄位 (attribute)。不同的關係表可以藉由相同的屬性欄位，例如關鍵值屬性欄位，而加以彙整連結，產生另一個彙總表。我們可以表 5–2，表 5–3，及表 5–4 來說明這種關聯式資料模式的連結作業。表 5–2 是一份業務人員資料表，表 5–3 是紅利分配資料表，表 5–4 是利用共同的業務人員編號欄位將表 5–2 及表 5–3 連結出來的結果，如此一來，寄送紅利的出納人員便可以知道將多少的紅利寄到哪個地址給當事人。

關聯式資料模式把資料存放在二維表格中，資料內容簡明易懂。建立和維護資料庫資料，也非常容易。總體而言，關聯式資料模式提供較大的彈性。而就作業功能面而言，關聯式資料模式提供了下述功能：建立關係表，新增、刪除、修改資料，萃取資料，連結關係表，取出所需的資料或欄位，及其他一般檢視作業等。關聯式資料模式最主要的缺點為

表5-2　業務人員資料表

業務人員編號	姓　名	地　　　　　　　　　　址
1002	張小華	臺北市健康路 300 號
1004	李大年	臺中市樂利街 12 號
1006	王小明	臺南市五福一路 156 號

表5-3　紅利分配資料表

傳票號碼	業務人員編號	金額
0201	1002	6000
0202	1004	5000
0203	1006	9000

表5-4　利用業務人員編號將表 5-2 和表 5-3 連結

傳票號碼	業務人員編號	金額	姓　名	住　　　　　　　　址
0201	1002	6000	張小華	臺北市健康路 300 號
0202	1004	5000	李大年	臺中市樂利街 12 號
0203	1006	9000	王小明	臺南市五福一路 156 號

設計時要考量的績效因素複雜，例如鍵值的選擇，完整性規則的設定，以及正規化的設計常消耗較多的時間。

三、物件導向資料模式

物件導向資料模式也可稱為個體導向資料模式。物件導向資料模式比關聯式資料模式更能夠提供複雜資料管理的應用程式支援，而且它使得真實而複雜的商業環境更容易模式化。物件導向資料模式是在資料庫中用一個對應的物件來表示真實世界的物件。而這種對應關係必定是逼真而貼切的，我們相信在不久的將來，我們會看到非常多的資料庫管理系統適用物件導向資料模式來加以建立。

四、層級式資料模式

層級式資料模式也是由一筆一筆的記錄所組成，而每一筆記錄都是由數個不同的欄位所構成，稱之為一個節點 (node)。層級式資料模式的表示是由很多資料樹 (trees) 有秩序地組合而成。每一個資料樹都是由一個根 (root) 節點加上一些下層次的節點所組成的。而除了根節點之外的每一個節點，都有一個父節點 (parent node)。而有相同父節點的節點是為手足節點 (twins 或是 siblings)。我們可以圖 5-1 為例來說明這些節點之間的關係。圖 5-1 描述一個管理學院中有三個系別，每系又有兩個或兩個以上的班級。圖中的管理學院就是根節點，資管系和企管系是手足節點，而資管系也是 A 班及 B 班的父節點。

在關聯式資料模式中，檔案是用共同的欄位來加以連結。而在層級式的資料模式中，檔案之間的連結並不包含在資料所屬的檔案中，而是在資料庫設計之初，或是整個資料庫維護之時就加以定義。層級式的資料模式可以用來描述一對多或一對一的關係。在這種的層級式資料模式中，若要搜尋一筆資料，就必須由上層的父節點一直往下搜尋方可。若更新的父節點的資料，則子節點的資料也必須自動被更新。

原則上，層級式資料模式應該包含下列幾項作業功能：檔案建立，新增、刪除、修改資料，檢視資料，找出子節點的資料，找出父節點的資料。和關聯式資料模式相比，層級式資料模式所擁有的彈性比較低。

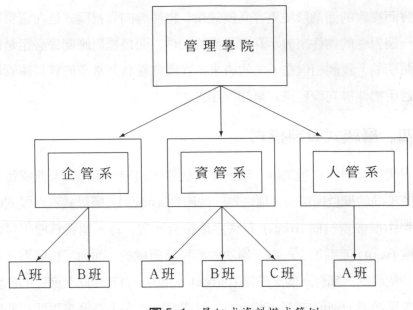

圖 5-1　層級式資料模式範例

五、網路式資料模式

　　網路式資料模式非常類似層級式資料模式，然而網路資料模式可以描述多對多的資料關係。圖 5-2 是用網路資料模式來表達學生和課別之間的多對多關係。正如圖 5-2 所示，一個學生可以選修很多課程，而每一課程可有多個學生選修。

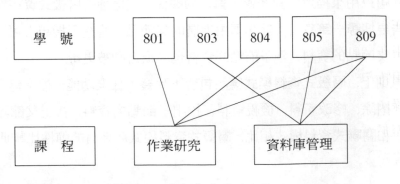

圖 5-2　網路式資料模式範例

　　網路式資料模式並不像關聯式資料模式那樣具有彈性，而且必須在資料庫設計之初就必須加以定義其連屬關係。主要的網路式資料模式的作業功能有：建立檔案，新增、刪除、修改資料及檢視資料。

六、規則式資料模式

　　規則式資料模式通常被利用在智慧型決策支援系統的知識庫 (knowledge bases) 或是專家系統 (expert systems) 上。規則式資料模式是利用一些規則的集合來描述資料，而這些規則可以是無條件式的或是有條件限制的。規則式資料模式不但可以提供決策支援系統的使用者查詢資料的能力，還可以提供解釋的能力。換言之，規則式的資料模式不但告訴使用者推論的結果，並且解釋推論過程所使用的法則意義。規則式資料模式非常適合需要複雜聯繫關係以及包含許多定性規則的資料庫所使用，正如同其他模式一般，規則式資料模式也具備了一些基本的功能，例如：建立檔案、更新檔案、刪除、增加等等。除此之外，規則式資料模式尚具備了下列二個其他資料模式少有的功能：法則推論的能力及解釋推論過程的能力。

七、自由格式的資料模式

　　自由格式的資料模式 (free-format model) 是指資料可以任意形式儲存在資料庫中，並建立一個索引鍵值來找尋所需的資料。這種資料模式常用在文獻搜尋的資料庫中，將整篇文章放入資料庫中，而使用者可以利用特殊的關鍵字來查詢整篇文章。決策支援系統中需保存的各項會議記錄便可以此自由格式資料模式設計存放。

　　至於在設計決策支援系統的資料庫時應如何選取適當的資料模式呢？首先我們可以看見所有的資料模式都有能力去處理基本的資料庫管理功能，因此，選擇資料模式的重點在於慎選一個滿足決策支援系統需求的資料庫管理系統，然後根據此資料庫管理系統所能支援的資料模式來設計。也就是說，在選擇資料庫管理系統之前，決策支援系統的設計者應該考慮資料庫管理系統的決策支援的特性，據此選取適當的資料模式，而不是一定要利用特定的資料模式。

第七節　資料庫設計和使用的未來趨勢

近年來，在資料庫的設計以及使用上有一些新的趨勢，這些趨勢包括自然語言處理、分散式資料庫以及資料庫機器的影響，以下將分別討論之：

一、自然語言處理

人工智慧 (artifical intelligence, AI) 以及自然語言處理的技術不斷改良，帶給資料庫的設計者以及使用者非常大的震撼。人工智慧的技術使得建構資料庫變得比較容易。藉由更靠近使用者平常溝通語法的自然語言，處理提供給決策支援系統的使用者更友善的人機界面來輸入及擷取資料。

二、分散式資料庫

由於網路技術的進步，越來越多的人採取分散式的資料庫作業，分散式資料庫比起集中式資料庫更具經濟效益。對於決策支援系統遠方的使用者而言，把資料分散存放在各地的資料庫，可以加快區域性資料查詢或分析處理的速度，同時降低資料在網路上傳輸的各種成本。此外，集中式的資料庫比較不容易掌握每一個使用者的需求，而分散式資料庫的設計可以考慮較多的區域性使用者需求。

總而言之，分散式資料庫有下列幾項好處：資料庫的設計可以反應組織結構，降低反應所需的時間以及減少通訊的成本，降低電腦當機的成本，使用者的人數不會受到電腦大小的限制，多個小而整合的系統可能比一個龐大的系統成本較低，分散式資料庫的規模較易調整。

　　由於在分散式資料庫的情形之下，可能在相同或是不同的時間，有超過一個人以上的使用者在查詢或是修改資料，因此，為了確保資料不會產生差異，資料庫管理員必須要設計一個同時處理的控制程序，使得在同一時間內，只有一個使用者可以更新資料。同樣的，無論在組織內部或是組織外部，對於多重處理以及多重環境的分散式資料庫而言，安全的考量是非常重要的。安全政策必須清楚的被定義，且每一個被授權的使用者都必須在處理前被辨識。而每一個使用者的職權以及允許使用的時間都必須要清楚的定義。總之，每一個資料庫或是決策支援系統的設計者都必須知道：不是每一個應用程式都適用於分散處理的。因為分散式資料庫的效益是有其伴隨成本的。

三、資料庫機器

　　資料庫機器是指提供給大電腦系統後端資料處理服務的處理器。由於資料庫機器專注於整個資料庫管理系統的運作服務，所以主電腦系統只要負責執行應用程式便可。換言之，資料庫機器提供了平行處理的環境，理論上可以產生較高的效率。這項技術對於複雜的經營環境而言，尚有極大的發揮空間。決策支援系統中的資料處理工作若能有資料庫機器的應用，則可望加速其運算時間，增進系統效益。

研討習題

1. 一般常用的資料模式有哪些呢？並說明各模式的特色及應用時機。
2. 找一個你熟悉或常用的微電腦資料庫管理系統，請說明其優點以及缺點。

3. 試說明物件導向資料模式目前的發展狀況。

4. 決策支援系統對資料庫管理有哪些功能需求?

5. 試討論資料庫設計及使用的未來趨勢。

——參考文獻——

1. 吳宗啟，〈決策支援系統在中鋼〉，《資訊傳真》，民國 80 年 10 月，頁 78–80。

2. 洪新原、梁定澎，〈國內企業 DSS 與 EIS 應用現況調查〉，《資訊傳真》，1994，頁 39–42。

3. Alter & L. Steven, *Decision Support System Current Practice and Continuing Challenges,* Reading, Mass.: Addison-Wesley Publishing Company, Inc., pp.127–132, 1980.

4. Barbary C. L., "A Database Primer on Natural Language," *Journal of System Management*, April 1987, pp.20–25.

5. Bidgoli H., *Decision Support Systems Principles and Practice,* West Publishing Company, 1989.

6. Date, C. J., *An Introduction to Database Systems*, 5th ed., Addison-Wesley, 1990.

7. Hsiao, D. K., *Advanced Data Base Machine Archiecture,* Englewood Cliffs, N.J.: Prentice-Hall, Inc., 1983.

8. Sprague & Cheryl, "Building a Data Base," *Personal Computing*, November 1986, pp.99–105.

第六章　模式庫子系統

概　要

　　決策支援系統的分析能力主要是由系統的模式單元所提供的。為了因應不同決策者的決策風格及決策考量，系統的模式單元，通常會提供多樣模式供決策者選用。這些模式聚集成模式庫，而管理模式庫的機制便稱為模式庫管理系統。由模式庫及模式庫管理系統組合而成的決策支援系統模式庫子系統，就是本章要介紹的主體。首先，本章說明何謂模式庫及模式庫管理系統，接著討論模式的類別，及決策支援系統的模式表達，最後探討決策支援系統環境下模式庫的設計考量。

第一節　緒論

相對於決策支援系統中的其他單元而言，模式單元是其中較不具結構性的單元。因為決策支援系統需要將不同決策者的決策風格都納入考量，進而提供彈性及程序獨立的分析能力，所以模式單元中常匯集了各種統計數學模式或各類專業領域決策模式，以發揮其決策分析效能。這些模式的集合便是所謂的模式庫。而負責幫助使用者取用，載入，儲存或重組模式的管理工作便交由所謂的模式庫管理系統來執行。但是各類模式之間的特徵屬性差異往往很大，因此模式庫管理可以說是決策支援系統領域中比較難的一部分，尚有許多待努力的研究空間。模式管理更是最近幾年來引起學者重視研討的主題。本章主要是針對由模式庫及模式庫管理系統組合而成的決策支援系統模式庫子系統加以說明，第二節介紹何謂模式庫及模式庫管理系統，第三節討論模式的類別，第四節說明決策支援系統的模式表達，第五節探討決策支援系統環境下模式庫的設計考量。

第二節　模式庫及模式庫管理系統

決策支援系統的模式庫子系統可分為模式及模式管理兩部分來說明，其中模式管理可以說是決策支援系統領域中最重要也是最難的部分，原因是提供決策支援系統分析能力的，就是各種數學統計或專業決策模式，但是模式的種類很多，特徵也各不相同。

傳統上對模式的看法認為模式就是指一組數學方程式，這些數學方程式是用來表現現實世界中的一些狀態或是現象，因此所謂「造模」(modeling) 就是將現實世界的情形利用適當的方式轉換變成一個或一組數學式的過程，而模式的運用則是將一些資料輸入模式之後轉變成輸出的過程。這種看法主要是源於作業研究及管理科學 (OR/MS) 領域的學者們對模式的觀點。

我們也可把一個模式看成是一連串的要素與關係所組成的集合體。以模式的形式而言，其要素有變數，及各種內在或外在限制關係。例如，一個組織圖也是一種模式，代表著一種特別的結構且這種關係存在於組織的個體中。目前建置的決策支援系統多數使用數學和統計的模式，來代表一連串變數之間的關係及其限制。例如，資產負債表上的模式可以下列數學式表示：

總資產 ＝ 固定資產 ＋ 流動資產

一般說來，模式建立是一件非常具有挑戰性的工作，各決策者的工作重點都不盡相同。但是整個模式建立的過程大致上可分為下列五個步驟：

步驟 1 ── 定義問題：問題的定義是非常重要的步驟。決策問題的目標及範圍必須儘可能精確地被定義。對問題的瞭解越多，越容易建立適當的數學模式。

步驟 2 ── 建構數學模式：問題被適當地定義後，我們便可用數學的形式將模式建構起來。在建構數學模式時，必須找出所有的決策變數與各種參數或限制，並將之以數學的形式陳述出來。

步驟 3 ── 求解：通常我們可以使用電腦來求解各決策變數的可行解空間或最佳解水準。

步驟 4 ── 分析：在得到最佳解的建議後，決策者往往也需要知道若其情境因素有所變動的情況之下，目前的最佳解水準是否會受到影響，影響的程度又為何。

步驟 5 ── 測試和修正模式：使用者可根據自己的專業知識及經驗，

驗證模式的正確性。若有不能滿足現況需求的情形，則使用者可修正模式，再回到步驟 2 去循環一次。有時，決策者也會因為環境的變遷，而面臨修正模式的需求。

　　模式常需接受資料的輸入。而負責幫模式擷取資料或與系統其他單元聯繫工作之進行的單位便是模式庫管理系統。決策支援系統的模式分析與傳統模式分析最大的不同就是，透過模式庫管理系統與資料庫管理系統的結合應用，特定模式的分析結果，可以存回資料庫內，讓其他使用者或模式都可分享此成果。換句話說，在傳統的模式分析中，每一模式僅對其自己資料設定來取存，所以引起最後結果的不連續性，因為各資料的設定，可能以不同方式來產生。然而在一個決策支援系統環境中，所有資料能夠藉由一個資料庫管理系統格式能夠被儲存，操作，和更改，使得資料或分析結果分享變得輕而易舉。此外，模式庫管理系統也負責模式庫與對談單元之間的互動性。使用者可以要求選用特殊模式來做分析，而且模式庫可以從資料庫擷取資料來執行分析後，再將結果傳遞給使用者；甚至模式庫可以直接向使用者詢問所需資料內容。

第三節　模式的類別

　　目前在決策支援系統中應用的模式可依模式內容是否比較搜尋最佳建議解而分為最佳化模式及非最佳化模式。最佳化模式會在所有滿足限制條件的可行解中搜尋解決特定問題的最佳方案。線性規劃模式便是此類型的範例。而非最佳化模式通常只提供一些「滿意」的答案建議，或者藉著使用不同的分析技巧來指出決策問題中要素之間的關係。在實務運作上，非最佳化模式能夠幫助決策者瞭解及定義問題，等決策者把問題範圍分割成數個小範圍而易瞭解掌控的子問題後，便可以最佳化模式方式來求解子問題的最佳建議解。

我們可以把最佳化模式分為以下五個項目來說明:

一、線性最佳化模式

所有目標方程式及限制式都是線性方程式的模式,屬於線性最佳化模式。例如,我們決定如何分配 500 小時的勞力與 400 單位的原料給鞋子或袋子產品,而可以得到最多的利潤的決策問題,便可用線性最佳化模式來求解。此外,指派模式也是線性規劃模式特殊的應用,可被使用在指派個人、機器或事件等活動上。

二、存貨最佳化模式

存貨模式的目標在使得存貨成本最低。這些模式協助決策者考慮有關產品及時間上的排序。經濟批購量 (economic order quantity, EOQ) 和經濟製造量 (economic manufacturing quantity, EMQ) 便是此類模式的範例。

三、財務最佳化模式

財務模式通常需考慮資金的價值及各項因時間的不同而可能產生的風險。例如,一家新的高科技公司決定在釐定其財務政策時,如何減少資本風險,找出普通股、優先股、債券、不動產等的最佳組合時,便需使用財務最佳化模式。

四、動態規劃最佳化模式

一些相互關連的決策,前期決策執行的結果會影響後期決策的制定,這類決策屬於動態規劃最佳化模式。此種類型的模式,強調整個系統整體的效果。舉例而言,一年 12 個月的整體決策可以分成四個季決策的動態規劃。

五、非線性最佳化模式

若模式的變數沒有線性的關係的話，最佳化模式也可能是非線性模式。舉例說明之，當銷售量增加時，某一項成本的降低，是以一種非線性的比率關係呈現。此時最低成本的決定便是此類模式的範例。

而在非最佳化模式方面，一般常用的模式包含預測模式、迴歸模式、模擬模式和決策樹。擇要分述如下：

一、預測模式

一般常用的有兩種預測模式的類型：統計上的定量模式與技術上的定性模式。在決策支援系統環境中，主要是應用統計上的預測模式，來對短、中、長期趨勢做預測。舉例而言，平滑指數、移動平均數和平均數常被應用至短、中期的預測。趨勢分析模式也是預測模式的一種，利用線性與非線性模式作為一個趨勢分析模式，找出時間變動的情況下，變數的走向。通常若預測模式是以資料庫中有用的資料為基礎，這些模式常能夠產生一些可資信賴的預測結果。

二、迴歸模式

常用的有兩種迴歸模式：簡單線性迴歸與多元線性迴歸。在一個迴歸模式中，數個變數之間的關係可被建立，也可依此產生適當的預測。例如，我們想預測一位銷售員的潛在銷售績效時，我們可找出其潛在銷售績效與其教育程度、經驗和銷售區域的迴歸關係。此時，銷售績效就是依變數，而其他三個變數是為自變數。

三、決策樹

它是運用圖形表達決策者必須採取的一些可行方案的可能結果。通常會有或然率與每個可能情況相關連。決策樹可協助描繪整個決策的內容，且提供一個評估決策樹中每一個分支的期望值的方法。這個可行方案的選擇，常以最高期望利潤或最低期望成本為主。

四、模擬模式

在實務運作當中，往往決策者會遇到一些相當複雜的決策問題，而這些問題經常無法用上述幾種模式來求得正確且清楚的解。這時，我們可以利用模擬的技術來協助決策者做決策。模擬主要是以電腦為工具，仿照實際情況的變化，逐步地自最初始情況，發展到最接近事實的模式。決策者可藉著具有真實特性的模擬模式來瞭解問題。

第四節 決策支援系統的模式表達

在決策支援系統領域中，對模式表達的觀點主要有四種看法。第一種觀點是把那些執行分析功能的「程式」視為模式，因此模式管理就是管理這些程式 (procedures or subroutines)，而模式庫就是這些程式的集合。

第二種觀點則將模式看成是「資料」(models as data)，凡是被電腦程式執行分析用的「輸入資料」都是模式，例如在線性規劃問題中，輸入的變數是模式，而單純法 (simplex method) 只不過是一個解決這類模式的解題方法而已。這種看法的好處是可以利用資料庫管理系統來負責管理模式，Blanning、Dolk、Applegate 等人都採用這種作法，以便利用資料庫管理系統來負責管理各種的模式。這種將模式看成是資料的觀點可能是和資料庫管理系統的迅速發展有很大的關係，尤其是當關聯式資料庫 (relational data bases) 出現之後，運用關聯式資料庫管理系統的強大功能來負責管理這些模式，自然有事半功倍的優勢。

第三種對模式的觀點則是將模式直接看成是「問題」(problem statement)，這種看法是「將模式看成是資料」觀念的延伸，並且把人工智慧中有關「專家知識」的觀念引進模式管理來討論。geoffrion 的「結構化造模」就是從這個觀點來看模式。

第四種觀點則是從物件導向 (object oriented) 的觀點把模式看成是「系統」，這些系統把模式本身的狀態和行為封裝在內，並且利用明確的使用者界面和外界的環境做溝通。物件的觀念是模式管理中比較新的研究方向。

此外，學者 Huh 整理 Desai、Eck 以及 Philippakis 等人的觀念把模式庫的結構分成「模式 — 資料」以及「模式 — 解法」兩個子系統，其中「模式 — 解法」是負責實際執行解決使用者問題的單元。提出把模式庫的結構分成「模式 — 資料」以及「模式 — 解法」兩個子系統的想法主要因為模式管理技術的發展過程中，當學者們將各種不同的模式逐一的整理分類之後，發現每一類的模式都有其特徵存在。因此如果在模式庫中的每一個模式都各自有其求解的程序似乎太不實際，於是我們可以把相關適用同一種解決程序的模式組織起來，並將解決的程序放在「模式 — 解法」中，則整個系統就會變得很有效率。例如有關線性規劃的問題，我們就可以將單純法放在「模式 — 解法」當中。而「模式 — 資料」的部分則包含「模式表達」 (model-representation) 以及「模式儲存」(model-storage) 兩個元素。

這種把模式的儲存表達和模式的解決加以分離的作法，在實務上有相當多的優點存在。如果再配合上「將模式看成是資料」的想法，那麼就可以利用許多現成的工具經過適當的組合，很容易地產生一個模式管理系統。例如目前非常成熟的關連式資料庫就可以用來管理和儲存模式及資料，而一些解決各種數學問題的函數庫或者是類似像 Lotus1-2-3、MS-Excel、SAS、SPSS 等這類的試算表或是統計軟體就是現成的「模式─解法」。因此，採用這種模式管理的作法將會使得決策支援系統的發展具有相當的彈性。

學者們對模式的看法各有不同，這些不同的看法也造成「模式管理技術」和「模式庫結構」的不同發展，不過這些角度都各有其適用的範圍。例如，學者 banerjee 把模式的結構分成環境 (environment)、結構 (structure)、例別 (instance) 以及解法 (solver) 四個抽象觀念層次。若以作業研究及管理科學的模式為例，一個在環境層次的最佳化模式在結構層次則可以分為線性規劃或非線性規劃兩大類，而往下在例別層次上一個線性規劃又可以分為好幾個不同的例別，例如可以分成整數規劃或是一般的線性規劃問題。在最下層的解法層次則包含解決各種不同模式的技術，例如用來解決整數規劃問題的設限分支法 (branch and bound method) 就屬於這個層次。這些將模式予以分類的方式有助於設計大型的複雜模式的模式庫管理系統的架構。在我們未來持續擴充系統的功能，包含更多複雜而不同種類模式的時候，更可以作為設計上的參考。

第五節　決策支援系統環境下的模式庫設計考量

就決策支援系統環境下模式庫設計的功能考量而言，一個具決策輔助效益的模式庫管理系統應該兼顧模式庫管理在邏輯上的功能需求，及其實務的執行功能需求。原則上，決策支援系統的模式管理系統應有以下六個主要的功能：

1.選擇 (selection) 功能。
2.建造 (construction) 功能或形成 (formulation) 功能。

3.合成 (synthesis) 功能或重組 (restructure) 功能。

4.控制 (control) 功能。

5.更新 (update) 功能。

6.查詢 (query) 功能。

上述的選擇功能，建造功能或形成功能，合成功能或重組功能及控制功能屬於模式庫管理系統在邏輯上的功能；而更新功能及查詢功能則屬於模式庫管理系統在實務的執行功能。

其他決策支援系統環境下的模式考量可分為內部因素及外部因素兩類。內部因素共有下述五個考量：

1.決策支援系統的模式需能夠取用系統及分析系統的資料庫內的資料，產生算術計算、統計分析或趨勢分析後的結果。

2.決策支援系統的模式需提供組合原有資料來產生新方案的功能。

3.決策支援系統的模式需能夠分析比較各方案，並依據各項目標及準則，擇優建議給決策者。

4.決策支援系統的模式應至少包含模擬及預測的功能，幫助決策者瞭解決策問題各變數之間的關係，以及未來情況變化的趨勢。

5.決策支援系統的模式需提供若則分析、目標搜尋及敏感度分析的功能，輔助決策者選擇最佳方案及預測最佳方案的適用範圍。

就外部因素的考量而言，決策支援系統輔助決策者制定決策時，常需同時考慮外部資料的變動情況。所以設計模式庫時，也常需考量下述外部因素：

＊市場規模的變化　　　　　＊技術環境的變化

＊文化環境的變化　　　　　＊法律環境的變化

＊人口的發展趨勢　　　　　＊政治環境的變化

＊經濟環境的變化　　　　　＊目前的顧客群需求

＊未來的顧客群需求　　　　　＊未來的供應商

＊目前的直接競爭者情況　　　＊目前的貨幣市場

＊未來的直接競爭者情況　　　＊未來的貨幣市場

＊目前的間接競爭者情況　　　＊目前的銀行政策

＊未來的間接競爭者情況　　　＊未來的銀行政策

＊目前的勞力市場供需情況　　＊目前的稅率結構

＊未來的勞力市場供需情況　　＊未來的稅率結構

＊目前的政府活動　　　　　　＊目前的分散式網路技術水準

＊未來的政府活動　　　　　　＊未來的分散式網路技術水準

＊目前的供應商

　　綜合上述討論，我們可以圖 6-1 來說明決策支援系統環境下模式庫設計的因素考量應兼重內部因素及外部因素。其中外部因素的範圍大，因素屬性複雜，不易將之全部包含在模式庫內，但是設計時也應該考慮這些因素對決策者的影響，透過使用者直接輸入或擷取其他網路上外部資料庫的方式將之提供給決策者使用，以增進決策支援系統的系統效益。

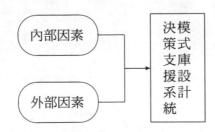

圖 6-1　決策支援系統環境下模式庫設計的因素考量

研討習題

1. 何謂模式？何謂模式庫？

2. 在決策支援系統中對模式表達的觀點有哪些？

3. 就模式管理的角度來講「將模式看成是資料」的觀點有哪些優缺點？

4. 決策支援系統的模式應用與傳統的模式應用有何差異？

5. 在決策支援系統的環境下，設計模式庫時常需考量哪些因素？

——參考文獻——

1. 梁定澎，《決策支援系統》，松崗，民國 80 年。

2. Alter, S., "Transforming DSS Jargon into Principles for DSS Success," *DSS-81 Transactions,* 1981.

3. Applegate, et al., "Model Management: Design for Decision Support Systems," *Decision Support Systems,* 1986.

4. Banerjee & Basu, "Model Type Selection in an Integrated DSS Environment," *Decision Support Systems,* 1993.

5. Bidgoli, H., *Decision Support Systems Principles and Practice,* West Publishing Company, 1989.

6. Blanning, "An Entity-Relationship Approach to Model Management," *Decision Support Systems,* 1986.

7. Chang, Hopsapple, and Whinston, "Model Management Issues and Directions," *Decision Support Systems,* 1993.

8. Dolk, "Data as Model: An Approach to Implementing Model Management," *Decison Support Systems,* 1986.

9. Geoffrion, "An Introduction to Structure Modelling," *Management Science,* 1987.

10. Gorry & Scott-Morton, "A Framework for Management Information Systems," *Sloan Management Review,* Vol.13, No.1, Fall 1971, pp.55–70.

11. Huh, "Modelbase Construction with Object-oriented Constructt," *Decision Science,* Vol.24, No.1, 1993.

12. Mahmood & Medewitz, "Impact of Design Methods on DSS Suc-

cess: An Empirical Assessment," *Imformation & Management*, 1985, pp.137–151.

第七章　用戶界面子系統

概　要

　　對系統的使用者而言，不論是利用決策支援系統擷取資料來瞭解決策問題，或是利用系統模式分析功能來找尋或評估解決方案，都需要透過用戶界面來做好決策者與決策支援系統之間的溝通。因此，用戶界面子系統對決策支援系統應用績效的重要性，自可不言而喻。本章主旨即在介紹決策支援系統架構中的用戶界面子系統。首先介紹用戶界面與用戶界面管理系統，接著說明在決策支援系統的環境下用戶界面的型態，以及決策支援系統常用的圖形與圖形用戶界面和多媒體用戶界面，同時本章也探討用戶界面設計原則及權衡考量，決策支援系統用戶界面研究構面，以及決策支援系統用戶界面未來發展趨勢。

第一節　緒論

　　對決策支援系統的使用者來說，系統的用戶界面是他們和決策支援系統互動的管道。從使用者的觀點來看，用戶界面就是整個系統的代表。所以為了增進決策支援系統的應用績效，我們不能忽略用戶界面的重要性。因此在這一章裡，我們將針對所謂的用戶界面以及如何讓這些用戶界面更友善、更方便的技術作一說明。第二節首先介紹用戶界面與用戶界面管理，接著第三節說明在決策支援系統的環境下用戶界面的型態，第四節及第五節分別介紹圖形用戶界面與多媒體用戶界面，第六節探討決策支援系統用戶界面設計原則及權衡考量，第七節說明決策支援系統用戶界面研究構面，第八節討論決策支援系統用戶界面未來趨勢。

第二節　用戶界面與用戶界面管理

　　決策支援系統大部分的功能都是由系統的對話單元提供給決策者，所以我們可以把這個負責系統與使用者間溝通進行的界面總稱為用戶界面。在決策支援系統的環境下，用戶界面是決策者使用決策支援系統的門面，可以讓決策者傳達指令，主控系統使用及接收系統提供的資料，甚至可以提供決策者有關系統其他功能的指引，幫助對資訊技術不熟悉的決策者，使其能很方便地使用決策支援系統來輔助決策制定，發揮決策支援系統應用績效。

　　換句話說，用戶界面旨在幫助使用者和電腦軟硬體之間的溝通互動。我們可以將用戶界面看成是一個在電腦和使用者間傳遞資料的界面，其內容包括了人、電腦、以及這兩者間彼此互動的方法；而就實體層面來講，用戶界面包括有輸入設備如滑鼠、麥克風、鍵盤以及輸出設備如列表機、陰極顯示器 (CRT)、喇叭等。

　　我們可以用圖 7–1 來說明人與電腦互動的程序及內容。首先使用者下達指令給電腦正式啟用系統。這裡的指令就是行動語言。接著電腦螢幕上會提供一段文字敘述或圖示來幫助使用者決定如何進行下一步驟。這些文字敘述或圖示就是表達語言。使用者對於電腦所提供的訊息，根據他對決策問題的瞭解及對使用決策支援系統的認識，作思緒整理並採取進一步的行動，再以行動語言告知電腦，然後電腦把處理結果再經由界面傳回給決策者。

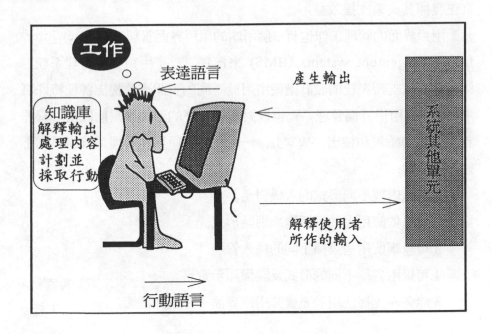

圖 7–1　使用者界面的兩層面（資料來源：修改自 J. Bennett, 1983）

　　一般而言，用戶界面的行動語言包括各種型式，如選單、問答題、視窗圖像移動顯示、或者是直接下達一行指令等。而且這些行動語言也可由一個或多個輸入設備來輸入。此外，使用者為了和電腦溝通所必須知道的知識及他對決策問題的瞭解，都包含在使用者的知識庫內。這些

知識可以是使用者熟知的專業素養，也可以是以參考卡的形式存在於
組織內備查，供決策者參考，當然更可以是系統展示的一系列的輔助訊
息，幫助決策者使用決策支援系統。

此外，互動過程中的表達語言是指電腦利用各種不同的輸出設備將
訊息展現給使用者。這些訊息的表達可以是顯示清單、視窗、或一段文
字敘述；它可以是靜態或動態、數值或符號的展示。常見的表達語言輸
出設備有顯示器 (CRT)、語音設備、或者印表機。其主要目的是希望決
策支援系統在輔助決策制定時，能夠適時地提供適當的輸出給使用者，
真正發揮其決策支援效益。

用戶界面的管理工作也有一個所謂的用戶界面管理系統 (user inter-
face management system, UIMS) 來負責。有了用戶界面管理系統，
便可在決策支援系統的設計階段中對於不同的資訊表達提出各種特殊需
求。另外，用戶界面管理系統也以對話或程序的形式來幫助使用者管理
有關電腦的輸入和輸出。基本上，一個好的用戶界面管理系統需具備下
述數種能力：

1.可以處理不同形式的人機對話。

2.可以依使用者的選擇變換對話形式。

3.可以讓使用者選擇不同的輸入管道。

4.可以用各種不同的形式及設備顯示資料。

5.能彈性支援使用者充實其用戶界面子系統知識庫。

第三節　決策支援系統用戶界面的型態

通常表達語言以及行動語言兩者的組合便可以決定一種用戶界面的
型態。用戶界面型態決定使用者和電腦溝通時如何輸入以及輸出資訊，
它也同時決定如何使用系統以及如何去學習使用系統。常見的決策支援

系統用戶界面型態有：選單互動、指令語言、問與答、格式互動、自然
語言處理以及物件導向處理。

一、選單互動型態

在選單互動型態中，使用者由一系列選項中選擇所想要的功能來執
行。圖 7-2 即是一種在具有圖形處理能力的選單型態範例。圖中所示的
界面是一個人事資料管理系統的主功能畫面，主要包括有四項功能，包
括人事資料的「新增」、「刪除」、「修改」、以及「列印」四種。在各
選項下亦各有各的子功能選單，如列印可以有「依性別列印」、「依部
門別列印」等各種。

圖 7-2　選單界面型態 —— 圖形界面環境

另外，選單互動的型態也可以在沒有圖形處理能力的環境之下存
在，如圖 7-3 所示：

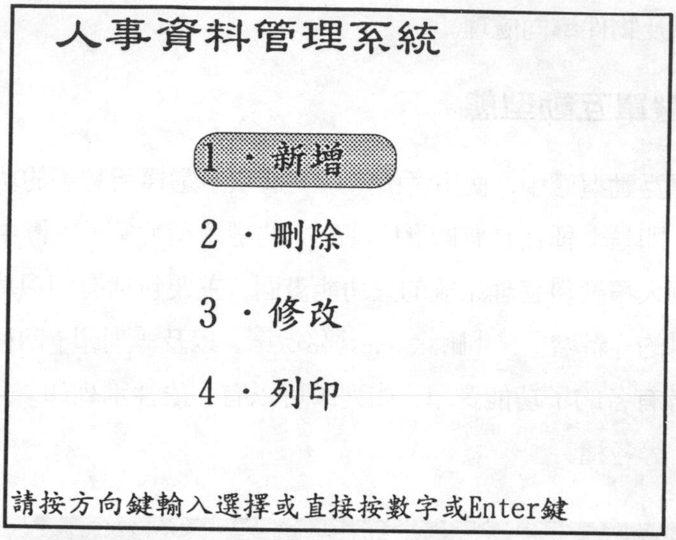

人事資料管理系統

1・新增

2・刪除

3・修改

4・列印

請按方向鍵輸入選擇或直接按數字或Enter鍵

圖 7-3　選單界面型態 —— 文字界面環境

此外，下拉式選單也是選單互動型態的另一種表達方式。一個下拉式選單是一種含有子選單的界面型態，它通常以重疊的方式存在螢光幕上，而且一般都是一載入便置於螢幕的最上方，這是一種在圖形使用者界面系統 (GUI) 環境上很常使用的界面型態。圖 7-4 就是常見的中文 Word5.0 所展現出來的界面。

二、指令語言型態

在指令語言型態上，通常使用者藉著輸入指令或命令的方式與系統溝通。例如，我們使用文書編輯軟體 PE2 時，常需在命令列中下達 "Save"、"Edit" 等指令，便是指令語言的一個範例，如圖 7-5 所示。

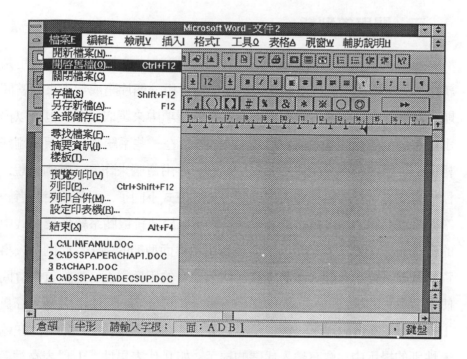

圖 7-4　下拉式選單

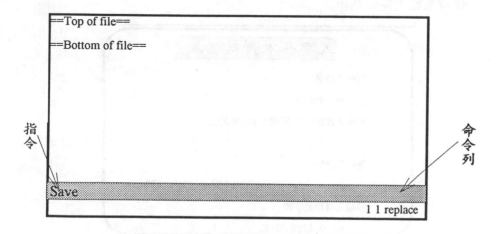

圖 7-5　指令語言界面型態

三、問與答型態

一般來說，使用問與答的用戶界面型態時，通常是使用者啟用系統之後，接著由電腦提出問題，然後使用者用一個片語或句子來回答問題，當然這些答案也可以由事先設定好的選項中來選取。電腦也可以提示使用者一些有關輸入的訊息。另外，也存在一些系統其起始順序剛好相反的，也就是說先由使用者提出問題，再由電腦來作答。舉例來說，目前有些專家系統已經和過去一問一答的方式不同了，而是由使用者一次問數個問題，然後再由電腦來回答，類似於傳統電腦系統作業方式中的批次作業。圖 7-6 即是一個問與答用戶界面型態的例子。此例是人事資料管理系統中有關人事基本資料輸入部分的用戶界面。電腦首先會問使用者員工的姓名為何，要求使用者輸入員工姓名。等使用者輸入好員工姓名後，會再出現下一個提示訊息要求使用者輸入員工性別。而在輸入性別的提示中，會有輸入代碼的提示，如 0 代表男性， 1 代表女性。依此類推，再輸入住址以及身分證字號等等，直到所要輸入的人事基本資料都輸入完成為止。

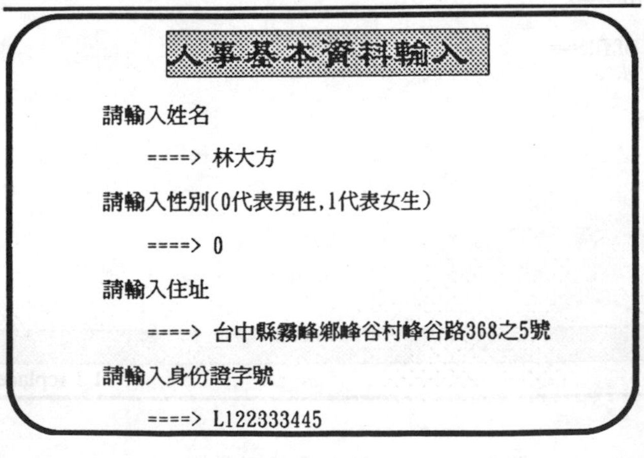

人事基本資料輸入

請輸入姓名
====> 林大方
請輸入性別(0代表男性,1代表女生)
====> 0
請輸入住址
====> 台中縣霧峰鄉峰谷村峰谷路368之5號
請輸入身份證字號
====> L122333445

圖 7-6 問與答界面型態

四、格式互動型態

　　在格式互動用戶界面型態中，使用者輸入資料及命令到系統所提供之格式中的空白處或欄位，我們也可以在同一個畫面中提供要求輸入哪些資料的提示。電腦可以利用這些輸入的資料來產生輸出，而使用者也可能會再被要求繼續和格式作互動。圖7-7即是人事資料管理系統的系統登錄畫面，使用者在輸入的資料正確後便可以進入系統。若所輸入的代號或密碼不正確，系統便會出現錯誤的訊息警告使用者，等待使用者進行確認以便進行下一個步驟。一般應用軟體常見的格式互動型態的界面有系統所發出的錯誤訊息或確認訊息之類的，也有利用輸入檔名的格式互動用戶界面型態方式來進行檔案的處理。

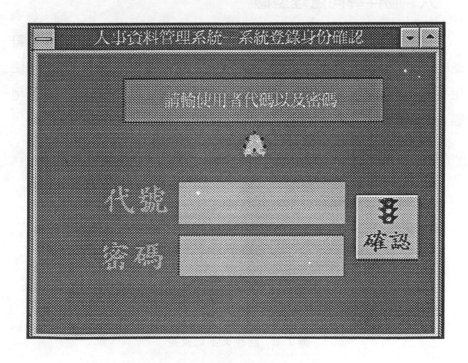

圖7-7　格式互動界面型態

五、自然語言處理型態

若我們希望人機互動能像人和人之間的溝通一樣便利的話，便需要透過自然語言處理型態的用戶界面。現階段自然語言的對話方式仍停留在以傳統鍵盤輸入的方式來達成，但是許多研究機構及學術單位正加強研究如何以較符合人類頻繁溝通的語音方式來做為人機互動的輸入以及輸出。目前自然語言處理面臨的主要限制就是電腦瞭解自然語言的能力不足。但是我們相信，在人工智慧領域上的努力將會使得自然語言的處理能力更為進步，有一天我們可以把一些技術成熟的自然語言處理方式應用到決策支援系統的用戶界面上。

六、物件導向處理型態

在物件導向處理的用戶界面型態上，通常都是以圖像 (icons) 或符號的方式來表示表達語言。它們通常可以由使用者直接來處理。例如使用者可以直接對物件做大小的改變，這是一種屬於圖形使用者界面的型態。圖 7–8 便是一個簡單的 Visual Basic 物件的例子。

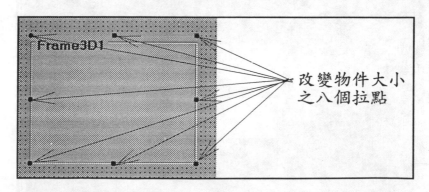

圖 7–8　物件大小的改變

Majchrazk 等人 (1987) 曾對上述幾種使用者界面型態作比較，我們可以把文獻上比較的結果整理如表 7-1 所示：

表 7-1　使用者界面型態的比較(資料來源: 整理自 Majchrazk 等, 1987)

項目	選單互動	格式互動	指令語言	物件導向處理	問與答
速度	有時候很慢	中等	快速	可能會慢	有時候慢
正確性	高	中等	許多錯誤存在	高	中等
訓練時間	短	中等	長	短	短
使用者偏好	非常高	低	若是有經驗或受訓過的則會很高	高	高
能力	低	低	非常高	中高	中等
彈性	受限制的	非常受限制	非常大	中高	高（開放式問答）
控制	系統控制	系統控制	使用者控制	系統和使用者控制	系統控制

第四節　圖形用戶界面

有時候，圖形能將資料的意義以使用者更能接受的方式表達出來，正是所謂一圖勝千言的情況。比如說我們常以統計圖表來表示數據資料的集中或分配趨勢，增進溝通效益。決策支援系統也常用圖形界面來增進決策者與系統間的溝通效益。以下我們將從圖形軟體，電腦圖形的角色及應用，圖形用戶界面內容來介紹圖形用戶界面。

一、圖形軟體

圖形軟體的主要功能在於將圖形資訊表現於電腦螢幕上或印表機上。一般的圖形軟體都可以將數值資料轉成圓形或長條圖之類的統計圖表，也可以由文字或其他符號來組成。圖形軟體可以是以一個獨立的應用軟體上市，也可以和其他的應用軟體整合成一個整套軟體。例如我們可以將圖形軟體整合在一個資料庫管理系統中，允許資料庫管理人員以一種很簡便的技術方式直接從資料庫中產生圖形。但是一般獨立形式存在的圖形套裝軟體的功能都較整合在其他應用軟體內的圖形軟體功能強大。比如說，它們所能處理的圖形型態會較多，還有它們也常能將數個圖形在螢幕上做合併等處理，這些獨立的軟體通常也會提供和其他應用軟體資料傳輸的界面，以供系統設計開發者將之併入整合應用中。目前常見的圖形套裝軟體有： Harvard Graphics, SAS Graph, Lotus Freelance, DrawPerfect, WordPerfect Presentations, Tell-a-Graph 及 Photo Styler 等。

二、電腦圖形的角色及應用

電腦圖形之所以對商業問題的解決以及決策制定上特別重要，在於它能幫助管理者瞭解整體資料之關係。圖 7–9 便說明了電腦圖形在管理

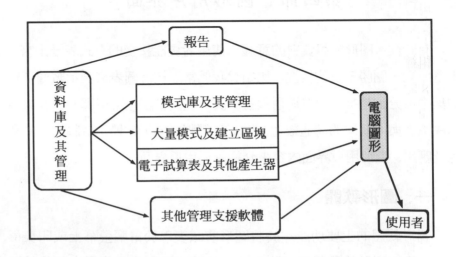

圖 7–9　電腦圖形在管理支援上的角色

支援系統上的角色。使用者可以利用電腦圖形來迅速處理大量資料的搜集，擷取，組織，儲存，表達及分析後產生的組織整體觀點報告。

一般電腦能產生的圖形形式有：

⑴文字敘述：

例如，一個演說者在演講時，利用電腦列出重點摘要，或針對圖表作部分說明。

⑵時間序列圖形：

可以用來顯示不同時間測量時，變數的狀態值。

⑶長條圖或派餅圖：

可以用來顯示各值及其總合、以及構成總值的組合比例值。

⑷分佈圖：

可以用來顯示兩個變數間的關係。

⑸地圖：

可以用來表示地理上、空間上二維或三維的關係。

⑹外觀圖：

可以用來表示如一個房間、建築物等的外表形態。

⑺階層圖：

組織架構圖便是一個階層圖的例子。

⑻順序圖：

可以用來表示某一時間的活動及活動的先後順序關係，如流程圖等。

⑼動畫：

將一系列的圖形以連續的方式表現出來。

⑽桌上型排版系統的繪圖功能：

這類系統能將一個圖形掃瞄輸入，以電腦的格式來儲存，並能改變其位置及大小等。

此外，電腦圖形在商業上的應用主要有：

(1)書面報告：

在書面報告上，圖形常被用來做為輔助說明的工具，例如常用到的長條圖或者時間序列圖表。

(2)口頭報告：

在口頭報告時，通常在會議、演講、講課時，使用者可以利用電腦製作投影片的方式來做輔助說明。

(3)效能的追蹤：

這種應用主要是用來比較實際上所達到的效能和預期應達到的程度之間的差別。

(4)分析、計劃以及排程：

地理資訊系統、甘特圖、計劃評核術等都是分析、計劃、以及排程上應用常見的例子。

(5)製造控制中心：

在製造業上，圖形的使用對於在生產上的動態分析、實驗有很大的助益。圖形的顯示能指出問題所在，並提出相對的解決方法。

(6)動畫：

動畫常能幫助使用者有如身臨實境般地瞭解環境，而且有的環境甚至可以用動畫模擬實境到一個非常逼真的程度，便可稱之為虛擬實境。

(7)其他應用：

其他著名的應用有電腦輔助設計及電腦輔助製造 (CAD 以及 CAM)。

三、圖形用戶界面內容

透過圖形用戶界面，使用者可以直接控制他所能看得到的物件，而不必學習一堆複雜而惱人的命令語法。目前最常用的圖形用戶界面 (graphical user interface, GUI) 是由微軟公司 (Microsoft) 所開發出來

的視窗環境 (windows)。一些實證結果顯示圖形用戶界面的效用是很明顯的，因為使用者只要按下任何一個可以看得到的物件便能和系統作溝通。使用者在圖形用戶界面上執行一項動作的方法是將指標指在某一個物件之上，然後按下滑鼠便可啟動該滑鼠所代表的功能，有些物件按一下滑鼠即可，有些則需要按兩下才能啟動，完全依不同軟體設計而異。

一個圖形用戶界面主要的部分包括視窗 (windows)、圖像標記 (icons)、以及熱標 (hotspots) 三者，如圖 7–10 是一個 Windows 中的 Excel 應用軟體之圖形用戶界面所示。這裡的視窗可以視為一個獨立的終端機，它是電腦螢幕上的某一塊區域，包含文字、圖形、動畫以及其他視窗。它能改變大小也能移動位置。一個螢幕上通常能包括好幾個視窗，因此使用者能同時觀看不同的工作情形。它也能夠相互重疊並且能移動彼此間的內容。例如在圖 7–10 中我們可以看到三個視窗。

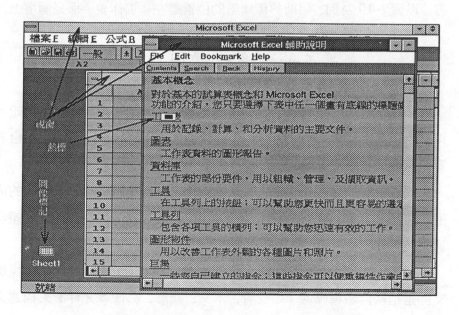

圖 7–10 圖形用戶界面的元件示意圖

　　而一個圖形標記是利用一個小圖形來代表一個未展開顯示出來的視窗。當使用者使用一個圖形用戶界面系統時，他通常能看到許多的圖像標記在螢幕上。只要在圖像標記上按兩下便能啟動該視窗，並能展開它到整個螢幕大小。圖像標記除了代表未啟動展開的視窗之外，也能代表其他如檔案、命令等功能，只要在標記上按一下或兩下便能執行此功能。在圖 7-10 中的左下方就有一個最小化的物件 sheet1 就是圖像標記的範例。

　　當游標移至圖形或文字的某一部分時，它的游標形狀會改變成某一種比較特別的形狀，此時我們便可以知道這個文字或圖形部分其背後一定還有其他的說明或引申的部分，我們只要在這個部分按一下或兩下即可看到它的引申說明。這時的特別形狀便是我們所稱的熱標。例如在圖 7-10 中可以在輔助說明那個視窗中找到很多可以將游標轉成熱標的地方，以圖 7-10 為例，目前熱標所處的位置是在「工作表」那三個字上。

第五節　多媒體用戶界面

　　多媒體的採用能夠讓用戶界面更加豐富。如此一來，電腦化系統可以結合多媒體技術來提供豐富的表達設備。多媒體技術也可將之整合於資訊處理以及決策支援部分，增加決策支援系統的內容。

　　就資訊科技而言，這種利用多種媒體的組合應用來改善人機間的溝通叫做互動式多媒體法 (interactive multimedia approach)。而這些組合通常包含聲音、影像、動畫、文字、圖形用戶界面等項目。

　　另外，在多媒體應用中有所謂的超媒體 (hypermedia) 文件。超媒體文件是指結合數種媒體（如聲音、本文、圖形、影像等元件）來描述文件，它允許利用關聯的方式來聯結各種媒體資訊，超媒體可能包含幾種不同層級的資訊。一般而言，超媒體的特徵有下列三點：(1)能夠連結不同型態的資訊結構，(2)是一種有效的多媒體，它包括文字、圖形、聲音及影像等，(3)各種不同資訊之間是以關聯的形式建立起聯結。

第六節　決策支援系統用戶界面設計原則及權衡考量

決策支援系統用戶界面在設計時，應該充分反應使用者所想看到或所想感受到的以及若要得到想要的結果應該要做哪些動作，並且設想好使用者在使用此用戶界面之前應該知道的知識。一般來說，反應使用者需求的用戶界面之主要功能可以分為下列四項：(1)提供好用又有效的指令，並且允許有同義字以及縮寫的情形，(2)協助使用者熟悉操作過程，由生手變老手，(3)允許使用者將指令加以聚集成一個快速指令集，或修改原有指令集，(4)隨時提醒使用者系統所提供的功能有哪些。

要提供一個良好品質的界面是一項複雜的工作，它關係到技術、心理、人體工學、以及其他影響因素等層面。下列就是在設計一個用戶界面時幾個重要的考量項目：螢幕設計，人機互動程序，顏色的選擇，資訊密度，符號以及元件的採用，資訊的表示格式，輸出入設備的選擇。

此外，隨著用戶界面設計的發展，有許多個設計問題是設計者經常面臨的問題，我們可以將這些問題分為下列四個層面來討論：系統應答時間、使用者輔助工具、錯誤資訊處理、以及命令表達。在系統應答時間方面，許多交談式系統的失敗，系統的回應時間是使用者主要的埋怨項目。系統應答時間有兩個重要的特徵，第一個是長度，第二個是變化性。如果系統的應答時間太長，那麼使用者便很容易感受到挫折、時間壓力、不耐等；相反地若是系統的回應時間太短，則可能因為處理得不夠周詳而產生錯誤。因此時間的長度過與不及皆不恰當。另一方面系統應答時間的變化性是指相對於平均時間的變異，一個變異較小的系統其狀態是較穩定的，在一個較穩定的系統之下通常較具有可預測性。

在使用者輔助工具方面，一般有兩種類型：綜合型輔助工具以及擴充型輔助工具。綜合型輔助工具是一開始便設計成軟體的一部分的使用者輔助工能，它常常是上下文相關的，讓使用者能夠從那些目前執行的行為主題中進行選擇。這種立即的輔助方式讓使用者得到輔助的時間縮短了。而所謂的擴充型輔助工具是在系統已經建立起來之後才增加到軟體上去的，它是一種有限能力的線上使用者手冊。當考慮一個輔助工具時，有許多的設計問題必須涉及到，例如：

> 使用者應該如何請求輔助？應該是利用一個輔助功能表、一個特殊功能鍵、亦或是一個 Help 的指令？
>
> 輔助應該如何加以描述？是該用一個獨立的視窗來作說明或者其他方式？
>
> 使用者如何回到正常的交談中？是該在螢幕上設置一個返回鍵或者是由功能鍵來控制？
>
> 輔助資訊是如何被結構化的？應該是由關鍵字或者是由階層式的結構來存取？

在錯誤資訊處理方面，錯誤資訊或警告是由系統發送給交談式系統的使用者的一種回饋。這類訊息通常是以使用者所能理解的描述來說明，且指出問題的所在，並提供一些具有建設性的建議。通常使用者的心態是在使用系統時都不希望有錯誤訊息產生，但是一個有效的錯誤資訊回饋是可以提高交談式系統的品質，並且當發生問題的時候，有效緩和使用者所相對產生的挫折感。

在命令表達方面，當命令是以交談式方式提供時，許多下列設計問題就出現：

　　每一個功能表選擇項都需有一個對應的命令嗎?

　　命令是要以哪一種形式出現?

　　如何才能對於系統的命令用起來駕輕就熟?

　　命令能由使用者改寫或縮寫嗎?

　　我們也可從通用性交談原則、資訊顯示原則以及資料輸入原則三個層面來說明用戶界面的設計原則。在通用性交談原則上，設計用戶界面應遵循下述設計原則:

　　1.具有一致性以減少學習的需求。

　　2.提供有意義的回饋。

　　3.請求證實任何重大的破壞性行為以減少意外破壞的發生。

　　4.允許容易地撤銷大多數行為。

　　5.減少行為之間必須記住的資訊量。

　　6.原諒錯誤的發生。

　　7.根據功能分類動作並且組織相應對的螢幕格局。

　　8.提供上下文相關的輔助工具。

　　而在資訊顯示原則上，如果使用者界面的資訊顯示是不完全或者無法理解，則將無法有效滿足使用者的需求。因此有關資訊的顯示需要透過下述準則來設計:

　　1.僅顯示與目前上下文有關的資訊。

　　2.不要用資料將使用者掩埋。

　　3.使用一致的標籤、標準的縮寫、以及可接受的顏色。

　　4.產生有意義的錯誤或情況說明資訊。

　　5.使用大寫和小寫字母、縮排、以及文字分組來輔助理解。

　　6.使用視窗劃分資訊的不同類型。

　　7.考慮顯示螢幕的可利用格局並且有效地使用它。

在資料輸入原則方面，因為使用者大部分的時間都花費在選取指令、輸入資料以及其他的提供系統輸入方面，所以良好的設計便可以增進系統效益。傳統最主要的輸入媒介便是鍵盤，但是目前已有愈來愈多的輸入媒介可供選擇，例如滑鼠或聲音辨別系統等。下列即是有關在設計使用者界面時，資料輸入方面的原則：

1.要求使用者輸入行為的數量盡量減少。

2.在資訊顯示和資料輸入之間保持一致性。

3.允許使用者按規定方式更改輸入。

4.提供靈活的交談方式。

5.讓使用者控制交談流程。

6.提供引導以便輔助所有的輸入行為。

第七節　決策支援系統用戶界面研究構面

如何將資料展現給決策者一直是研究者長期以來的課題。既然知道展現資料是一件很重要的事，故研究人員常調查研究試圖去找到最恰當的表示方式。這些有關人機界面的調查研究可以歸為幾個維度中的變數來操作。例如，Hwang 及 Wu (1990) 曾指出下列的變數考量：

1.在自變數方面，常考量的自變數有使用者，決策環境，工作以及界面特性四種變數。

(1)使用者：

一般用來評估使用者的變數主要有：

①使用者背景：包括使用者的年紀、教育程度以及經驗等。

②使用者心理：包括使用者的認知型態、智商以及風險的偏好程度。

(2)決策環境：

用來衡量決策環境的變數主要包括三項:

①決策結構。

②組織階層。

③其他如穩定性、時間壓力、以及不確定性等因素。

(3)工作:

用來衡量工作的變數可以分為五項:

①複雜度。

②資訊的萃取。

③資料的登錄。

④文書處理。

⑤電腦輔助教學。

(4)界面特性:

可以下列四項來衡量界面的特性:

①輸入／輸出媒介。

②對話型態。

③表現格式,如圖形、表格、顏色、動畫等。

④語言特性,如語言的能力、初始選項等。

　2.用戶界面研究的依變數主要只有一個,就是人機間的影響,用來衡量這個變數的主要可以有三個:

(1)效能,包括時間、錯誤率、工作完成度及效益。

(2)使用者態度,包括使用者的滿意度以及信心兩者。

(3)系統選項的使用,具有高選擇性或者低選擇性的程度。

　3.結果:

實驗的結果以管理支援系統較關注的角度來看可以分為下列兩者:

(1)一般來說,有關顏色的實證結果顯示較好的顏色設計可以改善下列各項:

①回想工作的效能。

②搜尋以及標定工作的效能。

③記憶工作的效能。

④有關教育內容的理解力。

⑤決策判斷的效能。

⑥萃取資訊的能力。

(2)就圖形和表格的影響而言，有關圖形及表格的展現方式的比較，實驗的結果顯示是較沒有定論的。有些情況圖形表格表現方式非常恰當；但是有些情況則不然。

第八節　決策支援系統用戶界面未來趨勢

未來的用戶界面將依科技進展的成就結合圖形用戶界面，多媒體技術以及人工智慧等技術。學者 Nielson (1993) 曾針對現在界面及未來界面作比較，我們可將其比較結果整理成表 7-2。

其他正在進行中的決策支援系統用戶界面未來的發展趨勢還有：

一、自然語言的應用

人類的互動主要是以語言以及文字的方式來表達，而語言是一種最簡便的方式，很多人通常都是喜歡動口說話而不願動手，尤其是中國人不習慣鍵盤的使用。然而在目前的使用者界面之上，主要的輸入互動媒介仍不是以自然語言為主。雖然目前已經有所謂的語音辨識系統，但仍未很有效地處理各種語言。

即使現在自然語言還未發展成熟，但在這方面的技術還是不斷地在發展突破，因此我們可以預見將來其發展將更趨完善，待其處理能力提昇，利用自然語言在界面上將會更廣泛，使用上也會更方便。

表7-2　現階段及未來界面之比較（資料來源：整理自 Nielson, 1993）

項　　目	現階段之界面	未來之界面
使用者焦點	控制電腦	控制工作本身
電腦扮演角色	聽命令指示行事	解釋使用者的動作行為，並且採取適當的工作
界面控制	由使用者控制	由電腦控制
語法	物件啟動式	沒有
物件之可見	必須直接處理才能使用	某些物件可以是隱性或看不到的
互動流程	一次一個設備	多個設備能平行做處理
頻寬	低（鍵盤）→　非常低（滑鼠）	高 → 非常高(虛擬實境)
回饋訊息追蹤	可能是在字彙的階段	必須要有物件語意很高的知識
輪流順序	必須交替；使用者及電腦會等待對方	不必交替動作；使用者及電腦皆能持續地進行
界面位置	工作站螢幕、滑鼠以及鍵盤	包含於使用者的環境之中，包括整個房間及建築物
使用者程式設計	採用結構化巨集語言	非命令式之圖形語言
軟體	完整式的應用、整合式的	可以分離使用其中的模式

二、在全球資訊網 (WWW) 上面的應用

　　全球資訊網在這一兩年發展非常地快速，應用也不斷在創新，以後的決策支援系統若是與全球資訊網，或者是以此為和其他系統溝通的界

面將會更方便於資訊資源的取得共享以及系統的建立，因此決策支援系統在全球資訊網上的應用方式會是愈來愈熱門的領域。

三、建立一個三度空間的用戶界面

三度空間的用戶界面其應用已愈來愈多。這種展現方式在製造業以及行銷上特別重要。三度空間的用戶界面也就是一種利用視覺上的效果將一個三度的立體空間在平面的二維螢幕上表現出來，它能讓系統以一種虛擬實境的方式表現出來。

四、人工智慧在使用者界面上的應用

人工智慧的應用極為廣泛，它若應用於使用者界面上可以將專家系統和決策支援系統結合，另外也可以利用類神經網路 (neural networks, NNs) 來對語音、圖形、網路流量等作處理，有關語音的部分如前面提到的自然語言處理，它能幫助系統消除雜訊，使系統能更精確地瞭解原意。而有關圖形的應用也可以用來消除雜訊。

研討習題

1. 為什麼用戶界面對決策支援系統的應用績效有很重要的影響？
2. 一般決策支援系統用戶界面有哪些型態？
3. 設計決策支援系統用戶界面時應考量哪些因素？
4. 有哪些個人直覺因素會影響到用戶界面的使用與設計？
5. 試說明決策支援系統用戶界面未來的發展趨勢。

──參考文獻──

1. 梁定澎，《決策支援系統》，松崗，民國 81 年 6 月，頁 4–18。

2. Bennett, J. L., *Building Decision Support Systems.*, London: Addison-Wesley, 1983.

3. Dix, A., et al., *Human-Computer Interaction*, N.J.: Prentice-Hall, Inc., 1993.

4. Harrison, H. R., & D. Hix., "Human-Computer Interface Development: Concepts and Systems for It's Management," *ACM Computing Surveys*, Vol.21, No.1, 1989.

5. Hwang, M. I. H., & B. J. P. Wu., "The Effectiveness of Computer Graphics for Decision Support: A Meta Analytical Integration of Research Findings," *Database*, Fall 1990.

6. Majchrzak, A., et al., *Human Aspects of Computer-Aided Design,* Philadelphia: Taylor and Francis. New York: Hill, Inc., 1987.

7. Nielson, J., "Noncommand User Interfaces." *Communications of the ACM,* Vol.33, No.3, 1993.

8. Roger S. Pressman, *Software Engineering A Practitioner's Approach,* 1993.

9. Sprague, R. H., & B. McNurlin, *Information Systems Management in Practice,* 3rd ed., Englewood Cliffs, N.J.: Prentice-Hall, Inc., 1993.

10. Turban & Efraim, *Decision Support Systems and Expert Systems,* 4th ed., N.J.: Prentice-Hall, Inc., 1995.

· 第二編 ·
決策支援系統的科技面

　　決策支援系統是改變企業決策品質的實用方法，用來透過支援決策的改善而提高企業的競爭力與獲利能力。它涉及確認最恰當的決策結構和建立最有效的電腦化支援。

　　建立決策支援系統時應確定並應用最有效的科技方法，包括資訊科技、資訊資源管理、企業模型、決策支援系統規劃方法以及決策支援系統的生產力工具等方面。要能針對企業現實對於這些科技方法做最佳的配置與整合，使其發揮最大效能。

第八章　決策支援系統的科技基礎

概　要

　　資訊科技的應用將使得未來的公司與現在相比，有著驚人的不同。決策的角色與定位也將發生驚人的變化。它只有在企業改革人員與科技專業人員的密切配合與共同工作下，才能有效地達成。在建立決策支援系統之前，必須掌握資訊科技的最新發展，並且瞭解資訊科技對企業決策所產生的可能影響，如此在開發一個企業決策支援系統時，才不致導致錯誤。因此，在探討決策支援系統的科技面時，本章首先討論資訊科技的發展現況，以及在此新科技環境下的企業現況。

第一節　緒論

　　自從電腦於 1946 年問世之後，各個領域的電腦科技便一直不斷地進步著。近半世紀以來，電腦科技本身經過了好幾代的革新，包括了高階程式設計語言、資料庫管理系統、電腦通訊網路、多媒體系統、超級電腦等等。尤其是自 1985 年之後，由於主從架構 (client-server architecture) 的興起，應用於企業中之資訊科技，在性質與應用方向上皆發生了根本性的變化。此一變化對企業產生了巨大的影響。大多數企業在此變化下，所面臨的並不是美好的前景，而是遭遇到各種前所未料的困難。

　　這些困難主要有兩方面的來源。一方面是因為現代企業之間的競爭規則、方式、重點與格局都在改變，企業對資訊的需求在思想上及形式上也隨著發生了重大的變化，使得決策支援人員應接不暇。另一方面是由於新舊科技的轉換，企業在此應接不暇之際，仍舊受到傳統科技的限制，也受到傳統科技投資與傳統企業文化的限制，決策支援人員的注意力一向置於決策資訊，而疏忽了重視科技腳步，因此在遇到此排山倒海的科技變革時，一時之間也不知所措了。

　　資訊科技迅速的轉變著，它是開放而網路化的，它又是模組化和自動化的。它在科技上賦予使用者分配訊息和決策的能力。此外，透過標準，它還被整合了起來。它像人們一樣工作，以格式整合資料、文字、聲音和影像資訊。它消除了企業之間的壁壘，使企業的外部關係得以重新組合。

　　企業需要各類的新資訊，而競爭性企業環境更要求各種新型的應用，這促使企業走上整合性系統的需要。新科技使得以往各個獨立的系統得以整合起來。軟體程序日益自動化與模組化，它們像產品零件那樣，按照標準製造，使之更具互換性，也更容易整合。微處理機的發展代表了物美價廉；標準的圖形用戶界面有助於增進電腦的可用性與親和力；開放系統意味著各種軟體程序可以轉用在不同廠商的硬體上；開放網路又提供了一個突破地理限制的整合環境。故說現在的資訊科技已經達到技術上與經濟上皆可行的地步。企業若不儘快針對新的企業需要採用新科技，將被摒棄於競爭之外。

　　當一個組織在開發企業整體的資訊資源時，需要一些成熟的方法、工具和標準。需要設計標準以保證不同系統所提供解決辦法的一致性。標準必須隨著時間而發展，並有充分的靈活性，足以適應變化中的企業形勢。以下我們來看一看全球旅運公司所面臨的決策問題。

全球旅運公司

　　全球旅運公司在全球的各主要城市擁有大約五十家分公司。新的分公司仍繼續不斷在各個地區開辦，如北平、上海、新加坡和吉隆坡。公司經營各種旅運服務，比如觀光旅遊或貨運之類，共雇用了 10,000 餘人。公司已經透過全球性劃一品質之旅運服務而建立了其獨特的市場地位。公司的目標是將每一分公司都經營成最優良的旅運公司。雖然每一地區的風情各具特色，卻全都有著同樣的設施標準和服務品質，而每一家分公司在營運上卻又是一個相對自治的企業單位。

　　全球旅運公司的一個關鍵性企業目標是盡可能提供最高品質的服務。公司的資訊系統將實現此一目標作為方向。例如，使用科技來執行會計、預訂、產業管理和其他種種功能，把管理人員從後部事務中解脫出來，使得管理方面能夠更加接近客戶，提供親身服務。這種關心當有助於客戶忠誠度的維持。

　　由於市場競爭日益激烈，公司希望透過資訊科技來取得更大的競爭優勢，並使其客戶服務達到最佳。舊的資訊系統已不能滿足公司漸增的資訊需求。公司過去由資訊部門主導，早已歷經九次失敗的轉換。總經理這次特別重視，告訴資訊經理梅劍勢說，如果這次失敗，你就準備走路。同時總經理也列出了他的期望如下：

- 公司希望透過資訊科技來獲取有關客戶及其獨特需求的資訊，以保證長期顧客的形成。並希望這種資訊隨後在全球各分公司都可取用。
- 公司希望資訊科技更加靠近各個經營單位，資料處理轉變為分散的，並且全都聯結於公司網路。
- 公司要求更靈活、更有力、更為整合的體系。
- 公司需要把各個應用系統聯結起來，並在不同的遠方現場之間分享共同資訊。每一個現場執行同樣的功能，不再像過去那樣，總是為了不同系統之間資料的傳輸而建立特定的界面。
- 要求高績效的電腦廠商。公司與廠商之間的關係，不能再像以前那樣被鎖死，如果廠商不能有效的提供增值服務與支援，公司要能很方便地轉向另一家廠商。
- 除提高產品和服務的有效性之外，公司也希望透過新系統來聯繫客戶和供應商，以及提高管理人員和專業人員的效率。
- 這次轉變應當是最後一次。它在軟體方面的投資，在將來可以納入幾乎任何廠商的硬體。

現有硬體根據公司的規模而不同。在小型分公司，公司只安裝一臺486 的伺服器，四到六臺個人電腦和幾臺印表機與之相連。而較大分公司的硬體可能包括了 IBM 4341，大約 300 臺終端機和 100 臺印表機。

梅劍勢聽了總經理的指示後，心裡開始沉重起來。他離開學校到全球旅運公司工作已有二十年了，對於目前資訊科技的發展並沒多大把握。過去，對於公司每一次在資訊系統方面的採購都是去尋找最有名的電腦廠商，所有的決策也都是由這些廠商的專家建議的，連建議書都是電腦廠商推銷人員熱心提供的。連續的失敗使得他尋遍了最有名的電腦廠商，仍然不知該如何作。現在，回到家來，他實在是束手無策了。幸運的是，他那就讀於中央大學資訊管理系的兒子聽了這個情形之後，告訴他說：「爸爸，這不是一件容易的任務，但也決非難事，您真的有點落伍了，我先來跟您談一談現代資訊科技的進展，這些進展正可以解決您們總經理的要求。」

　　下面本章首先介紹一些代表性的資訊科技發展現況，包括開放系統、網路、主從架構、資訊交換技術、用戶界面、軟體開發技術、資料庫科技與物件導向方法等，接著在第十節介紹在此等科技環境下，現代企業所表現的營運現況。

第二節　開放系統

　　IEEE (Insititute of Electrical and Electronic Engineers) 的 TCOS (Technical Committee on Open System) 定義開放系統為「一組包羅廣泛且一致之有關國際資訊科技及功能方面的標準，它定出界面、服務及支援格式，用以達成應用系統、資料及與人之間的交互作用與可攜性」。其具有下列特性：

　　1.順應有關應用系統及系統服務在程式撰寫、通訊、網路、系統管理、表達、系統服務及界面等方面的標準。

　　2.可移動性：軟體應用和資訊可以相對容易地移動到不同大小和品牌的電腦上，也就是，可用於不同的電腦環境。這也等於促進了人類技術的可移動性。

　　3.可攀升性 (scalability)：應用系統可隨企業系統的成長而移植到大型系統上，不需經過程式的修改。

　　4.相互可操作性：不同大小和品牌的電腦能夠互相溝通，分享資源、資訊、甚至軟體應用系統。

在過去，電腦只使用專門為它量身製作的軟體。企業所需之軟體，無論是購自供應廠商還是自行開發，都只能在那家供應廠商的硬體上執行。因此，因為將軟體移轉到另一家供應廠商設備的代價太高，此組織就被鎖定在這家供應廠商了。

組織被鎖定在特定的供應廠商，則將處處受制於該廠商。雖然電腦廠商一般來說也都提供了合理的服務和支援，然而仍有些潛在的問題存在。例如，電腦廠商可能將產品計入高額利潤、廠商可能對客戶問題無法提供較佳的解決方式等等。但在這種關係之下，客戶實際上沒有多少選擇餘地，此時，只能寄望於在一開始即選對了正確的供應廠商了。

以不受任何一家供應廠商控制而以工業標準為基礎的開放系統，正改變著電腦工業，並向各個企業組織提出了劃時代的挑戰。在一切的電腦系統領域中，包括通訊、資料庫、用戶界面、電腦操作系統，以及軟體開發工具等方面，標準紛紛出現。

開放系統產生的結果是，資訊和軟體成為可移植的了，也就是說，可以用於不論大小和品牌的硬體上。這類標準還使得不同大小和品牌的各個系統得以相互作用，也就是互相溝通，這種情形使得整合傳統上各個獨立的系統成為可能。

在一個開放系統環境中，透明聯結性的重要將高於一切其他的課題。文件的存取和傳輸、電子郵件和虛擬終端機這些基本的網路服務將發展成為一套豐富的服務體系，其中包括網路管理、目錄以及文件交換。多媒體的文件交換服務可能包含文字、圖像圖形、動畫圖形、聲音等。像訂單、發票和信用狀之類的企業表格也可以是這些服務的一部分。

一、開放系統的效益

對電腦硬體及軟體廠商而言，開放系統因可降低作業系統發展成本，故可縮短新產品的上市時間，並可集中精力於改善新產品的結構、特性及功能。廠商將根據其產品及硬體平臺的性能、品質、服務等差異來進行競爭。

對套裝軟體廠商而言，順應標準界面可帶來更大的市場。對用戶而言，亦可放心的去買各種軟體而不怕被某廠家的機器所綁死。不管是主機、迷你電腦、工作站或超級電腦，不同廠商機器間連通性的問題也將容易解決。另外，因軟體發展、訓練及維護成本的降低，用戶不僅可以更低價格買到更多的產品，各單位亦更能有彈性地選擇最適合自己企業營運需要的產品與系統。

二、對企業的效益

電腦系統的最大花費並不在硬體，此點是系統規劃人員常常忽略了的一個事實。其實最大的投資是在軟體、資訊管理、培訓、改變工作過程，以及將革新擴散到組織工作中的人力費用。也就是說，軟體、資訊、和人工費用遠大於硬體費用，而他們經常在其成本效益分析中把這些成分排除在外。如果軟體應用是可移植的，而科技在不同硬體平臺之間又可以相互操作，那麼，在科技投資的各個層面上，費用的差異將會受到很大的影響。

如果硬體成為商品，而相互競爭的產品具有基本相同的特徵，企業就能夠選取合於標準而價格最低的廠商。同樣地，當軟體可以在任何供應商的硬體上運行時，客戶就可從價格最合意的供應商中選購了。

硬體費用的節省另外還可來自可攀升 (scalable) 系統。組織的各個不同部分可能運行著共同的應用系統，但要求不同大小的處理機。有了能在具有不同性能特徵的機器上工作或者可以在其間方便轉移的軟體，客戶就有可能為各種特定的情況選取最佳系統。

某些供應商在其專有產品線內部有著可攀升系統。然而多供應商環境中的可攀升性提供了更大範圍的彈性。可攀升性為每一個分部、辦公室或組織單位提供了一種靈活性，能夠在適當的時機取得並安裝適當大小和能力的系統。

已為大眾所確認的最大節省是來自軟體的可重複使用性。軟體模組可以重複使用於不同的硬體平臺。透過重複使用保證品質的軟體模組，在編碼和程序維護方面正實現著大量的節省。由於應用不再束縛於一個具體的處理機，它們轉而用於不同機器時就沒有必要重寫了。應用軟體的可移動性允許軟體從一個較小的機器轉移到一個較大的機器卻只需很小的改變。

開放系統也使得電腦系統對終端用戶來說更為方便。在一個開放系統的世界中，用戶界面將日益圖形化和標準化。每一種應用和工具的外貌與感覺在這種環境之中都將相似。以類似方式工作的應用僅要求極少的訓練和支援。開放系統的應用也將能夠在相互之間操作，向用戶提供廣泛的功能。

每當一個新系統的引進，自然將要求用戶和執行者雙方進行大量的工作。不同系統之間的人工「轉換」涉及學習新的用戶界面、重新組織個人工作檔案、學習新的應用和新的工作過程、變更管理程序等等。總而言之，系統的改變意味著必須在管理上的改變花費大量的時間和資源。

在動蕩的環境中，一家供應商或許不再能夠滿足它原來選定的標準。它可能退出了產業、可能被一家更大的公司兼併而取消了一些產品線和體系、其產品可能突然改變方向而不再適應客戶的要求、它可能失去了科技優勢而被其他供應商的硬體所超越。這類變化對於被鎖定於一種專有體系的客戶來說可能是極端危險的。如果各個應用系統都是可移動的，這些風險就會減到最小。

另外，在開放系統的情況之下，可以更容易而自然地轉向新科技。

市場上出現重要的硬體革新時，企業較少束縛於其已有的基礎。如果已有基礎是專有的，而升級又要求對應用系統做出重大改變，自然的情況將是對於變革踟躕不前。危機在於，企業將會落後。但有了開放系統，企業將處於一種總是選擇最好科技的地位。

開放系統的另一個優勢，是用戶可以更方便地結合組織變革。例如，由於企業的聯合、兼併或擴張而造成的一些改變，可能要求軟體從主機轉移到迷你電腦環境，或一個高度集中的公司可能決定採取分散化企業策略，這些都涉及將一些企業單位移往新地點，或者透過區域或廣域網路聯繫各分部或新的分支機構。此時，因組織的變動或成長可能要求當初為小機器開發的軟體移植於較大的機器上、中心或某企業單位開發的軟體用於組織的其他部分、或者母公司開發的軟體用於新的分支機構。開放系統比專有系統在這些方面提供更為靈活的便利。

通常，標準的操作系統、用戶界面、網路聯結、資料庫工具和程序設計語言，使得在一個不統一的環境中整合應用較為方便。整合性的提高已被證明能夠促進企業的效益。在以往專有的電腦系統下，公司的這些改變一向是代價高昂的，而對於負責協調此一轉變的資訊經理來說，簡直就是一場惡夢。

總之，開放系統為企業提拱了轉換的彈性，而企業的決策支援，由決策支援的特性來看，也是非常需要這種彈性的。在定出了開放系統的大方向之後，我們來探討電腦化的第二個大趨勢，也就是網路電腦系統。

第三節　網路電腦系統

傳統的系統以大型主機或迷你電腦為基礎，它們各自支援一個配屬的網路，聯結著當地或遠方的終端機。終端機一般是不靈活的，帶有一個確認密碼的用戶界面。只有資料處理專家們才能對系統做一些變動。在企業中有許多已經迫在眉睫的新應用，由於受到硬體使用的不方便，看來要無限期地等待下去。來自不同製造廠商以至來自同一家製造廠商的各個系統，甚至不能互相對話。

微處理機與網路的成長改變了此一情勢。網路電腦系統乃指從傳統的半導體到以微處理機為基礎的網路系統。把許多微處理機結合成為一個單一大型的電腦系統，在淨能力方面大大超過了以往主機的性能。

微處理機的優勢將繼續增長。傳統半導體的能力以每年 20% 左右的速度增加。而微處理機芯片上的晶體管數目已經從 1980 年的 30,000 左右增加到了 1990 年的一億 —— 平均年遞增率超過了 150%。

八○年代早期，因個人電腦及分散式電腦系統的出現，使得用戶部門得以自行發展系統。自此，將分散式電腦系統帶到了辦公桌上，最後甚至到了公事包裡的筆記型電腦。更重要的是，價格相對為低的個人電腦打開了許多新的應用領域，特別是對於知識工作者來說，一掃傳統應用一直沒能很好地為他們服務的遺憾。

由於微處理機的驚人能力和網路科技與標準的成熟，一個風格迥異的電腦系統已經出現。為使用者提供了取用廣大範圍資料及資源的可能，而不必考慮它們來自何處或者是如何聯結的。

最重要的是，軟體的處理不再只限於在主機上，而是在任何最有意義的地方。甚至也不必侷限在一臺機器上，而是在網路各個不同的電腦上合作處理。電腦變成了網路，網路變成了電腦。

此轉變帶來了一些巨大的優越性。網路電腦系統利用了微處理機的固有能力。對網路上的各個裝置可以按照要求更有效地利用。它使得資訊和應用得以在最佳的地方得到處理 —— 也就是靠近使用者之處。

更好的資訊存取能力打開了新的門戶。在工作站上，線上資訊立即可用，不需要太多的尋找和查詢，而且適當的資訊可以被加以分類並重複使用。如此，企業活動與幫助建立組織策略與目標的決策會變得更為準確、及時而全面。

另外，網路電腦系統將導致一種主從架構方法的應用。工作站成為一個客戶平臺，向聯結於區域和廣域網路的伺服器要求資訊和處理服務。主從架構將在下一節介紹。

隨著電腦系統和網路的愈益複雜，我們需要對它們進行「管理」。這包括了即刻瞭解網路上出現的問題，然後對問題做出診斷並在遠方予以修復的能力。網路需要重新組合與改變。傳統的系統管理重點在各個單獨電腦的使用，或者，最好的情況是，各個來自同一供應商之主機電腦間的連結。隨著主從架構電腦系統的興起，電腦系統變成了不同大小和品牌電腦間的一個網路。如此就有了採用系統管理標準需求的產生。

網路電腦系統為企業帶來了新的希望，也帶來了新的挑戰。特別是在企業的決策支援方面，新的資訊通路使得資訊得以四通八達，有助於決策品質的提高。在網路電腦系統架構下，目前的資料處理主流即是在一種主從架構的環境下。

第四節　主從架構

主從架構之目的為使一群鬆散連接的系統運作得好似一個單獨的系統一般。要能很容易地在網路上發展及使用應用系統，使用資源，以達到高績效及資源的最佳利用。主從架構的基礎與驅力為合作處理，其特性為達成不同應用成分間的交互作用，一般來說，主從架構的應用系統包含下列成分：

1.表達處理邏輯：其負責的工作有螢幕格式的產生、螢幕資訊的讀寫、視窗的管理、鍵盤與滑鼠的操作等。

2.業務處理邏輯：運用資料進行商業應用管理的那些程式。通常用第三代電腦語言或第四代電腦語言來撰寫，如統計分析、模擬等。

3.資料處理邏輯：程式中處理資料的部分。例如 SQL 中的資料處理語言。

4.資料庫處理邏輯：資料庫管理系統實際上所進行的資料處理。

在過去單機作業時代，上述這些組合成分都包含在同一個程式之中，但在主從架構的環境下將被分開，分別放在網路上不同的地點，並透過合作的方式共同完成任務。

主從架構 (client-server architecture) 通常指的是電腦軟體而非電腦硬體。其包含了稱之為客戶端 (client) 以及伺服器 (server) 兩方面的軟體，分別運行於不同的機器上。客戶端軟體送要求給伺服器軟體，伺服器執行完工作後，回覆客戶端。通常客戶端軟體放在用戶電腦上，如個人電腦或工作站，而伺服器軟體則放在一個專用機器上，可供多人共同使用。其可能是一般的電腦，也可能是特殊的電腦，如資料庫專用機或印表機。有時，客戶端的一個處理要求可能涉及多個伺服器，稱為客戶端—多伺服器電腦處理。通常，主從架構電腦處理是在區域網路的環境中，因區域網路的傳送速度高，例如，乙太網路為每秒 10 百萬位元、光纖為每秒 100 百萬位元、IBM Token Ring LAN 為每秒 4 或 16 百萬位元。此種速度可將整個螢幕的位元在不到一秒之間，顯示於客戶端的螢幕上。另外，主從架構也可能經由廣域網路連接個人電腦到主機，此種速度較慢，亦稱之為合作處理 (corporative processing)。

主從架構的分工有使得客戶端往表達功能發展，而伺服器往資料處理的功能發展的趨勢，硬體方面的許多設計也針對這些功能特色而發展。

客戶端最主要的功能為表達處理邏輯，有時亦包括了一些企業邏輯。客戶端的設計重點為如何與用戶做有效的溝通，其功能上與實踐上要能夠最適當的配合人類的感官系統，例如利用高解析度的圖像與聲音來配合人類感官的自然性與舒適性。

至於伺服器功能在傳統上指的是資料庫伺服器功能，即能提供大量及快速的資料存取與儲存、快處理速度，以及同時執行多個客戶端程式的功能。隨著科技的進步，伺服器上需提供另外的功能，例如，通訊、終端機模擬 (terminal emulation)、傳真、程式庫管理以及電子郵遞等。

在主從架構下，客戶端通常會要求下列功能：

1.共用檔案：同一工作小組，客戶端可能需參考同一資料 (例如保險公司的保費表)，此種共用的檔案則可放在檔案伺服器中。通常客戶端送檔案的讀寫要求給伺服器，檔案伺服器則提供客戶端整個檔案的存取，故當一個客戶端更新檔案時，其他客戶端都無法同時存取此檔案。

2.共用印表機：當同一工作小組人員共用一高速印表機時，則用到列印伺服器，各客戶端要印資料時，送一檔案列印要求給伺服器，伺服器則將所有的列印要求排成一隊，分別列印。

3.存取資料庫：資料庫管理系統比檔案存取複雜，資料庫管理系統不僅提供了不同資料物件的並行控制方法，並允許一些和應用系統有關的資料存取邏輯定義在此資料庫管理系統中。客戶端可以只要求其所需的資料 (而不是整個檔案)，並在伺服器執行所需的資料處理。多個客戶端也可同時存取同一資料庫。

4.通訊服務：通訊伺服器中放著通信所需的軟硬體，各客戶端可透過此伺服器來處理其和遠方通訊的要求。

5.傳真服務：透過傳真伺服器，客戶端可以使用適當的方式收送傳真文件。

6.其他：電子郵遞，程式庫，網路，資源及配置管理。

伺服器可以專業化地以最有效的方式來履行特殊功能，除了特殊的功能之外，伺服器應具備下列的一般功能。

1.多用戶的支援。

2.可攀升性：當應用系統數目變多、資源的需要變多，及用戶數目變多時，伺服器要能滿足這些增加的需求。要能很容易地擴充，而不是在一開始就具備有過量的產能。

3.績效：在多用戶的環境下，要能滿足企業所需的績效要求。通常，一般用戶在反應時間超過其預期幾秒後就不會再去喜歡此系統了。

4.儲存空間：要有足夠大的空間及快速的存取時間來配合現代的作業系統、應用系統，及用戶界面的需要。

5.多媒體：隨著新科技及新應用的發展，影像、視聽的應用變得普遍，產生對多媒體存儲的需求。伺服器不但要能在磁碟機上存取數值化的影像，且要能在光學儲存設備上存取超文件，在錄音帶、光碟上存取視象及聲音資料。

6.網路：由於主從架構的通訊在網路上進行，故客戶端及伺服器兩者都需有內建的網路通訊能力。若系統在設計之初就考慮到網路能力，則其硬軟體之結構就應能整合網路的界面與協定而預做最佳的整合。

一、客戶端與伺服器間連通的處理技巧

客戶端與伺服器間連通的處理技巧可分為管線 (pipe)、遠程呼叫 (RPC)、與主從架構 SQL 交互作用三種。

管線為一種以連通為主的機制，其將資料由一程序傳到另一程序，如同水管傳水一樣，此種類型最常用於 UNIX 系統。各程序可放在不同的機器上，用不同的作業系統，而不同管線可支援一種或多種並行傳送裝置。它採用其最低程度之協定及格式限制條件，通常使用者只需標出不同訊息間的界限，決定送出訊息者的身分證明及證實收到來訊即可。例如 IBM 的 APPC、SAN，Sun 的 NFS。

遠程呼叫乃指一個程序可去執行位在不同機器上的另一程序（子程序），並可傳參數。呼叫程式要能找到副程式所在之伺服器，可利用一

子程序或伺服器資料庫經由名字去搜尋。其對使用者有格式的限制，例如 OSF 的 RPC、Sun 的 Netwise、IBM OS/2 的 Remote Program Link、Sybase 的 RPC 等。

至於主從架構交互作用指的是一種裝置，其由某一客戶端程序傳 SQL 要求及有關資料到另一伺服器程序，通常用於關聯式資料庫管理系統，為今日主從架構產品最常用者。但 SQL 語法與功能、各種支援資料格式及嚴格的協定往往造成對用戶的限制。

管線由於是以連通為主的機制，在合作處理中可解決大部分的交互溝通問題，而遠程呼叫只能解決管線可解決問題的一部分，但遠程呼叫不需要連通機制。遠程呼叫只生存於此呼叫的存活期間。理論上來說，對某相同的遠方程序發出二個連續的遠程呼叫可在不同伺服器上執行。至於主從架構 SQL 交互作用亦為以連通為主的機制，其缺點為本質上係以資料為導向，故只限於關聯式資料庫管理系統的應用，不適合其他種應用。

二、三層架構

在企業中的企業整體主從架構通常為一種三層架構，三層架構乃源自於傳統的階層式 master-salve 計算結構，例如 IBM system370 及最初的 SNA (System Network Architecture)。此三層架構係此種階層結構加上分散及合作處理的能力而成。

如圖 8-1 所示，頂層通常為最具威力的系統及整個公司的資料。中層為區域網路伺服器，其扮演了二種角色：(1)為上層伺服器的客戶端，其送要求給頂層的伺服器，(2)為下層客戶端的伺服器，第三層則為一般的客戶端。三層架構使得網路管理、系統績效、資料整合、信賴度等問題變得更為複雜，但電腦化的能力卻大量增強。此結構之規模也是可變動的，當工作站增加時，可加入更多網路、更強的伺服器、甚至更多層。

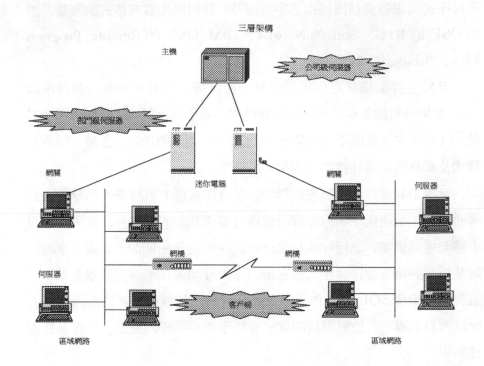

圖8-1 主從架構的三層架構模式

例如某保險公司用三層架構來處理其保單業務。總公司維護所有保險記錄及財務記錄，各辦事處處理各地的顧客交易事項，而各代理人則服務某些客戶。

為改善顧客服務及降低各辦事處的作業成本，公司為各代理人準備了筆記型電腦，並配有一些常用的保險應用系統。各代理人定期連線到辦事處的伺服器以下載交易(新人加入或更新保單)，並自總公司及各辦事處取得一些新資料。公司的政策是，要等到總公司的保險記錄更新過後，其交易才算有效。此結構即為一三層架構，第一層為總公司的電腦，第二層為辦事處的伺服器，而第三層則為代理人的筆記型電腦。其中：

1.各代理人用筆記型電腦來處理顧客交易，故至少有一些客戶的資料在筆記型電腦中，假設此筆記型電腦採用微軟視窗 3.1 及 Excess。

　　2.各辦事處須處理各代理人的要求及提供一些有關決策支援的資訊，其採用 Unix+Sybase。

　　3.總公司維護所有記錄，用 IBM 的 MVS/ESA 及 DB2 和 IMS。

　　4.Excess 所作的更新須傳至各辦事處的伺服器及總公司的 DB2 及 IMS（對某些交易而言，須達到資料完整性，若傳送 (propagation) 在某層失敗，則所有在該層做過的變更須回復到原狀）。

　　5.要做到應用系統的可攜性。代理人的應用系統須設計成能透明性地進入各不同地點及不同資料庫管理系統，各資料庫管理系統使用不同的語言，甚至有些資料庫管理系統並不是關聯式的。

　　主從架構提供了企業內資料運用的有利環境，促進了企業內部資料之整合與共享。而對於企業外部資料的取得，須藉助於資料交換科技。

第五節　資訊交換科技

　　資訊交換科技有助於企業內部與外部資訊管道的改進，大大提昇企業內部的能力並建立與外部組織的關係。資訊交換的結果是，各個工作小組可能存在一個單獨部門之內，或者散布在整個組織之中，以至於全世界。資訊交換科技亦降低了許多方面的費用，諸如長距離和信差的使用、員工的差旅費、製作和發送備忘錄，以及減少媒介轉換等方面。

　　傳統企業中，發票、現金、信件、圖形、報告、設計和地圖等形式的資訊，以實物形式在企業內外交換。與電子形式相比，實物文件的運送還是相對緩慢的。此外，傳統的面對面、電話、與傳真等通訊在資訊交換的模式上有著嚴重的侷限性。透過資訊科技組織用電子聯繫取代了許多這種原始的相互作用方式。另外，透過資訊交換科技，企業正形成與供應商、消費者、親和組織甚至競爭對手間的緊密關係。

現代的企業經理，取用廣大範圍的資料，包括文字、聲音、圖像等不同形式結合的資訊。新的資訊交換科技包含所有這些形式。以下為一些常見的資訊交換科技。

一、電子郵件

使用電子郵件的主要優點是，能夠立即與國外營運單位聯絡，因此電子郵件在國際業務中起了良好的作用。公司即使是在當地也常常使用電子郵件。但這種使用看來只是電話的延伸，往往不過是作為一種書面提醒或口頭傳達，並不見得顯得那麼有用，因為，親身接觸更方便，並會引起個人注意。然而，在地理懸隔的工作業務環境中，電子郵件在通過多時區的即時聯絡上發揮了重大功效。

電子郵件有許多變化的種類。其中有電腦會議 —— 一種不依賴時間和地點的書面會議，以及電子公告板。

二、有聲郵件

有聲郵件將電話的能力延伸到在預定受話人太忙或不在電話機旁的情形下，也能接受和儲存信息。有聲郵件在普通電話系統無能為力的情形下，能夠及時交換資訊。除此之外，像電子郵件的情形一樣，同一信息可以同時送達多個電話郵箱。而且也像電子郵件一樣，發送和收受兩地間的時間差異可以忽略。這些優點，連同口頭交流在取得聲音反應上所具有的能力，預示著有聲郵件可能傳佈更快而且較易為管理者所接受。

電子郵件、傳真，和有聲郵件系統都是有用的工具，它們的應用也在增長之中。電子郵件在非人性方面雖有某些缺點，但它看來的確增添了各級組織間溝通的管道。傳真被視為更具個人特色與性質，也便於使用，這些效益看來足以抵消其相對較高的費用。在許多情形之下，對於電子郵件系統更廣泛應用的最大威脅是傳真和有聲郵件的結合，這兩者都被管理者視為更便於使用和更易於接受的媒介。

三、電子資料交換

電子資料交換指資料透過某種傳送標準，直接由發送端的電腦送到收受端的資料庫中。

一個企業的電腦通常把購買訂單或其他文件打印出來之後，還必須把它們分開、裝入信封、郵寄，郵局再進行分類、運輸，最後由郵差遞送。對方收到之後還得由鍵盤輸入（連同錯誤）另外一個電腦，這樣是沒有意義的。應當以電子資料交換方式把它們從 A 電腦傳輸到 B 電腦，這樣不僅節省了發送與接收雙方的金錢，並可防止錯誤的發生。

然而，電子資料交換的真正優點並不在費用的節省（雖然誰也不應當否認與忽視它減少了無數的紙張），其真正的優點在於企業間相互聯繫的提升。製造能夠準確地瞭解零售店賣出了些什麼，從而立即警惕銷售模式的轉變。供應商可以在恰當的時間供應零件或材料。電腦輔助的設計部門能夠連接到分包商的設計部門，從而在新產品的開發中密切合作。至此，一個企業不再與其供應商爭鬥，而是與他們密切合作，共同把產品更快地推向市場，或實現其他共同的優勢。企業間的關係需要重建，而這往往涉及哲學與態度方面的重大變革。

四、網際網路

網際網路係指世界各國中網網相連的網路，各種資訊可透過網際網路傳遍全世界。國內在網際網路之使用最早是由學術網路 (TANET) 為主，而隨著資策會的 SEENET 及電信局的 HINET 上線，使得目前網際網路已成為政府、工商業界及民間發展最快的資訊管道。

網際網路的出現，象徵著資訊交換科技的大眾捷運時代來臨。藉著網際網路, 你可以很經濟的在全世界搜尋資訊, 也可以將你所要傳達的資訊置於網際網路上, 供全世界有興趣的人提取。至於在形式上, 它包括了文字、聲音和圖像等的多媒體資訊。

資料交換科技提供了資料交換及流通的便捷管道, 但要使資料以能夠被接受的形式及時的呈現在人們眼前並被高興的接受, 則有賴用戶界面的發展。

第六節 用戶界面

用戶界面為用戶與應用系統間溝通的界面, 過去使用文字指令的簡單用戶界面, 對用戶非常不友善, 造成了電腦使用者對資訊科技的極大心理障礙。譬如界面上的回應訊息即說明了這一點, 類似「系統當掉」、「非法進入」、「異常終止」、「嚴重錯誤」和「執行」等, 都是電腦專家的術語, 對一般的使用者來說並沒有什麼意義。難學難懂而且不友善的用戶界面, 有時候變成使用電腦的嚴厲懲罰。

第一個圖形用戶界面 (GUI) 的開發出現在二十年以前。1974 年, 全錄公司 Palo Alto 研究中心 (PARC) 的研究人員開發了第一個用於文字處理的 wysiwyg (what you see is what you get: 所見即所得) 界面。使得文書處理人員可以直接對文字進行操作而不必透過文字編譯程序。無論這些文字是在紙上還是在顯示螢幕上, 它都為文字提供一個一致的外觀。此一界面的創製, 象徵著電腦系統一個新階段的開始。用戶可以集中精力於手頭任務, 而不必應付與文字外形無關的複雜操作指令了。

八〇年代中, 蘋果公司在其麥金塔 (Macintosh) 電腦上所推廣的一種圖形用戶界面成了一項歷史性的革新。麥金塔使用戶得以透過一個名為滑鼠的指示裝置透過圖形處理的使用來操作機器。每一項應用或文件呈現在顯示螢幕的一個「窗口」, 它可以同時開啟多個窗口, 用戶得以就幾個文件或應用進行工作。其他圖形界面表現皆與麥金塔相似，雖然並沒有標準，但所有產品都大體相同。

名為 WIMP （W — 窗口，I — 圖示，M — 滑鼠，P — 下拉選單）的圖形界面，開始對用戶和軟體開發商雙方呈現出一種相對一致的面貌。

總之，圖形用戶界面把傳統上不友好的用戶界面，變得有趣起來，字母數字式用戶界面正逐漸消失，代替它的就是圖形用戶界面。使用者透過操作螢幕上的圖形或影像，以「交談」的互動方式與電腦一起工作。各種不同的文件和工具包含在螢幕的窗口內，可以很容易地開啟、改變大小，或輕易關閉。只要指著各項圖示 (icon)，就可以執行電腦的各項動作。使用者也可以隨意在螢幕上捕捉、移動圖示，甚至改變它的形象或內容。在圖形用戶界面之下，人們更容易學會如何使用電腦，不僅保持使用能力的時間較長，亦能更快發揮電腦的功能。他們願意花更多時間使用電腦，使得電腦第一次變成人人皆可使用的東西。

GUI 代表著電腦環境的用戶觀點，它提高了生產力，將資訊科技的作用範圍延伸到更多的人，以及提供了一個標準平臺，使得軟體開發人員得以寫出一致而可移動的應用。標準用戶界面還意味著，用戶花在學習新科技方面的努力和時間大大的減少了。

在網路工作站上的圖形用戶界面科技中，最有名的是 X window system (X 視窗系統) 簡稱為 X。X 係由 MIT、IBM 及 DEC 三方在一個名為 Athena 的計劃下發展出來的，其係基於主從模式的架構。X 視窗系統並非一完整的圖形用戶界面，它只為一群視窗、圖形及事件處理的公用程式，進而構成了幾種有名圖形用戶界面的基礎。如 OSF 的 Motif、Sun 的 Openlook 及 DEC windows。X window 通常需一視窗管理員來加以補充。視窗管理員為一個單獨的程式，目的為管理視窗並提供圖形用戶界面之特別行為與外型。例如 Motif 及 Openlook 雖然都是基於視窗系統，但由於用到不同的視窗管理員與程式界面，即呈現出不同的行為與外型。

微軟的 Win31、Win95 以及 Window NT 是最普及與成熟的圖形用戶界面。另外較有名的圖形用戶界面還有由 IBM 及微軟合作，用於 OS/2 的 PM (presentation manager)。

針對不同的視窗系統，我們需要的是一套相容性工具，用此工具，用戶可在任一平臺上產生其所欲之圖形用戶界面。而不需學習多種不同的界面。即應用系統程式可在不同平臺下，選用不同的應用程式界面，來建立圖形用戶界面。例如，某應用系統係使用 OSF/Motif GUI 發展，現需轉換到 MS-DOS 的平臺上，用 MS-Windows 圖形用戶界面支援。

一些供應商已在發展此種工具，例如 ORACLE 的 Oracle toolkit 即提供了下列圖形用戶界面之共同應用程式界面：Macintosh、 MSWindows、 XWindows、 OSF/Motif, 及字元和 block Terminals。

成長中的輸入裝置擴展了 GUI 的概念。例如，以筆為基礎的系統，不使用鍵盤，以及數字化記事簿辨認手稿並轉換成手寫資料。由於存在有在沒有鍵盤的情況下捕捉資料的需要，這種新出現裝置的使用將會有驚人的發展。另一個迅速發展的輸入裝置是聲音辨認科技，雖然它已經滯後於資料、文字與影像的整合，聲音輸入還是正成為軟體開發人員必須致力的新電腦環境中心焦點。

有了優秀的電腦硬軟體使用環境，若無優良的應用系統，則電腦還是一無用處。應用系統在近幾年來由於軟體開發技術的發展，已有了很大的進步。

第七節　軟體開發技術

軟體開發在過去一直就像工業化前的手工業時代一樣，純粹是一種資訊工匠的工藝。軟體的品質與成本反映了專業開發者之技藝與創造力的組合。一般情況下，來自同一組織或同一小組的個人，各自在開發系統程序的風格、效用和價格觀上各有不同。過去的軟體正如故宮博物院的藝術品一樣，如果一幅畫壞了，就必須由工藝人員來修理。

　　傳統的程式有許多藝術特徵，加上程序複雜，其往往很龐大，涉及幾千行，甚至數百萬行編碼。單單一個錯誤就會打亂整個程序，要找出這個錯誤並予以修改通常是個重大的挑戰。除此之外，這種複雜程序的規模也意味著需要長的時間來製作它們。由於這種漣漪效應，為加上某種功能而修改程序往往成為一大問題。

　　傳統的軟體設計人員只有原始的工具。其使用不同的程序設計語言和非標準的編譯程序，缺乏不同硬體平臺間的可移動性，也沒有對用戶提供標準的外貌與感覺。

　　軟體維修龐大，花費在資訊系統方面的大部分資金只為保持工作正常運轉。將兩個傳統的系統連接起來是一個繁重的任務，欲將整個企業中各個傳統的系統全都連接起來，一般來說是不可能的，再者欲將傳統的各個系統與外部各企業連接起來更是不可想像的了。

　　用戶必須在學習不同的、不協調的、而又設計不良的系統當中花費大量人員方面的投資。一個取用六種應用系統的用戶通常要學會看懂顯示資訊和打印文件的六種不同格式。這些問題為企業的成功帶來了重大障礙。新的企業現實使得這種情形在費用、開發應用的時間、品質、整合性和適用性方面都變成是不可接受的，另外，它亦對軟體開發人員提出了不可能做到的要求。

　　在今天，軟體開發人員使用一些標準化的、可同時並行開發的「可再利用」軟體模組來開發系統。「電腦輔助軟體工程」(CASE) 的各項工具也顯示了其根本改善軟體製作方式的潛力，此與自動化工業生產線並無太大差異。

一、自動化工具的支援

為了加速開發工作以及管理與控制開發過程，需要各種自動化工具。自動化工具用來畫模型圖、製作關於模型的圖形表示和報告、找出不協調之處以及提供模式技術規則的實踐，並產生環境圖、結點樹，和各種分解圖。除了幫助生產力的提高之外，自動化支援工具還促進了組織內的溝通和模式的管理。

雖有許多可用的電腦輔助軟體工程 (CASE) 工具，資訊開發人員目前所面臨的挑戰是，找出能夠良好地配合在一起工作的工具組合。

電腦輔助軟體工程 (CASE) 概念的產生已經有了一段時間，隨著科技與方法的成熟，CASE 也慢慢變成可行，並出現了增長的情況。

CASE 透過使用軟體開發模式相互協調的電腦輔助，使軟體開發人員得以更方便地使用諸如平行處理、物件導向，和重複使用編碼之類的軟體工程原則、方法、技術和概念。所有這些發展都利用了自動化工具或者以它們為基礎，而這些工具支援著軟體的規劃、設計、配置控制與測試，以及在某些情況下產生編碼與軟體維護等軟體生命週期的各個過程。

亦即，CASE 支援用戶軟體開發生命週期的所有功能。CASE 的用戶可以互相並與各個不同的科技平臺溝通。CASE 提供各種工具，用來幫助分析人員、設計人員、程序人員以及負責系統測試與維修的人員。它為企業帶來了為某種具體應用或整個企業系統製作和儲存各種文件與編碼的能力。

CASE 方法意味著軟體的需要、分析、設計、開發與執行全都利用一個電腦輔助的生命週期架構來加以協調。全面管理工具控制與支援著整個環境。此方法對軟體工程的主要效益是，它使得編碼的重複使用和並行處理得到最佳化，這讓開發人員得以使用各種重複使用的元件製作與維護軟體系統。

　　CASE 的效益另外還包括提高軟體分析人員、設計人員和程式人員的生產力，以及高品質的軟體，如此即導致了維修費用的降低及系統績效的提高。最終成果當然就是更有效也更廉價的軟體開發。

　　但前提是，系統開發與程式員須要瞭解這些自動化工具的基本原理與方法，才能運用這些工具來開發系統。不幸的是，已經習慣於舊方法的資訊人員一般都喜愛舊式的手工藝工作。他們每製作一個程式都像重新完成一件藝術品般地喜悅，並似乎不願從這種工作中解脫出來。這點拖住了資訊部門工業化的腳步。無論如何，軟體工程技術已經成為資訊科技的重點技術，也使得資訊系統開發工程化的趨勢不可逆轉。

二、再利用模組的設計

　　由個人電腦與開放系統促成的軟體工業正處於轉變之中。軟體工業變成了一種零件製造行業，只要有了關鍵性零件，任何用戶、部門、企業、或者企業之間的合夥，都可將這些零件用在它們預定的電腦系統上。相應地，軟體市場也變成一個標準化零件的市場，帶著待解決之高層次問題的客戶，到這裡來尋找低層次的軟體元件，組裝到此高層次的解決方案之中。

　　這種發展又稱為「軟體再利用」。可以重複使用的建構模組以一種邏輯和實體設計的元件形式出現，可以被用來重新描述及建構其他系統。例如，我們開發某一部門業務的邏輯模式時，其中大部分可能對另一部門有用，又例如，我們為某一系統的資料庫存取設計了一個安全機制，而這一設計中的大部分可能重複使用於另外一個系統。我們對於一般問題的解決辦法考慮得越多，此解決辦法就會變得越加通用化。

　　促進近年來應用系統大幅進步的因素，除了軟體開發技術的進步外，資料庫科技的進步也扮演了重要的角色。

第八節　資料庫科技

　　企業的資料管理包括了管理能夠利用高品質資料產生所需資訊和知識的所有活動，其目的是為保持資料資產的彈性、變通性與可擴充性。資料庫管理系統即為一有效實現資料管理工作的工具。

　　傳統的資料處理環境皆將焦點集中在程序上，也就是資料從一個地方流向另外一個地方的過程。依應用系統為導向的資料，其生命週期乃依存在程式的生命上。每一個程式管理它自己的檔案，資料與檔案之間的關係由應用程式的邏輯來決定，並不是檔案結構本身所提供的。

　　一般來說，一個程式所需的資料通常與另一個程式所需之資料雷同甚至相同，然而此二程式所需要之資料格式卻常常不一樣。因此，導致的結果往往是相同的資料出現在不同的檔案中，而一個檔案為一個程式所擁有。這種重複性在資料的一致性與關聯性上都將引起困擾。

　　如何將流通於各個傳統應用系統之間的資訊整合起來，提供各階層的決策者作決策，即顯得日益重要。資料不僅在一個企業作中程和長程規劃時需要，就是在日常的作業上也要能夠隨時提供。各管理階層已經日漸理解到資訊系統的潛在效益，而資料庫就是能夠滿足其資訊需求的一個解決方案。

　　在資料庫中，焦點是資料而不是程序。資料應該與今日存取它的程式沒有任何關係，它存在的目的為的是滿足在今天以及未來需要它之使用者的資訊需求。

　　資料在實體上即被設計成可為多個用戶共享，因此，不需要因為不同的存取方式而產生多份的版本，也就是說，資料不是為了提供給某個程式而存在，而是被整合起來了。

　　一個組織為了確保其花費在資料資產上持續不斷的龐大投資能有所回收，就必須要保證已恰當地定義、記載、組織以及控制了資料，並且這些資料是可共享的。資料庫科技就是一個被設計來保護以及管理資料庫的軟體。

　　資料庫科技可分為兩部分來探討，資料模式與關聯式資料庫。資料模式用來理解和定義企業實際運作的觀念性架構。它是從應用面來探討實際運作環境的資源與規則，而將之表現在各企業個體與個體間的關係之中。這種資料模式使得多樣且複雜的資訊資源變得有序且明朗起來。陳品山教授 (Peter Chen) 在 1970 年代後期發明了「個體關係資料模型」(Entity-Relationship Model) (Chen, 1976)，他是對資料庫設計提供觀念性架構基礎的第一個人。

　　至於關聯式資料庫本身則用來實現資料庫的運作，1970 年代早期，IBM 的 Codd 依據關聯式代數的概念確定了關聯式資料模型 (Codd, 1970)。他是對實體資料庫設計提供強有力數學基礎的第一個人。關聯式資料庫使得資訊源間複雜的排列組合變得簡單與正確起來。

　　上述學者以及其他許多研究者已經開發了種種相關技術與方法，而這些方法匯聚成為資料定義與分析的一種複合技術，它可以用來幫助瞭解一個組織的資料結構。

　　關聯式資料庫大大的改變了資料儲存、管理和取用資訊的方式。原始的方法是把記錄以長長的表格儲存起來。要求資訊時，電腦就搜索全部檔案，直到找出所要求的記錄為止。這一過程往往很慢，因為電腦要找到適當的記錄需要時間。另外它還為程式人員造成困擾，因為軟體應用有賴於資訊的結構，如果為了任何理由，資訊作了改組，那麼使用這一資訊的任何應用也就需要進行修改。

　　改變這種局面的第一個重要發展是關聯式資料庫和相應的第四代語言的出現。關聯式資料庫有一個表格式結構，而因為關聯式方法表現出能夠提供更好的性能、彈性、整合性和安全性，所以它們非常迅速的發展。各個不同的關聯式資料庫系統和第四代查詢語言的出現提高了對標準的需要。此方面的一個突破是結構化查詢語言 (SQL)。SQL 由 IBM 公司設計，並已為各家軟體供應商和用戶所接受，現已成為業界標準。SQL 已為許多環境中資料庫系統的跨系統相容性形成了基礎。

　　資料處理的功能不但要能夠因應變動的資訊需求而快速有效的反應，資料的品質、可存取性以及適切性亦需有所改進，同時用戶以及資料處理人員也要變得更具生產力才行。另外，從短期上來看，在開始行動之前，有一些心理準備要具備。首先，你可能需要投入大量的時間和金錢來教育程式師、系統分析師、與使用者資料庫的觀念，以及所採用之資料庫管理系統的功能。另外，硬體上的設備也要能夠配合資料庫的需求，此外，亦須採購與維護許多有關資料庫管理方面的軟體。最後，為了達到資料導向的原則，組織的結構與權責也可能需要作適當的調整。

　　資料組織和系統構造的下一個趨勢稱為物件導向系統。這個系統把資訊分成資料以及某些使資料得以作用的程序。對於這一方法，標準甚至更為重要，因為物件需要能夠同其他物件共同工作和聯絡。目前專家學者，正在進行許多標準方面的工作以確定物件的結構和規律。

第九節　物件導向方法

　　我們常聽到人們談論物件導向程序設計、物件導向語言、物件導向資料庫以及物件導向用戶界面。大家似乎都對物件導向充滿興趣。

　　物件導向系統把資料和程序結合成為現實世界中的物件。也就是，物件由資料和處理它們的一套操作方法所組成。一個物件可以是一個聲音、一間房屋、一種類型的員工、或者一個積體電路。每一個都包括資料和使資料得以做某些事情的行動。例如，積體電路物件包括關於積體電路特徵的資料和軟體，軟體決定積體電路所能做的各類事情，比如進行某種運算之類。

因為物件導向系統把資料和在這些資料上面執行的一些操作劃分成為物件，因此就大大地減少了程式人員必須製作的編碼總量。每一個物件都具有從其他物件接受訊息、將這些資訊儲存起來、並執行以這些資料為基礎的有限數目操作的能力。這使它們能夠與其他物件聯繫。例如，一個學校系統可能有一個叫做學生的物件，它包括資料以及一個廣大範圍操作所需要之過程設計，比如註冊、選課和計算學費之類。這一物件還可用於其他不同業務的建立，例如，暑修、雙主修、退學、畢業等，而所有這些也都是物件。

物件導向方法的一個吸引力是，每一個物件中的資訊都可以在各樣的應用系統中反覆使用。物件的類型按照譜系安排並以繼承原則為基礎。每一物件繼承其上層物件的一般特性，只留下使用於具體系統的不同之點需要編碼。

在一個物件導向的環境中，程式設計人員可以透過選用，如有必要也可以修改，一個或一組物件，去建立新的軟體應用，從而節省時間和工作。利用吸收兩個或更多的現有物件，開發人員即繼承了這些物件的所有功能和資料，然後這些東西就被用於新應用系統的建立。關鍵之處在，開發人員繼承了過去使用並改進此物件之人的全部專業知識。

這種物件導向方法，實際上是一種標準化的形式。軟體開發人員，就像製造汽車一樣，可以依已有的設計來製造，而不必為每一輛車重新設計。過去花費在系統開發中常常是重複性的、非生產性方面的時間，現在已用於新的開發要求和更好的設計方法上面。

此方法的主要效益之一是，由於降低了複雜性和開發一項應用所要求的程序設計操作，進而減少了設計和程序編製中的錯誤。利用物件去開發軟體程序還有一種潛力，即透過開發生命週期費用的減少和軟體可移動性的提高來增加軟體開發人員的生產力，加快編製程序的速度。這是對大型複雜系統和應用開發人員特別有價值的效益。此外，如果有損壞的情形發生，則可能以一個新零件來取代，而不必進行有如第一代程序一般大量糾纏不清的繁重維護和修理工作。

資料庫管理系統的一些廠商現正支援物件導向的程序設計。在這些系統中，代表著複雜而高度結構性資料的物件儲存在一個資料庫之內。這些在傳統資料庫中儲存極端困難的資料，在物件導向的環境中取用與操作變得十分方便。

目前，物件導向系統仍未達成熟階段，但這是一個值得期待的方向。

瞭解了以上所提各類科技的發展後，下面我們來看看在這些新科技環境下，企業經營呈現出如何的情況。

第十節　新科技環境下的企業現況

由於自動化、資訊高速公路、網際網路圖形處理、智慧卡、筆記型電腦、電子文件、智慧物件、資料庫、專家系統、條碼掃描器以及直接與不同企業間的電腦互動，從根本上來說，企業已成為一個人與資訊科技的有機體。電腦網路構成了神經系統，開放系統使得各神經末梢間可以互聯，軟體的有效開發使得神經系統與肌肉骨骼連繫起來。在此產業中，有著許多公司衰落或退出企業的例子，如王安電腦公司，都是由於在取得決策資訊方面的反覆失敗所造成。另外，還有著一些公司的例子，如果不是以科技重建了運作過程，就不可能生存下來。例如，微軟公司突然在資訊軟體業中竄升到第一位，就是因為它重建了其製造過程，而以低成本取得了高品質之故。

　　正如一個生物有機體一樣，公司的神經系統也必須連接到各處。員工能夠在整個企業中取用資料庫。某些操作由電腦或自動化機器完成，有些則需要人的獨特能力。對於大多數操作，則需要人力與電腦的配合工作。善於運用資訊科技的那些企業的營運過程，將與具有傳統結構和一些孤立電腦的企業完全不同。

　　在目前的網路時代，一個公司的員工應能夠查詢另一公司中為某特定目的而建立的資料庫。諸如訂單、發票、付款與收貨之類的交易，都以電子方式在獨立公司的電腦間飛快地進行。公司間的電腦系統對於企業效率起著重大的作用。它透過及時科技達到較小庫存的保持。它促進了製造商與供應商間，或連鎖商店與批發公司間更密切的關係。它使重新訂貨得以自動進行，特別重要的是，它提供了各種方式為顧客提供更好的服務，它有助於企業對變化中的要求做出更迅速的反應。

　　由於全球性的競爭，公司必須同時達到規模與彈性、活潑與穩定、授權個人同時又強調集權的企業目標。這些要求間的衝突，只能通過以強有力的資訊科技為基礎的流動組織才能解決。資訊成為克服不確定性以達成決策的關鍵因素，而資訊科技亦成為有效取得資訊的關鍵所在。

　　從上述我們得知，公司的性質在發生轉變，新企業是動態的，要能夠對變化中的市場條件做出快速反應，而新企業已變為以資訊為基礎，資訊技術提供了手段，幾世紀來保持不變的企業組織，現在可以藉此而進行轉變。

　　過去，很難想像一個工廠工人可能參與任何銷售決策。然而，有了科技能力提供關於生產、裝運、庫存和銷售的資訊，連同像遠方銷售工作站（全都在一個工廠裡）之類的銷售工具，就有可能建立一種不同的組織結構。

　　傳統上，各組織單位被迫保持不同領域的分離和獨立，因為科技和利用科技能力的不成熟，這種方針導致了各個獨立系統的產生。不同人

員負責不同類型系統的應用。不幸的是，其結果造成了各個系統間缺乏
整合，支離破碎，功能和內容重複以及高昂的維護費用。更糟的是，有
助於決策的資訊，無法共享。基於科技的成熟性，現在已經可以開始計
劃整體企業的一個整合系統。

一、企業的整合

各個獨立系統的使用往往受到限制，因為組織中只有少數人能夠接
近，對於有用的公司經營資料只有有限的取用。有助於提高決策品質的
資訊簡直就是不得其用，而這種決策卻影響著企業及其在目標完成方面
的成功。

愈來愈多的組織認識到，過去的資訊科技與結構曾經阻止，甚至妨
礙內部的聯絡和資源共享。現代的資訊系統使組織得以透過去除一些管
理層次的去除來簡化其結構。以前是透過各級管理層次而取得關於公司
工作資訊的主管，現在能夠透過資訊科技直接取用他們要求的資料。結
果，收集資訊的中層管理以及作為公司各子部門間聯絡員的角色迅速消
失。既然不再有向主管提供資訊的必要，許多經理不是成了冗餘人員，
就是得以將他們的經驗和技能用在其他任務上面，引向更高的公司生產
力。

企業經資訊系統的整合後，可以即時的在整個組織中發生資訊交
換。員工可以取用有關企業日常工作的資訊。透過線上資料庫查詢的使
用、線上文件檔案的存取和記錄管理系統，這些整合的企業改善了企業
記錄及客戶資訊的取用，其結果是，增進了企業的反應性和支援能力。
因此，不僅可提供更好的服務，並可同時以較少的時間應付更多的客
戶。透過整合了資料、文字、聲音和圖像的工作站，許多公司已經重建
了客戶支援功能。整合的企業資訊系統為企業提供了資訊主幹，因為資
訊透過電子方式立即可得，它使得超越組織層級制度的行動成為可能。

二、公司間的電腦互動

在傳統上，資訊系統被視為是組織內部的，現在的資訊系統已使組織得以向外延伸，與供應商、分配通路、以及客戶聯結起來。這類系統能提供更多決策資訊並加強客戶的忠誠度，排斥競爭對手，提高貨物分配和客戶服務的速度，以及節省金錢。例如 7-11 公司的 POS 系統，即成為如何利用科技提供消費者即時動態資訊，供決策者制定產品與定價組合，從而在競爭中取勝的利器。

企業間電腦對電腦互動的網路像帶子一樣把世界聯結了起來，不僅降低了處理的時間，減少了庫存，繞過中間人和官僚，並以競爭性的價格提供特殊的貨物或服務。連接到客戶的系統，由於微處理機的迅速發展，組織之間進行整合所需標準的產生，以及諸如電子資料交換 (EDI)、軟體程序圖形界面、有聲應答系統和銷售點 (POS) 之類科技的成長而成為可行。當各個企業透過科技向其客戶、供應商、親和組織、甚至競爭對手伸展的時候，公司的價值練就變成了價值網路。

與供應商交換資料、文字、聲音和圖形，在節省費用、改善貨物和服務的周轉時間、減少錯誤，甚至提高品質方面都可能產生重要結果。此外，供應商的生存能力、健全狀況、競爭情形甚至利潤率，都是很重要的資訊，因為擁有反應靈敏、穩定、有效的供應商，是成功的一項重要因素。結果，許多公司都正加強它們的供應商關係和供應網路。

另外，零售商也正與關鍵供應商結成資訊合夥關係。因為他們掌握來自各個 POS 系統的資訊，可提供重要的銷售資訊，幫助供應商得以更佳地預測消費者對其產品的要求，並更為迅速的交貨。此等資訊對於製造商來說有著無可衡量的價值。

製造廠的採購系統通常掃描待選供應商資料庫，找出最佳價格與交貨進度的供應商；醫院的電腦透過對供應商電腦的傳輸自動重新訂購用品；旅行社的電腦線上連接到各航空公司的電腦。現在，一個在巴黎提出訂貨、訂單輸入位於臺北的電腦中、觸發一個矽谷的電腦輔助製造系統、提出一些在上海製造中的物品、要求將來自日本的晶片裝入來自臺灣的電路板、最後在上海的機器人工廠中進行組裝的過程將是明日企業的挑戰與發展趨勢。

研討習題

以下為課本中所介紹的個案。現在該公司正在招募人員。為了方便復習起見，本處將此個案重複介紹如下：

全球旅運公司在全球的主要城市擁有大約五十家分公司。新的分公司仍繼續不斷在其他地區開辦，如北平、上海、新加坡和吉隆坡。公司經營各種旅運服務，比如觀光或貨運之類，共雇用了 10,000 餘人。公司已經透過全球高劃一之品質旅運服務而建立了其獨特的市場地位。公司的目標是將其每一處的分公司都經營成為最優良的旅運公司。雖然每一地區的風情各具特色，卻全都有著同樣的設施標準和服務品質，而每一家分公司在營運上又是一個相對自治的企業單位。

全球旅運公司的一個關鍵性企業目標是盡可能提供最高品質的服務。公司的資訊系統將實現此一目標作為方向。例如，科技是用來執行會計、預訂、產業管理和其他種種功能，把管理人員從後部事務中解脫出來，使得管理方面能夠更加接近客戶，提供親身服務。這種關心當有助於企業保持客戶的忠誠度。

由於市場競爭日益激烈，公司希望透過資訊科技來取得更大的競爭優勢，並使其客戶服務達到最佳化。舊的資訊系統已不能滿足公司漸增的資訊需求，公司過去由資訊部門主導，早已歷經九次失敗的轉換。總經理這次特別重視，告訴資訊經理梅劍勢說，如果這次失敗，你就準備走路。同時總經理也列出了他的期望如下：

- 公司希望透過資訊科技來獲取有關客戶及其獨特需求的資訊，以保證形成長期顧客。並希望這種資訊隨後就在全球各個分公司都可取用。
- 公司希望資訊科技更加靠近各個經營單位，資料處理轉變為分散的，並且全都聯結於公司網路。
- 公司要求更靈活、更有力、更為整合性的體系。
- 公司需要把各個應用系統聯結起來，並在不同的遠方現場之間分享共同的資訊。每一個現場執行的是同樣的功能，不再像過去那樣，總是為了不同系統之間資料的傳輸而建立特定的界面。
- 要求高績效的電腦廠商。公司與廠商之間的關係，不能再像以前那樣被鎖死，如果廠商不能有效的提供增值服務與支援，公司要能很方便地轉向另一家廠商。
- 除提高產品和服務的有效性之外、公司也希望透過新系統來聯繫客戶和供應商，以及提高管理人員和專業人員的效率。
- 這次轉變應當是最後一次。它在軟體方面的投資，在將來可以納入幾乎任何廠商的硬體。

現有硬體根據公司的規模而不同。在小型分公司，公司只安裝了一臺 486 的伺服器，四到六臺個人電腦與之相連和幾臺印表機。而較大分公司的硬體可能包括了 IBM 4341，大約 300 臺終端機和 100 臺印表機。

梅劍勢聽了總經理的指示後，開始招收新手，請回答下列的面試考題：

(1)有哪些資訊科技將有助於公司改善目前的作業？它們的重要性次序如何？為什麼？

(2)我們要將注意力集中於一些經過事先過濾的技術領域裡，或是暫時先緊盯著全部的領域直到有新的突破發生？請說明理由。

(3)當選擇好公司所需要之資訊技術後，接下來要做什麼？請說明理由。

(4)針對所選擇的資訊技術，說明這些技術對公司將會有什麼影響？請就對公司的活動、對產業競爭的影響分別說明之。

(5)資訊人員是否應先思考企業需要什麼系統再提出建議，或是只要對客戶提出的系統加以分析設計即可？

(6)如果我們到了一個資訊部門工作，發現他們都是用一些過時的系統開發技術，而與我們過去所學的新技術都不一樣，此時要如何處理？

——參考文獻——

1. 宋凱、范錚強、郭鴻志、季延平、陳明德，《管理資訊系統》，空中大學，1993。

2. 季延平、郭鴻志，《系統分析與設計: 由自動化到企業再造》，華泰書局，1995。

3. 陳明德，〈運用資訊科技改造企業〉，運用資訊科技改造企業研討會，1994 年 1 月 5–7 日。

4. 戴台平，〈資訊科技與服務業企業再造〉，第一屆服務業管理研討會論文集，政治大學，1995 年 3 月 14 日。

5. R. Balzer, T. Cheatham, Jr., and C. Green, "Software Technology in the 1990's: Using a New Paradigm," *IEEE Computer*, Nov. 1983, pp.39–45.

6. Cash, McFarlan, & Mckenney, Applegate, *Corporate Information Systems Management: Text and Cases*, Richard D. Irwin, Inc. 1992, Third Edition.

7. Minder Chen, & Yihwa Irene Lion, "Using Information Technology for Business Process Reengineering," *Proc. of the First International Conference on POM/MIS*, August 30, 1993.

8. Connell, John L., & Linda Shafer, *Structured Rapid Prototyping–An Evolutionary Approach to Software Development*, N.J.: Prentice-Hall, 1989.

9. Thomas H. Davenport, & James E. Short, "The New Industrial Engineering: Information Technology and Business Process Redesign," *Sloan Management Review*, Summer 1990.

10. Thomas H. Davenport, *Process Innovation: Reengineering Work through Information Technology*, Harvard Business School Press, 1993.

11. Druker, Peter F., "The New Organization," *Harvard Business Review*, Jan.–Feb. 1988.

12. Hamel, Gary, & Prahalad, C. K., *Competing for the Future*, Harvard Business School Press 1994.

13. Michael Hammer, "Reengineering Work: Don't Automate, Obliterate," *Harvard Business Review*, July/August 1990.

14. Michael Hammer, & James Champy, *Reengineering the Corporation: A manifesto for business revolution*, Harper Business, 1993.

15. Keen, Peter, *Shaping the Future: Business Design through Information Technology*, HBS Press, Cambridge, Mass., 1991.

16. Carma McCLure, *CASE Is Software Automation*, N.J.: Prentice-Hall, 1989.

17. S. Joy Mountford, "Tools and Techniques for Creative Design," *The Art of Human–Computer Interface Design*, B. Laurel (ed.), Addison-Wesley, 1990, pp.17–30.

18. Nolan, Richard, & Croson, David C., *Creative Destruction: A Six Stage Process for Transforming the Organization*, HBS Press 1995.

19. Tapscott, Don, & Caston, Art "Paradigm shift," McGraw-Hill, Inc. 1991.

第九章　決策資訊資源之管理

概　要

　　本章主要介紹決策資訊資源管理的觀念。有效的決策資訊資源管理有賴於資訊人員瞭解管理者所需資訊的意義。資訊的意義隨著不同的管理功能、不同的觀點、不同的企業環境與不同的經驗而有所差異。這種資訊的意義也是目前資訊部門提供決策資訊中最弱的一環，因此本章中以極大篇幅來介紹。

第一節　緒論

　　幾乎任何一家大小規模的公司，都有一些主要責任包括為其他經理之資訊需要提供服務的經理級人員，亦即負責搜集、處理和向管理者提供資訊的人員。管理者所需資訊主要是用來幫助制定各種決策用的。依安松尼 (Anthony, 1965) 為管理活動所作之三大分類: (1)策略規劃, (2)管理控制, (3)作業控制而言，策略規劃涉及高層個人非反覆性的創造性決策; 管理控制涉及保持有效且高效率的績效，並以人際相互作用為特點; 作業控制則保證有效實現每天日常的任務。這些活動都需要資訊，而需要的資訊類型亦頗不相同。例如，策略規劃可能用到非結構性的、未來取向的、導源於外部的資訊，而作業控制可能用到每天或每週的營運情形報表。企業的管理資訊系統即在管理這些企業內部、外部在過去、現在與未來有關的資料，並透過決策支援系統支援企業人員制定決策。

　　從定義上看，決策支援系統的主要功能是，為管理及專業人員等終端使用者提供諮詢和分析的能力。其主要用途是滿足管理及專業人員的資訊需要，而這些需要常常與決策緊密相關。有許多公司即使提供了決策人員大量的資料，亦起不了太大的用處。這是因為決策資訊資源之管理不當所致。

　　例如，以財務管理工作聞名的通用電氣公司 (GE)，提供最高管理當局七項日報，包括逐項產品的行銷細節，達到千百萬個項目。每一項報告都是一堆高達 12 英呎的紙張。*Fortune* 評論說，這種做法「以無用的資訊壓倒最高主管人員，使之無能為力，又以這種資訊的搜集來奴役中層經理……」。簡報書冊已經發展到這樣極度的不可利用，最高經理對它們簡直就不予置評地不屑一顧。他們轉而依靠其工作人員向他們輸送小道消息，供他們在會議上恐嚇下屬。這是一個資訊資源管理不當的例子。

本章之內容就在探討決策資訊資源之有效管理。首先，我們說明資訊資源管理所需要的成長，其次探討資訊之類型與特徵，包括了有用資訊之特徵及無用資訊之特徵，接著探討傳統資料處理的缺點，與如何作到有效的資訊資源管理。

一個企業初成立時，工作單純，僅由一位職員掌握全部資訊，他桌上有一堆厚厚裝訂整齊的帳簿，如果有人訂購一批貨物，這位職員就查看庫存單，瞭解該項訂貨是否可以由庫存來滿足，是否需要製造其中的一部分。他將更新訂貨簿，如果發出了貨物，他就要修改庫存單，為顧客開出帳單並記帳。如果顧客提出查詢，這位職員就翻到帳本適當的各頁，找出回答。他可能在一天結束之時結帳。他對於自己處理的業務瞭若指掌。這時一切與決策有關的資訊都在他的掌握之中。

企業成長了，工作需要許多的職員和帳簿。分工使得工作變得比較容易，一個職員可以只保管庫存單，而另一個只負責結帳，如此等等。引入了機械化，工作被劃分為成批地進行。一項會計功能由一名職員用一部機器完成，然後下一項功能由另一名職員用另一部機器完成。隨著量的增加，不同的工作步驟變成由不同的部門完成。開發票部門對於產品缺陷一無所知。接受貨物的裝卸碼頭遞送書面資料給品質管理部門，品質管理部門把報告送給採購部門，如此等等。紙張從一個部門送到了另一個部門。企業再也不能迅速地處理顧客問題，或對有關帳戶狀況或顧客信用價值的詢問做出迅速的回答。在這種情形下，企業的決策資訊散佈在企業的各個角落，此時就產生了資訊資源管理的問題。

過去，一般的人工資訊系統能為管理者提供資訊，但常常由於搜集、總結的困難，以及手工紙張處理的侷限性，而受到限制。有了電子資料處理，資料可以儲存、處理，和到處傳輸，在整個組織內部資料變成立即可用。

在許多公司中，會計作業都是首當其衝，利用現代化資料處理設備來管理的。另外，在一些其他的公司中，電子資料處理功能已經從會計部門分離出去，形成了一個資訊服務部門或管理資訊系統部門，為所有的經理服務。

今天的環境，對企業人員的要求變成，其手頭擁有需要他據以決策的全部資訊，使其業務可以立即得到處理，顧客交易能夠迅速得到解決。顧客可以習慣性地總是與同一個人交涉，而這個人能藉由資訊知道顧客的問題和願望。他能夠從電腦查詢有關顧客的任何資訊。例如某保險公司為了改善顧客服務及降低各辦事處的作業成本，為推銷人員準備了帶有印表機的筆記型電腦，其中並配有一些常用的保險應用系統。推銷人員將定期連線到辦事處的伺服器 (server) 以傳送交易資料，並由總公司及各辦事處取得一些新資料。當推銷人員與顧客會面討論時，即可當場提出建議書並列印出來，顧客的疑問也可藉其電腦中的資料加以說明，或是當場連線到總公司的大電腦去尋求解答。透過此一系統，保險的處理時間由過去的兩週減為兩天（主要是因為醫院的體檢），成交率也大大的提高。公司並且將推銷人員的推銷重點由賣保險改成關心個別顧客，此舉大大地降低了顧客的流失率。類似上述保險公司推銷人員用的方法已經在許多行業中開始流行，例如室內設計、證券投資等等。資訊系統已使推銷人員得以將整個辦公室帶到客戶處所，而今日的決策資訊就是要能滿足這樣的情況。

從上面的敘述我們得知，在競爭日益激烈的市場中，資訊是任何企業最寶貴的資源之一。及時而準確的資訊對於任何層面的決策過程都是至關重要的。企業是否有能力根據可靠資料作出正確決策，可說是企業成敗的關鍵所在。今日的企業在生存競爭的戰爭中，需要不斷尋求更有效的資訊資源管理方式以提高績效。為了要做好資訊資源的管理，首先我們要瞭解資訊的類型。

第二節　資訊類型

探討資訊分類的主要目的是為了澄清不同觀念，資訊人員必須瞭解這些不同的類型，以便在提供資料時不致模糊不清。以下我們依資訊之功能來分類，並說明時間範圍的影響與資訊的來源。

一、依資訊之功能分類

資訊所包含的資料類型，依其功能，可以分為運作資訊、狀況資訊、基準比較和歷史性參考等四種。運作資訊通知管理者短期發生的事件，大部分以實物件數的形式表示。狀況資訊提醒管理者各有關方面的水準，如庫存之類關鍵因素的狀況。基準資料提供與各項相關目標或時期的比較，參考資料則用作對於長期營運的歷史性提示。

運作資訊是最常見的資訊種類，其聯繫於一個很短的時間段（一個星期，一天，或更短），為實現經理職務所不可或缺的。例如，裝運延誤報表，可能讓銷售經理要求客戶重定交貨日期或變更訂單。運作報表經常是非正式的，常常由人工手寫並強調實物計數為特徵。

運作資訊必須考慮企業過程的特性，而由過程的特性去找出關鍵因素。例如在傳統的生產過程中，材料和人工的費用是重要的；在有關產出、閒置期、材料消耗和廢品的報表中，就要顯出使用材料和人工的效率；在分批處理工廠中，產能的有效利用和生產進度是重要的。

第二種資訊是狀況資訊，其涉及一個組織單位的狀況，亦即組織單位在某時段中運作資料的積累，例如庫存報表和延期交貨報表。管理者用這種資訊來監督組織單位的活動，並確定預期的活動正在進行。

另外，與基準比較的資訊表示出組織績效的變化率和方向。例如把最近一個月的活動與以往幾個月的，或當年至今日與上一年的活動相比，就可以得出與方向和改變有關的資訊。

最後一類資訊是參考資訊，常見於那些貯存資訊以供將來計劃或解決問題的情形下使用。這種資訊減少了對某項具體行動的需要，或對其後果進行專門研究的必要。參考報表的特點是，其資料比運作或狀況報表覆蓋的時間較長。它們常常包含基準資料，還可能既包括計數性也包括財務性衡量資料，另外也往往帶有解釋性的討論。

二、時間範圍

在確定管理者所用資訊的類型中，時間範圍是一項基本因素。日常營運管理所要求的資訊，與長期分析所要求的不同。時間跨度愈長，所需的資訊就愈少日常性。長期觀點所需要的資訊，與管理者每天所用的不同。

用於短期目標的資訊以非財務性為特徵 日常運作管理所用之資訊主要是非財務性的。管理者依靠簡單的計數或比率，保持在關鍵因素下的作業控制。例如關鍵生產控制因素，常常由勞動數、單位產量、廢品數和品質管理衡量組成。廠長想要知道昨天的產量、停機時間、庫存狀況和訂單。銷售管理者想要知道有關訂單、裝運、庫存狀況和延期交貨等情形。這些管理者不會要求有關收入、成本或利潤水準的報表，因為那不是其計劃和控制日常活動的衡量標準。

儘管各個公司所採用的製造過程各不相同，然而日常生產任務的緊湊性並無不同。盡可能高效率地使用技術、材料和人力資源等問題的複雜性，產生了對可用資源、製造問題和產出要求等各方面現有資訊的大量需求。這些資訊為逐日資訊，常常是手寫的，通常以關聯於重要因素的實物計數為特點。傳統上，它們很少由資訊部門提供，而是來自現場作業。

用於長期觀點的資訊以財務性為特徵　長期分析的資訊與日常管理工作所需要的不同。對於過去事件和結果的分析，支持著未來的計劃。應日常要求所採取行動的各種小事件，積累成為以月、季、年為單位的資訊，提供了企業整體性的狀況。財務資訊抓住了過往行動的績效，而以財務報表形式提供有關未來趨勢與做法的意見。

長期考察和分析比短期評價要使用更多的財務資訊。因為長期目標通常是以財務形式表述，而財務資料的短暫扭曲可由時間來加以整平，再加上在採取即時行動上壓力的減輕，使得較日常管理工作所需之更具分析性和深思性的方法得以在此應用。

對於經理而言，時間跨度加長，將提供績效與預算對比的機會。其可以對持續偏差的原因進行研究，可以考慮各種可行的決策方案，更可以探查影響效率的瓶頸和機會。在此，著重點由實物的衡量和計數轉移到決策的選擇和未來策略的財務結果分析上。短期過程中不可能進行的資源分配問題亦得以據以解決。例如，對行銷部門而言，其注意力從日常訂單的關注和客戶服務轉移到銷售專案在收入、邊際收益和利潤方面的成果。客戶關係亦得以進行分析，重新考慮，也可以重新估計和評價競爭策略。

過去與未來的資訊　長期分析和有關過去及未來情形預測方面的資訊密切相關。向後看之歷史性資訊，在性質上與未來資訊有所不同。關聯於過去的資訊是具體的，而關聯於未來的資訊則很少是具體的。

正式的資訊系統在提供有關過去的資訊中是很有效的。但在一般情形下，它在提供有關未來的資訊方面就差了一些。

財務管理者是報表的主要使用者。他們按照對其最有用的形式，協調一致地列出財務取向的各種報表。他們舉出的報表比大多數其他管理者提出之有用報表的篇幅要來得長，覆蓋的時間範圍也要來得廣。

三、資訊來源

企業資訊系統的資訊，源自於企業內部的交易處理系統。隨著企業環境複雜化以及資訊部門的專業化，管理者需尋求資訊為其工作與活動定出方向。他們所尋求的資訊決定於其工作責任及其各方面的經驗。例如，生產經理需要幫助其訂購材料和管理生產設施方面的資訊；銷售經理尋求有關訂單、價格，競爭行動和客戶需求方面的資訊。因此，資訊的來源已不限於企業的交易，而是包括了企業所從事的大大小小活動，甚至於到了企業外部的企業夥伴與外部資料庫業者，例如，現在的銷售和行銷經理需要更多有關外部情形的資訊。

外部資訊源通常按照特定功能提供。資料傾向於流向企業的電腦基礎結構中，得以與其他公司的資料整合，以創造出更大的功能。如下列各類：

- 金融／經濟：這包括了像證券和外匯市場之類的即時資料。它主要為金融機構所用。
- 銷售／媒介：包括單一來源之有關個人消費者、社會經濟群體及各鄰近地區的銷售資訊。與這些資料的相互配合，促進了對個人消費者更有選擇性也更為有效的推銷，以及更好的廣告方案等。
- 信用：是有關企業和消費者信用方面的資訊。傳統上，這種資訊一般為信用管理人員所使用。企業人員現在可以利用這些資訊來認明和評價最有可能的客戶和市場。
- 科學／科技：這些資訊包括書目摘要、研究提要、化學結構研究等。目前這種資訊主要為圖書館與研究人員所用。
- 法律／法規／管理／專利：這是為法律部門、投資者、保險公司、律師等所用的資訊。它包括有關法律案例、規章、何種法案將要通過立法的分析，以及法案將於何時提出討論等資訊。

- 產品資訊: 這是由第三者, 而非製造商所提供之有關產品的資訊。
  這些提供者從不同角度整合、說明、分析產品資訊。他們有時還提
  供訂貨能力。

- 新聞: 相關新聞的內容, 能夠篩選出來為公司所用。新聞的電子篩
  選, 以電子方式送到接受者的桌面工作站, 幫助解決資訊過載的問
  題。競爭對手宣布新產品、競爭對手或客戶的人事變動都是實際的
  例子。

- 房地產: 包括電子住宅表、標題調查資料庫和抵押資料庫。可以得
  到有關全球房地產市場的資料。

　　愈來愈多的資訊部門從資訊提供者那裡取得資訊, 依企業需求與內
部資訊加以整合, 使之不但有助於企業經理的決策, 還可幫助企業的客
戶、供應商、親和組織與利益相關人創造更大的共同價值。

　　例如, 某家製造商從一家資訊供應商取得各種全國性趨勢和產品線
分析的資料, 把它與自己的資料庫結合起來, 創造出對其零售商具有獨
特價值的客戶資料庫, 並透過線上資訊查詢幫助零售商瞭解如何最佳地
銷售產品。這只能透過利用超出此零售商之地區範圍之外所收集到的資
料才能做到。

　　另有一家會計師顧問公司也是從不同的外部資料庫 (例如法律資料
庫) 取得各種資料, 經加值後, 將結果提供給會計人員、顧問人員, 以
及公司的大客戶參考。除了對會計和顧問服務提供增加的價值之外, 這
家公司還加強了與客戶間的關係。

　　在瞭解了資訊的類別、期間與來源之後, 下面我們探討資訊的特
徵。

第三節　有用資訊的特徵

管理決策的品質取決於作為決策基礎之資訊的品質。缺乏恰當的決策相關資訊將嚴重妨礙管理者評價、提出，和執行適當的行動路線。而要使資訊有用，必須具備四個特徵：及時性、準確性、切合性和提出資料的適當形式。許多資料在它們被提報到管理者那裡時，就被認為已經是「過時消息」。其次，資訊常常以一種對管理者無用的形式組織和提供。有效的資訊資源管理要能產生合於某些特性的資訊，現將這些特性說明於下。

一、攸關性

如果資訊切合決策問題，它就是攸關的。不同的決策通常需要不同的資訊。大多數有關攸關性的問題，來自資訊的分類不佳，和報表中未能提供想要的資訊。各公司都存在著分類和資訊積累的問題，使電腦系統變得複雜。在財務層面上可能合適的分類方法，從營運的觀點來看可能是不恰當的。是什麼因素使資訊攸關於一個決策問題呢？有四項考慮是很重要的，茲說明於下：

與未來有關　決策的後果是由未來，而非過去來承擔。要與決策攸關，則資訊必須涉及未來事件。

舉例說明，假設長青航空公司的最高管理當局正考慮取消它在馬公的維修業務。攸關長青航空公司在馬公業務的成本資訊，不論公司關閉維修廠與否，都將在未來承擔成本。因此公司馬公業務在過去所承擔的成本，無論管理當局的決策如何，都將不會改變，它們與當前的決策無關。

在競爭性備選方案間有所差別　攸關資訊必須是能區別各個備

選方案間在成本或效益上之不同點的資訊。在所有備選方案中都相同的成本或效益資訊，對於決策是沒有意義的。

例如，假設長青航空公司管理當局決定，無論其馬公維修廠是否取消，都保持其馬公預訂與售票辦事處。那麼預訂與售票辦事處的成本，在關於馬公維修廠是否取消的決策中將沒有差別。所以，這些成本與該項決策無關。

需要預測　既然攸關資訊涉及未來事件，資訊人員就必須預測攸關資訊。在進行這些預測當中，要使用一些根據歷史性資料的預估。這裡有一個重要而微妙的問題，即攸關資訊必須涉及未來實現的成本與效益。然而，資訊人員對於這些資訊的預估卻往往以來自過去的資料為基礎。

獨特的決策與重複的決策　獨特決策是極少出現或僅僅出現一次的決策。長青航空公司是否取消其馬公維修廠的決策就是一個例子。為獨特決策搜集資料通常要求資訊人員進行特別的分析。攸關資訊往往在組織整個資訊系統中的許多地方可以找到。

與此相比，重複性決策即定期或不定期地一再反覆進行。例如，長青航空公司每六個月進行一次航線時刻安排的決策。這樣的例行決策，值得資訊人員維持有關時刻安排決策資訊的專門檔案。有關重複性決策的成本預計，通常能夠從大量的歷史資料中得出。由於這種決策過去一直在反覆進行，來自這些決策的資料應當是隨時可得的，然而有關獨特決策的資訊則較難產生。資訊人員通常必須從事更多的考慮，判斷哪些資料是攸關的，而在做出預測時，僅有少量的歷史資料可為依據。

1.認明攸關資訊的重要性：

為什麼資訊人員分離出決策分析中攸關資訊是很重要的呢？有兩個理由。首先，產生資訊是一個花費成本的過程。攸關的資料必須要找到，而它往往費時又耗力，若將力量集中於攸關資訊，資訊人員可以簡化並縮短資料搜集的過程。

其次，人們只有有效利用有限數量資訊的能力。超過某個數量，人們就會感到資訊過載，而決策績效也會因而下降。透過僅提供攸關成本與效益的資訊，資訊人員能夠減少資訊過載。

2.特別決策分析的攸關資訊：

一位管理者在決定是否增加或取消某產品或服務時的攸關資訊是什麼呢？決定生產還是購買一項服務或一種部件時的攸關資訊是什麼？這些決策與某些其他非例行決策，在有關攸關資訊的討論中值得特別注意。

例如，接受還是拒絕一項特別定價的訂單，在服務業與製造業公司中都是常見的決策問題。製造商常常面臨以低於總價之特別訂單銷售產品的決策。這類決策的正確分析著重於攸關資訊。在此等決策中，分攤給個別單位產品或服務的固定成本，通常都是無關的。無論接受還是拒絕這項訂單，固定成本總量通常都將保持不變。

在此等情況中，在存在多餘產能時，唯一的攸關成本通常將是有關特別訂單的變動成本，而在多餘產能不存在時，將公司的設施用於特別訂單的機會成本也是攸關決策的成本。

3.涉及資源限制決策的攸關資訊：

組織所擁有的資源通常都是有限的。工作空間、機器時間、人工小時，或材料方面的種種限制是常見的。在有限的資源下營運，公司常常必須在一些銷售訂單間做出選擇，決定滿足哪些訂單、拒絕哪些訂單。在做出這樣的決策之中，管理者必須判斷哪些產品或服務是最有利的。這時資源組合中，受到最大限制的資源將決定生產那些產品及服務。

二、準確性

切合於決策問題的資訊還必須是準確的，否則它將沒有多大用處。

有時候，缺乏準確性，與新決策支援系統執行缺陷尚未消除有關。可是，常見的情形是，問題似乎隨著數字進入了系統內部。資料庫的資料許久不曾更新，多個資料庫具有不相容的定義或不同的衡量基礎，都是使得資訊不準確的常見原因。

例如，長青航空公司在馬公機場租用維修設施所承擔的成本，是攸關於取消公司馬公維修廠決策的資訊。然而，如果由於記錄不完整或放置不當，以致租金成本資料不準確，那麼這種資訊的有用性就大大地減少了。

相反地，高度準確但無關的資料，對於決策人員也是沒有價值的。假設無論其攸關於取消馬公維修廠之決策與否，長青航空公司都將繼續其每天臺北與馬公間的往返航班。關於臺北—馬公航線燃料消耗的精確資料，對於關閉馬公維修廠的決策就是無關的。

三、及時性

攸關而又準確的資料只有在它們是及時的，也就是在下決策時及時可用，才是有價值的。所以，及時性是判斷資訊有用的第三個重要標準。某些情況涉及在資訊的準確性與及時性間權衡。然而，更準確資訊的產生可能需要更長的時間。因此，提高準確性將會影響及時性，反之亦然。常常，企業在編製報表時，試圖進行過多分析，如此可能反而掩蓋了重要的事實。過度分析可能也會延遲送出報表的時間，使資訊錯過了最有用的時刻。

例如，一家公司可能在某特定城市試銷一種有潛力的新產品。試銷計劃的時間愈長，產生的銷售資料就將愈準確。然而，長時間地等待準確的銷售報告，可能過分延遲了管理當局在全國推出這種新產品的決策。

許多資訊系統產生的資訊是由諸如材料申請、工資單、訂單登記，或記帳之類會計業務過程所推動的。可是，管理者最感興趣的是實體流程的當前資訊。然而這些資訊透過資訊系統出現的時候，可能已經耽擱了過多時間，導致無法據以行動。例如每天發生的生產線停機時間是一項很有幫助的資訊，但生產經理收不到，那就無用了。

因此，對資訊提供者的挑戰就是，如何及時發出資訊，使之能對收到它的人有用。滿足對及時資訊的需要，管理者即可連續掌握營運情形，並對意料之外的事件或變化採取行動或改變工作方向。

有關一天活動的資訊，最好在隔天的開始就可使用，以便在有需要時及時採取改正行動。每星期或每月的報表也要盡早達到可用狀態，以免在評定績效或採取改正行動前，錯過了時效性。如果資訊不能及時做出並分發，管理者就應求助於其他資訊來源，而這些資訊就成為無用的了。雖然許多公司都已採用了先進的電腦系統，及時性仍然是資訊部門努力提供有用資訊的一個障礙。

四、資訊提出的形式

另一個有助於資訊對工作有用性的因素，是資訊提出的形式。簡單的任務用彩色圖示可以做得更生動，而複雜的任務用數字資料以表列的形式可以做得更準確。圖形使人能更快地瞭解數字間的趨勢，但不如多花幾秒鐘去看表格來得準確。由於要讓資料到達管理者手中的急迫性，有用的日常工作資訊一般不適合進一步加工的彩色圖形。常見的情形是，日常諸資訊由工人在現場把停機時間、產量等等以手寫方式填入標準的表格。如條形圖般的圖形通常適合在月份資料中出現，並加上對管理者有用的資料引述。

供衡量的資料通常都伴有如預算數、標準或去年結果之類的參考點，而在像每日報表般的短期報表中，都留有空白，以供注解或解釋之用。包括本星期至今、本月至今、或本年至今的數字，以便在前後關係中確定發生異常趨勢之處。報表的編排應盡量便於整個報表的迅速檢查，以及詳細考慮其中某項特定要素的可能性。良好的組織還要求易於追尋各種相關關係。如果一個報表的內容必須在與其他資料來源結合起來時才有用，就不可能實現其本來的功能。良好的報表組織當然還意味著報表所衡量的正是它所應該衡量的東西。

總之，資訊人員在決策過程中的主要作用是雙重的：

1.判斷每一項決策問題的攸關資訊。

2.以適當的形式提供準確而及時的資訊，並考慮這兩個互相衝突標準間的適當平衡。

總結而言，有用的資訊是那些直接關聯於接受者管理任務的資訊。它們準確、及時，其組織方式便於有意義關係的追尋。有用資訊一般目標範圍簡單，強調關鍵關係或不正常事項，並常常帶有敘述性解釋。

資訊部門在提供管理者資訊時，常常缺少上述特性。因此，管理者在試圖取得滿足合於這些標準的資訊過程當中，常常需要建立自己的個人資訊系統來加以補足。下面我們也一併探討無用資訊的特徵。

第四節 無用資訊的特徵

大多數公司花費可觀的資源開發各種資訊系統，用來搜集、處理、綜合資料，並向每一部門的管理者提供資訊。各公司通常按照計劃編製許多資訊報表或螢幕格式，以有系統的方式把它們分配給認為這些報表對他們有用的那些管理者。但許多接受資訊服務的管理者覺得他們的管理資訊系統似乎從來沒有真正發揮過功效。也就是，無用資訊到處充斥。無用資訊一般具有下述特徵：遲到、篇幅過大或者包含過多細節、組織不當、與接受人任務無關，以及已經不再需要。

一、遲到的資訊

遲到的資訊對接受者無用。如果由於資訊尚未來到，因而無法據以採取行動，管理者就會尋求別的資訊來源或者乾脆不顧資訊的缺乏就採取行動。無論是那一種情形，總之都是資訊因為遲到而沒有發揮作用，因而成為無用資訊。

一般而言，資訊部門只是記錄和報告已經發生的事情。眾所週知，終端機的主要優越性在於它所提供資料的即時性，但即使是即時系統也存在著問題。首先，即時系統仍然必須經常有操作人員輸入資料。資料輸入可能滯後，因此，螢幕所顯示資訊的即時性，在當時性方面還是有程度上的不同。因此，在觀察時刻和資訊的編製和發送之間，即使是最先進的電腦系統，也已經有一些時間經過了。到了操作人員、監督人員和管理者的觀察累積成資訊的時候，新的事件和行動已經在進行之中了。

二、篇幅過大或者包含過多細節

篇幅過大或者包含過多細節的資訊形式，也常常是無用的。提供給經理的報表篇幅過大或許是想要為更多的使用者服務，但往往不僅難於使用並令人望而生畏，亦使想從其中找出所需資訊的使用者感到失望。

電腦和印表機能夠非常迅速地印製大量資料、觀測結果，和測量數值。由於資訊摘要常常引起資訊接受者向資訊提供者提出問題，因此資訊提供者可能就乾脆決定把原始資料也一併發出去。此一決定的結果，當然並不像資訊提供者想像地那麼簡單與有所幫助。如果原始資料或未經總結的資訊，不以管理者能夠接受及易於看到重點的形式出現，他們就會有一種資訊過載的感覺。

常見的情形是，為一位或一些經理製作的報表，有許多額外備份廣為分發。或許資訊人員以為每個人對每份報表都有興趣，反正多發一些，費用有限。而管理者也怕漏掉重要資訊，或怕自己變得不受重視，故很怕被分發名單漏掉。把報表發給不需要它們的人，主要危險在於，可能導致接受人分不清這類報表與真正包含有用資訊的報表。

理想的系統允許管理者從可用資訊中挑選他們需要的，而不是迫使他們花費很高代價去檢查大量多重目的之資訊，或接受過於著重細節的資訊，致使所需資料不可能或很難被找出、取得，並以及時有效的方式被使用。

另外，許多管理行動不過是對於一些小事件的直接反應，而這些小事件在衡量、聚集和行動報告的過程中往往被遮掩而不復可見。

三、組織不當

比篇幅過大，包含過多細節的資訊更糟的是組織不當的資訊。這樣的資訊是如此難用，收到它的人很快就明白，必須對它置之不理，而另尋資訊來源。

常見許多公司花費了相當多的資源設立資訊系統，為管理者提供資訊。儘管為管理者提供資訊的人原本有著良好的意願，但資料卻往往因組織不當難於使用，依然停留在資料，而非資訊的階段。

四、與接受人任務無關的資訊

這種資訊不能作為行動基礎，它比無用還要壞，因為它造成了注意力的分散。它使資訊接收者過於關注與任務無關的事務。然而，通常這種資訊，如果值得關心的話，可以最有效地從像會議或人際互動關係中較不費時的搜集到。

因此資訊人員需注意並小心對公司資訊系統所產生的大量資料進行分類和篩選，以便以一種有組織的方式向管理者提供「資料」，使它們在每一個別經理的層面上成為有關的資訊。

五、已經不再需要的資訊

定期編製的報表體現了管理者需定期查核某些反覆發生之資料的需求。反覆出現的問題很快就成為制度化的定期報表。大部分報表在設想出和製作時是被視為有用的，但是，隨著單位或經理職能的改變，需要也跟著變動了。由於這些理由，某些報表成了過時的東西，後來的接受者可能把它們說成無用，可是報表卻常常就像九命怪貓一樣，似乎有了自己不死的生命。其存活的理由是，人們可能認為，既然在過去的某一時間點上曾經需要它們，那麼或許某一天，為了某種理由，可能還會需要這些資料。有的個人或單位甚至把編製報表當作一項特別任務而接受了，僅僅因為認為取消它可能比不管它更危險。因此，很可能只是定期把它歸入檔案之中，或者更為常見地，歸入「無人理睬報表」的櫃子中去。

為什麼企業會出現那麼多無用資訊？或有用資訊怎麼都不出現呢？這其中的原因，有時是因為不瞭解管理者的資訊需求，有時也許根本上就對資訊的構成因素缺乏正確認識。這種錯誤在傳統的資訊處理系統中是常見的，下面我們就來探討這個問題。

第五節　傳統資料處理的缺點

隨著商業環境日益複雜與競爭的加劇，企業的各級管裡者一次又一次收到不適應的資訊，或根本收不到所要的資訊。許多資訊主管對於更佳地為各個經理提供服務方面顯得無能為力並表示失望。他們往往明知自己提供的資料是有限的，但由於各種原因而無法改變這個事實。問題癥結在，搜集到的大部分資料傾向於產生公司財務報表，傳統資料庫即是按照此一目標建構的，因此使得資訊系統受到了極大的限制。

　　傳統上，資料處理和業務人員針對企業的各項活動及執行過程，設計各種系統來應付具體應用，例如存貨、薪資處理、人事、應收帳款、應付帳款等等。此時，企業中提高績效的機會，往往侷限於個別的活動觀點，結果造成每一用戶部門雖然各自滿足了資訊需要，卻甚少顧及正在進行同一資訊化工作的其他部門。例如，薪資處理和人事管理兩項應用可能都包含員工和薪水資料，訂單處理和應收帳款兩者可能都包含客戶和信用資料，同樣地，工程和生產兩方面的應用也都包括了有關零件或產品的資料等等。但在上述各個系統設計時卻是各考慮各的。

　　彼此相互關聯之資訊系統間的這種明顯混亂，增加了錯誤、混亂和誤解的可能性。此時，低效率可能悄悄地發生了，反應時間也可能變慢了。基於這些理由，值得我們深入思考更為有效之資訊資源管理方式。

　　雖然傳統的資訊系統為組織提供了大量資訊，滿足了進行業務活動的一些需要，卻沒有為組織提供具靈活性、高效率、高度反應性和真正利用公司資訊資產的機會。直到最近，用來理解企業資料結構的技術才趨於成熟。為了有效地使用資訊資源並提高各個系統的效能，組織需要對資訊系統的規劃與建置採取一種資料導向的觀點。

　　為達到上述目的，需要利用資料模式技術來建立觀念性架構。每當完成了一個專案，就增加了一些新的資料，我們需要將它和舊有的資料整合起來。由於整合性導向在企業中的擴展效應，資訊成為整個企業共享的資源。

一、資料與資訊

　　為了有效從事資訊資源管理，首先我們要對資料 (data) 與資訊 (information) 加以區分。這兩個辭彙在日常生活中常常被交換使用，但它們在意義上並不相同。為說明這種區別，讓我們首先考察下列的數字：

1, 2, 3, 4, 5, …

上列數字只是一串數字，不具任何意義。現在再看看下列數字：

234, 235, 166, 140, …

它們仍然是幾個數字串，但是它們都有某種共同的特性，它們代表著各個不同的郵遞區號，如 "234" 是永和的郵遞區號等等。這些數字串於是變成了資料，它們有一個特定意義，它們代表了一件事實或某一項意義在實際世界中的表現。所以，資料就是在現實世界中發生之具有特定意義的事實表現。亦即「資料 = 事實例示 + 意義」。任何一項資料（單項資料）都由一件事實和一個意義成分所構成。意義和事實可以互相獨立而存在，但是它們不構成一項資料。就如前面所見的 "1, 2, 3, …"，它們只是一串數字，而不是資料。

資訊　如果郵遞區號是資料，那麼什麼是「資訊」呢？「資訊」是與具體用途互相關聯的資料組合。當我們確定了資料的前後關係，資料就變成了資訊。

為了得到有用的資訊，我們既需要資料的定義，又需要結構的定義，而使資料真正有用的是靠前後關係之定義。沒有資料的定義，我們只知道 "234" 與永和有關，但是我們不知道如何使用這項資料。沒有這種關係，我們就只知道郵遞區號是什麼。如果我們既知道了資料定義，又知道了結構關係，我們就可知道，如果我們在寄信時寫了郵遞區號，它就會處理得快一些。定義與結構提供了將資料轉化為資訊的前後關係。

對企業而言，「資訊」是用來解決某種即刻的業務決策，也就是為解決業務環境中的某種不確定性，透過一種或多種方式進行的資料積累。一旦做出了決定，臨時積累的資訊立刻就失去了以這種形式保存的價值。在過去的資訊系統中，習慣上是以資訊的形式儲存這些資料。我們知道，準確、適當、而及時的資訊，對支援企業做出業務決策是至關重要的。可是，我們是否應該以資訊的形式積累事實和意義？或者說，是否應該考慮以更為基本的形式 —— 資料，來保存它們？

二、資料管理與資訊管理

瞭解了資訊的意義之後，我們就可以把資訊資源管理解釋成將資料加上前後關係的實踐。如果基本事實及其意義是以資料的形式而不是資訊的形式進行管理，那麼就是走上了「整合」的道路。如上所述，資訊是環境中的資料，而與企業相關的可能資訊是無窮無盡的。資料管理員的任務是管理企業內部的資料，這些資料將產生出為解決業務決策所需的種種資訊。在與企業相關的眾多資料當中，資料管理人員必須僅僅選取屬於最基本結構的那些資料。

今天的資料已經成了組織中最有價值的資產，主要是因為人們已發現資料可以反覆地用來創造出各種各樣的資訊，以滿足企業內外各種人員的資訊需求。從資料中萃取資訊，就像從庫存中組裝產品一樣。為了創造一條資訊，需要一項或多項資料，而同一項資料亦可以出現在許多項資訊之中。

三、資料意義表現出企業的內部結構

資料意義代表著企業的骨架結構。傳統上，實體資料庫管理著資料的事實成分，但對於其所含的意義則一向疏於管理。為了分享事實，首先必須有一個幫助瞭解意義結構的框架。任何企業中的資料意義都有一個獨特的結構，由資料的名稱（例如郵遞區號）及其意義（例如辨認地區並能快速幫助分類與處理）組成。企業中的資料之間也存在著各種關係。因此，一個組織提高系統績效的最好方法，就是管理和利用該項環境中的資料資產。

四、個人資訊系統之形成

大部分公司皆花費了可觀資源，為的是使其內部管理資訊系統所提供的資訊能適合各級管理者的需要。通常也都會留意各項資訊要求和對各項定期資訊提出的意見和批評。大部分組織的管理者都會將這些資訊說成是不可缺少的，但在同時，又表明現有資訊系統不足以滿足他們的需要。結果，每一位經理都創建了和使用著一種所謂的個人資訊系統，它是由公司內部和外部的直接觀察和各種人際接觸所得之資訊所構成。

經由研究表明，管理者更為依賴其個人資訊系統。我們要弄清楚為什麼管理者要發展及使用個人資訊系統，這些系統對於管理資訊系統來說是不是多餘的，它們之所以被發展起來，是不是由於公司系統未能滿足管理者的真正需求。下面我們將個人資訊系統之形成分為開創性與救濟性兩種來加以說明。至於個人資訊系統的詳細內容，將在本書的第三編專章介紹。

開創性之個人資訊系統 成功的管理者發展了有效且效率高之搜集和利用各種模棱兩可、甚至相互矛盾之資訊的能力。他們具備了根據來源和經驗，去估計資訊可靠性的能力。常見的情形是，這些來源大多不是公司現有的資訊系統。他們學習到了一種知道到何處去詢問其感興趣或困擾之資訊的能力。對於他們而言，及時而準確的實物數量衡量，往往是最有用的資訊。

許多研究都指出了管理者對於補充正式資訊系統的需要。Henry Mintzberg (1973) 和 John Kotter (1982) 描述了那種到處觀察活動和與人們交談的管理者。Thomas Peters 和 RobertWaterman (1982) 觀察到在一些優秀公司中的非正式溝通，根本上是透過到處行走的管理方式。這些活動是組織中管理者所建置之個人資訊系統的一個重要部分。如果企業的規模和分散的地理環境做不到如上述形式的非正式溝通時，管理者就試圖用電話、電子郵件和傳真聯絡來實現同樣的目的。為了完成任務而產生的資訊需要，推動著管理者去直接尋求這些資訊。

管理者相信他們親眼看見的東西，他們使用監督工作的過程中所搜集來的資訊。例如，製造經理觀察生產過程、中斷現象、工作步調和產量。銷售經理觀察訂單和訂單處理、裝運、裝運單據，以及有關方面的狀況和工作步調。為了追蹤活動狀況，管理者必須得到穩定而正式的資訊供應，如此即造成了到處走動的管理方法。管理者不斷更新自己那一套個人化非正式來源的資訊，用它來做出判斷和履行責任。

管理者發展並累積各種知識和關係，使其得以在認識到需要之時，預見在何處可以找到有價值的資訊。如果某種類型的資訊只是偶爾需要，管理者亦會依靠其記憶，得知在上次需要的時候，類似資料是從何處得到的。既然來自此一來源的資訊，在可靠性方面早已建立了起來，因此對新詢問的任何答覆將被視為具有相同的可靠性和價值。

管理者在其機構之間來來去去進行觀察並與人們交談，以搜集資訊。如此搜集而來的資訊，與資訊系統提供的資訊相比，具有十分不同的特點。此種資訊是以更基本的形式搜集而來的，在交易處理系統中會變成以金額表示的數量，而在這裡則是以實物或計數的形式表現。觀察到生產線上無所事事的員工與成本分析中的閒置時間，對現場經理來說感受是不同的。一個裝滿貨物再也不能容納製成品的倉庫，比一份有關庫存報表，更能夠迅速地引起經理的注意。觀察是具體的，而報表是抽象的。這些活動在初看之下，可能不被認為是公司資訊系統的一部分，可是它們卻的確提供管理者高度評價的資訊。資訊人員和資訊系統管理者可以透過觀察管理者從其個人系統搜集和利用資訊的方式學到很多東西，用來改進正式的資訊系統。例如影像處理與虛擬實境等科技都可用來改善傳統的資訊系統表現方式。

救濟性之個人資訊系統 經常使用個人電腦的管理者往往親自將

資料輸入其根據分發之報表資料設計的報表格式中。他們的行為突顯了許多公司資訊報表的一個重要關鍵問題 —— 無法按照對管理決策有用的關係來安排和提出資料。經理個人參與設計自身應用的電腦報表，在今天來說已不是什麼希罕的事情。他們親自做這件事，是由於現有資訊系統存在下列幾個問題。首先，常見的情形是，管理者想要加以比較的那些因素，雖存在公司的資料庫中，但卻出現在分開的報表之中。即使這位經理能從個人電腦取用所有資料庫，但由於資料的不相容及管理者缺乏資訊的專門技能，使得困難重重。其次，資料庫的安排常常使得同一資料庫中資料的檢索十分困難，甚或不可能。第三，資訊部門可能為管理者編出無效率的分類報表。不能提供以有用格式分類和表現各種有意義的關係。在這種情形下，管理者除了自求多福地自行分類、安排，與整理資料之外別無選擇。

資訊搜集的困難 管理者表示需要的資訊，通常來自不同的來源且資訊類型亦各不相同，使得有效的系統幾乎不得不一個個地分別設計。建立決策支援系統的另一挑戰是，高階管理者使用的資訊多數都是非例行性的，其常常是外部性質的。另外，一個非技術性的問題是，高階管理者有時不能把他們需要什麼告訴其幕僚或下屬，因為他要保密。

因管理者當中個人資訊系統的普遍，使得各公司在設計資訊系統方面的投資過度。每位經理自己決定自己需要什麼，並選取最好的個人管道去獲取這些資訊，互不聯繫，互相重複，且沒有任何文件。當經理調動到新崗位負責新的任務時，原有的個人資訊系統也就隨之消失。因此，個人資訊系統存在著明顯的低效率。有鑑於此，各公司應協調對管理者的資訊搜集和分配工作，針對個人資訊系統的此一缺點加以改進，而不是廢棄它。

為了迎接目前全球競爭的挑戰，管理者需要廣拓視野，首先就必須學會如何善用企業的資訊資源。在資訊人員學會了有效為管理者之資訊需求服務的組織中，管理者將能集中注意力在他們的工作上，而不需要另外管理一套個人資訊系統。

第六節　結論

由前面的討論，我們知道，有效的資訊資源管理是一件非常具有挑戰性的工作。為了有效支援企業的決策資源需求，資訊部門首先要建立起一個整合的資料架構，其次要建立自動化之資料搜集、處理與提供的方式，並且要能不斷的追上個人特性和促使個人資訊系統發揮更大的價值，茲總結於下。

一、整合的資料架構

整合的資料架構是公司共享企業資訊資源的基礎，如前所述，清晰地分辨資訊與資料的意義將有助於整合性資料架構的建立。供應管理者日常資訊需求的整合性資訊系統，要根據公司管理者之資訊需求去建立。我們將在下一章探討整合架構的問題。

二、快速的資料搜集、處理與提供

搜集實物資料的速度愈快，就表示與活動同時發生之各種統計量度愈為廣泛的應用，而監督人員亦可在觀察或分離出資料之時，立即將資料輸入。如果能夠獲取可靠之營運資料，使之進入一個快速總結的系統，並以管理者喜愛的形式展示出來，則可達到一旦需要即可取用的目標。這樣，正式資訊系統就可與非正式系統競爭，許多經理將會由於其及時性，準確性和切合性而轉過來使用它們。

許多管理資訊系統依賴紙張的流動，去遞送管理報表。對於大多數經理人來說，紙張的流動太慢了。除非管理資訊系統能夠以接近直接觀察，或經理及其下屬間非正式資訊傳遞的那種速度工作，管理者將不會覺得這個系統對他有所幫助。資訊人員和資訊可以更有效地為管理者提供服務，資料必須迅速獲取和加以處理，使管理者易於取用，它們的安排也必須接近管理者的個人思維模式。只有在這種情形之下，管理者才會感到資訊有價值、能使用。

要迅速地捕捉營運資料，管理資訊系統必須包含在活動一發生就立即報告的測量裝置。例如，工廠中可能用各種表計提供有關生產活動、產出率和庫存水準方面的連續資料。每天活動的衡量可以很方便地以電話或電子郵件方式搜集或分配。可以指定各活動層面的監督人員，使關鍵變量的資料在平常的紙張流動之前就得以使用。以自動化的資料搜集工具取代傳統的人工輸入，將使資訊人員收復某些資訊領域，並為公司內部各部門間的協調工作做出更有效的貢獻。

在標記和存儲方面應當充分靈活，以便全公司的管理者都能夠很容易地找到他們想要的東西，並獲取他們所需的資訊，製作自己的報表。如此即意味著管理者需要有直接連接到管理資訊系統的能力，而不需要求管理資訊部門答覆其要求或供給其需要。管理資訊系統必須易於接近，便於使用。輸出格式也要盡可能靈活，允許管理者使用定量總結或圖形顯示。最終目標應當是，使任何經理人員都能以其選取的任何方式使用這些資料，並對於所獲資訊充滿信心。

三、符合個人特性

並非所有的經理人員都以同一方式使用報表，也並非全都同等程度地有效使用資訊報表。在理想情形下，報表將會被設計成，與每一位接受它們的經理，在技能和風格方面相配合。

資訊越是以個人化的方式去適應管理者的風格和愛好，資訊系統也就可能越有效。系統規劃、分析、設備購置、系統設計、軟體開發和人員的培訓，都是花費很大的事情。在做出決定之前，應該先弄清楚管理者需要什麼資訊，以及現在他們如何滿足這些要求。

因此，資訊人員要不斷的問，管理者需要和使用什麼資訊來支援他們的任務與活動？他們的資訊來源、接受資訊的形式，以及修正的頻率為何？每天或經常使用的資訊與不常使用的資訊之間有什麼不同？他們在資訊中尋求的衡量標準和整合程度為何？他們所用資訊，按照他們在組織中的位置是否有差別，以及與其任務和活動有關的時間週期為何？

經理人員的資訊需求，類似人們來到自助餐廳前，滿足餓慌了的胃的情形一樣。每個人都有自己的需求，每個人都想迅速滿足自己的需求。正像能夠填飽顧客胃口的自助餐廳得以興旺發達一樣，能夠為管理者提供更好服務的管理資訊系統也是如此，要能準備各種有用資料供管理者自行調配。

四、促成個人資訊系統更大的價值

雖然，整合個人資訊系統於公司整體的資訊系統是資訊資源管理的重要目標，但個人資訊系統仍將繼續以更具個人特色的方式發展下去。因為管理者認為最好的資訊，永遠是管理者自行設計用於其當前工作的那些資訊。而這些形式與內容將會隨著環境的變化與管理者資訊素養的提升而改變。公司資訊系統融合了昨日的個人資訊系統，而今天的個人資訊系統內容又變了。當公司之資訊系統融合了昨日的個人資訊系統時，經理人員得以思考更有用的資訊需求。在理想的未來世界，每一位經理將會親自設計其所需資訊的形式和內容。每一位經理都可以用及時而對他最有用的形式從企業的內部資料庫與外部資訊源中準確地抽取所需要的資訊。至於資訊專家則將集中注意於保持資料的品質並幫助使用者學會如何為自己的需要服務。

資訊可說是被看成，太重要了而不可忽視，太寶貴了而不可免除，太暫時性了而不可由個人保存。這一切所表明的是，如果想要改善組織內部搜集和分配資訊的系統，就應該仿效個人資訊系統的特點。各個系統本身必須消息靈通，傳輸應當是交互的。它們應當允許有細微差異，也應該提供連續的雙向資訊流動。除此之外，所傳輸的信息內容和資料特點，不應只限於那些與職務功能有關的想法和現有問題上。越是個人化的交流，也就可能越是有效。

企業之資訊資源必須是有機的，隨著組織面對的各種問題和可能的改變，以及每位經理工作崗位上責任的改變而不斷變化。一個有效的資訊系統，不是一個一次建成而維持不變的東西，其必須在認識到今日有效而明天就可能不得不改變的心態下，去發展及建置。

研討習題

1. 請依據本章所述決策資訊資源的各項特徵，設計一個有效的資訊需求分析方法，並說明要如何捕捉不斷變化的資訊需求？

2. 說明資訊類型，並以一服務業公司、一製造業公司與一政府部門為例，為各種類型舉出三個不同的例子。

3. 資料與資訊有何區別？管理者平日需要的是資訊還是資料？資料庫中所儲存的是資料還是資訊？管理者所要的與資料庫中所儲存的是否相同？如果不同，應如何去調適？

4. 說明有用資訊的特徵？如何去達成它們？

5. 說明無用資訊的特徵？如何去避免它們？

6. 說明個人資訊系統發生的原因，資訊部門應如何處理個人資訊系統？

——參考文獻——

1. 季延平、郭鴻志，《系統分析與設計：由自動化到企業再造》，華泰書局，1995。

2. Robert N. Anthony, "Planning and Control Systems: A Framework for Analysis," *Cambridge, Mass.*, Harvard University Press, 1965.

3. Cash, McFarlan, & Mckenney, Applegate, *Corporate Information Systems Management: Text and Cases*, Richard D. Irwin, Inc. 1992, Third Edition.

4. P. Chen, "The Entity-Relationship Model–Toward a Unified View of Data," *ACM Transactions on Database Systems*, Vol. 1 (1), March 1976.

5. Chen, P.P.-S., "The Entity-Relationship Model–Toward a Unified View of Data," *ACM Transactions on Database Systems*, Vol. 1, March 1976, pp.9–36.

6. Codd. E. F., "A Relational Model of Data for Large Shared Data Bases," *Communications of the ACM*, Vol. 13, No. 6, June 1970.

7. Peter Keen, & Michael Scott-Morton, *Decision Support Systems: An Organizational Perspective*, Addison-Wesley, 1978.

8. Keen, Peter, *Shaping the Future: Business Design through Information Technology*, HBS Press, Cambridge, Mass., 1991.

9. McKinnon, Sharon M., & Bruns, William J., Jr., *The Information Mosaic*, HBS Press 1992.

10. Porter, M., *Competitive Advantage*, Free Press, New York, 1985.

11. Rockart, John F., "Introduction for Management Support Systems,"

Proceeding in The Information Systems Research Challenge, Harvard Business School Research Colloquium 1985.

12. J.C. Wetherbe, "Executive Information Requirements: Getting It Right," *MIS Quarterly*, March 1991, pp.51–65.

13. Jerry Wind, "Reinventing the Corporation," *Chief Executive*, October 1991.

14. Zachman, J. A., "A Framework for Information Systems Architecture," *IBM Systems Journal*, Vol. 26, No. 3, 1987, pp.276–92.

15. William Zani, "Blueprint for MIS," *Harvard Business Review*, pp. 11–12, 1970.

第十章　企業模型

概　要

　　針對企業決策支援所開發的系統，需要有一個整體的觀點，這樣才能用到企業中所能提供的一切資訊。而經過此過程所設計出的系統，其所支援的決策亦不會產生對個別部門好，卻對整體公司目標不利的情況。企業的整體觀點首先來自於企業目的、策略與各項活動的充份瞭解，這樣我們才能知道有哪些活動需要決策資訊的支援。當決策者制定決策時，若能知道其決策所影響的活動在整個企業中所扮演的角色，又明瞭企業中有些什麼資訊可資利用，則可制定較理性的決策。本章最後介紹三種交互作用模型，此為驗證架構中一致性的有利工具。

第一節　緒論

針對整個企業決策資訊的需求與使用，企業應建立一個企業模型，藉以表達企業對決策資訊需求之廣義看法。

由於每一企業皆有其獨特的性質，故企業模型必須配合組織特性，亦必須瞭解公司各項活動間的影響，在某一時點上，其所做的決策會影響到哪些活動及結果，各活動需要何種資訊以及會產生何種資訊，而不同的資訊間又存在著哪些關係。有了這些基本認識，決策人員在制定決策時，才會有一個整體的思考架構，亦才能在此架構下使用相關的資訊來作為決策的依據。如此才可減少決策時的困擾，或避免訴諸於直覺。

企業模型是建立未來決策支援系統的基本架構，如圖 10-1 所示。此基本架構分成以下二成分：

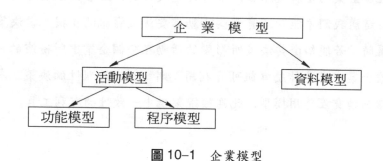

圖 10-1　企業模型

1.活動模型：定義企業所實施的活動。目的是提供企業人員對企業所進行的活動一個整體而有序的觀點，從而瞭解其所從事的活動在企業中的角色，以及在某一時間點上制定決策時，影響所及的活動有哪些。也就是說，活動模型提供了決策分析的基礎。活動模型又分為功能模型與程序模型兩種。

2.資料模型：定義企業中實施活動模型中定義之活動所需要的資

訊，即資訊的整體觀點。當決策人員制定決策時，可藉此了解在組織的什麼地方可以取得什麼樣的資訊來支援其決策。資料模型提供了決策資訊的基礎。

此二種模型，代表了企業為滿足其長期決策支援需求，所建立之資訊環境的藍圖。由活動模型，我們得知企業所進行的活動與活動間的關係，而由資料模型，我們得知企業活動所產生的資料是如何配置的。在制訂決策時，透過此二模型，我們對於企業中可得到哪些支援活動的資訊，以及決策所產生之連鎖效應的影響，都可以有充份的瞭解。因此，得以據此制定出較理性的決策。以下本章說明活動模型與資料模型，以及如何發展此兩種模型。

第二節　活動模型

所謂模型，係指一種現實世界現象的代表。活動模型就是一種企業所從事活動的代表，我們以企業所從事的各項活動及其所使用的資訊來作為代表。

傳統上，我們將組織圖視為企業的活動模型，其表達了企業中所從事活動的功能分類表示。但光是組織圖還不足以讓我們得以充份審視一個組織。要審視一個組織的兩種主要方法為功能觀點 (functional view) 和程序觀點 (process view)，以下分別說明之。

一、功能觀點

功能觀點以組織圖作為企業的基本模型，所有資源隸屬於個別的部門，部門的形成以功能式的分工和專業知識作為主要考慮，經由呈報結構的層級而彼此相關。我們定義由此觀點所構建的組織單位為實體服務單位。

　　傳統的活動模型係採用功能觀點。企業功能乃指一組企業活動，其可完整地支援企業的某一方面。每一功能描述企業所做的某些事，而功能可視為高階的企業活動。每一功能中的各項活動通常彼此相關，因為它們用到類似的企業資料，例如：研發、製造、銷售。現今大多數的企業，由於遵循分工專業化的結果，都是以一種功能的觀點來構成其組織，如圖 10-2 所示。

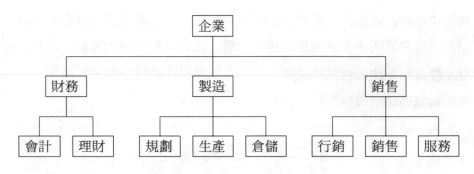

圖 10-2　功能觀點的活動模型

　　圖 10-2 中，企業整體構成了一個實體服務單位，它與企業環境中的要素相互作用。它包括了財務、製造與銷售等三個次級的實體服務單位，這三個單位間也存有相互作用的關係。其中財務這個實體服務單位又包括了會計與理財兩個次級的實體服務單位；製造這個實體服務單位又包括了規劃、生產與倉儲三個次級的實體服務單位；銷售這個實體服務單位又包括了行銷、銷售與服務三個次級的實體服務單位。

　　由以上的分析可知，實體服務單位是和企業的組織結構相一致的。這種企業模型有一個很嚴重的缺點，那就是各實體服務單位的管理人員在制定決策時常持一種功能的觀點，只考慮實體服務單位內部，而不顧及其他實體服務單位。例如，財務單位希望維持較少的存貨以節省成本，而銷售部門則希望維持大量存貨以應付顧客。銷售部門希望維持多樣存貨，而製造部門則希望少樣生產。

通常單獨的實體服務單位是無法創造出顧客所需要的價值的，因此只考慮單一實體服務單位內部的決策，經常造成部門最佳而非整體企業最佳的狀況。因此我們需要另一種觀點。

二、程序觀點

相反地，程序觀點著重在工作本身而非在管理這項工作的組織結構上。程序觀點是以最高層次鑑別工作的主要構成元素，也就是為使企業順利運行，員工所必須執行的工作。這些高層次的元素則被稱為程序 (process)。企業程序可細分為子程序 (sub-process)，而子程序又可進一步分解為各個活動 (activities)。

程序觀點提供了強而有力的方式來分析一個企業。因為企業的產出是經由一連串相關的活動所產生的。企業的許多決策，例如產品定價、接受訂單等都會影響整個程序。只有採取和決策有關之程序觀點，我們才能評估出這些決策的成效。我們定義由此觀點所構建的單位為邏輯服務單位。

觀察一個程序時，我們要問「它的目的是什麼？它的顧客是誰？我們如何取悅顧客？」。特別重要的是，「我們如何以最簡單、最直接、最低成本、最高品質的方式去完成它？」。圖 10-3 表示了企業程序通常是跨部門完成的。

圖 10-3 中的粗直線代表著一個顧客下訂單的作業程序。銷售部門接獲訂單後檢查公司庫存，看能否滿足訂單的情形，接著檢查生產規劃，看是否有空餘產能滿足訂單所需，接著到生產部門製造訂單所需要的產品，然後透過行銷部門裝運，並透過會計部門製作發票，最後連產品一起交付給顧客，以滿足顧客的訂單要求。

由以上的說明可看出，程序觀點在滿足顧客需求的成效上，及完成公司的工作上，為公司提供了更清楚的洞察力。

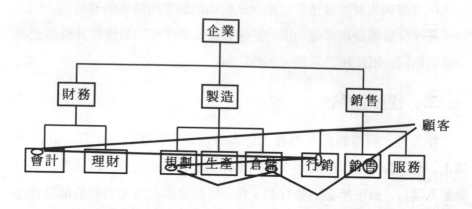

圖 10-3 企業程序通常是跨部門完成的

每一個程序、子程序以及活動都需要投入，對投入進行某種程度的轉換以製造產出，並且將產出轉移給接受者或是顧客。企業程序分析基本上由企業活動的本質上鑑別程序，並將它們分解成活動，這個過程將依序地從許多不同的角度和目標建立出企業活動的基礎。

在支援經理人員達成其決策改善的工作時，企業程序分析是一重要的分析方法。其所以能夠支援決策的改善，乃是藉由將程序活動的鑑別、顧客需求、價值分析、週期時間、成本、品質、組織以及問題的根源等彼此相互連結起來達成的。

顧客在企業模型分析的過程中，也扮演著重要的角色。顧客可分為兩類，外部顧客以及內部顧客。外部顧客是購買組織產品或服務的人，這些顧客目前和未來的需求是定義組織產品和服務價值的基礎。另外，如果一程序的產出被企業內部的人員所接收，則此人便可稱為內部顧客，例如：接收週期性會計報表的管理者便是產生報表程序的內部顧客。

三、邏輯服務單位

企業程序的另一種說法是邏輯服務單位 (Logic Service Unit, LSU)。一個邏輯服務單位就是一個首尾相連的活動集合，它將為顧客創造一個成果。「顧客」可以是最終顧客，也可能是內部顧客。邏輯服務單位有一個明確的目標，即是滿足顧客。企業是邏輯服務單位的集合。表 10–1 列出邏輯服務單位的一些例子。左欄是邏輯服務單位的名稱，右欄為其內含之程序。注意各邏輯服務單位中的程序是跨功能的。

表 10–1　公司邏輯服務單位例子

1.滿足訂單	接受訂單，交付訂單，搜集貨款，保證顧客滿意
2.製造	貨物的生產，庫存的維持，與供應商的交涉
3.採購服務	選擇供應商，簽訂合同與管理工作
4.人力資源	招收、培訓、管理人員，職業計劃
5.設計產品／服務	市場評估，產品規劃，產品／程序設計，產品發展，市場接受度測試
6.售後服務	包裝，對外運儲，顧客教育，顧客詢問，零件的修理和服務

企業由邏輯服務單位所組成，其目的是為顧客（內部的或外部的）實現某些成果。顧客的需求能夠被清楚確認，企業必須盡可能地使顧客高興。做到這一點的邏輯服務單位包含多項工作活動。這些工作活動常常是在不同的功能組織中。

為了建立程序模型，需要確定邏輯服務單位。邏輯服務單位應當具有名稱，保持獨立於組織結構（例如，是訂貨處理，而不是訂貨部）、獨立於地點 (例如，是銷售管理，而不是銷售辦公室)。列出每一個邏輯服務單位的明確次級功能或主要責任，並進一步對它們加以定義。

例如，在圖10-3的程序中，來自可能客戶的產品需求，可以由一個客戶服務邏輯服務單位予以滿足，而這一邏輯服務單位又成為決定庫存狀況的倉庫管理邏輯服務單位的客戶。如果沒有庫存，那麼倉庫管理邏輯服務單位就轉而成為生產管理邏輯服務單位的客戶，要求一項加班的生產安排。每一項這種邏輯服務單位間相互作用的進行，都是利用預先建立的服務要求格式，具有預期的應答和預定的時間幅度。

確認了各個邏輯服務單位成分之後，需要瞭解它們之間的關係。如果把企業看作是各個邏輯服務單位間互相聯結而成的一個網路，其中每一邏輯服務單位都有確定而必要的作用。程序模型則成為聯繫內部和外部客戶的服務功能網路。企業資訊沿著這些服務單位之間確定的聯絡通道運動，啟動企業活動和進一步的相互作用。以這種方式，就可以建立動態化的企業網路模型，來審視各種決策之影響。

企業決策之影響和企業的程序有關，而非與其組織結構有關。因此，企業程序模型或邏輯服務單位在決策支援方面十分有用，它告訴決策者誰做什麼、何地、何時、需要那些資訊，以及此決策之後續影響單位為何。此外，關鍵程序通常包括來自不同組織單位的活動和影響，一個單一的部門無法獨自完成一項程序，故要能有效管理和掌控企業，則須專注在程序上。

第三節　企業程序分析模型

如前所述，程序模型來自對企業環境的考察，將企業的功能分解成為價值網路的各個內部成分。此一分解不光是把組織圖表用作分類的基礎，另外，也要從顧客的眼光來考慮企業的程序。

一、企業程序分析步驟

如何實際執行企業程序分析呢？步驟一般包括：

1.發展企業程序模型。

2.標明程序的產出（產品和服務）。

3.指明產品和服務的顧客（包括內部和外部）。

4.標明在產出的創造程序中所執行的工作。

5.標明程序的投入。

茲分別敘述如下。

1.發展企業程序模型：

企業是一連串相互關聯的程序，而要瞭解一個企業的根本要素，則必須去瞭解程序間的關係。

企業程序模型的主要目標是去鑑別出在組織中的主要程序流。企業程序模型在本質上是一個特定高層程序的程序圖，這些高層程序連結起來表示出程序流，而這些程序可以進一步被分解成子程序和他們的支援活動。企業程序模型提供了對組織的總體觀點，而這些觀點將指出公司的主要程序及他們間的相互關係。

每一個企業都應該發展程序模型並評估此一模型的合適性，一旦完成了評估的工作，則主要的程序將可依序的被分解成其支援的子程序，每一個公司在分解程序時彼此之間會有很大的差異。

當你在定義子程序時，定義出程序的界限是很重要的，舉例來說，如果是一個訂單處理的子程序，你必須說明此程序的起始點和完結點，它的起始點可能是「從顧客手中接到訂單」，而它的完結點可能是「顧客收到產品」，定義出界限可以讓每一個子程序的內容清楚而不含糊。

一旦完成了高層企業程序模型的建構和子程序的認定，下一個步驟便是將每一個目標子程序分解成活動。

2.標明子程序的產出：

一旦你已選定一子程序作進一步的分析，則定義活動的第一步是定義子程序的產出，而這產出是子程序所產生的任何產品或服務，它亦包括一些交易、資訊或程序所產生的日常文書處理。

3.標明出顧客：

企業程序分析有一個重要的特點，那就是普遍地重視顧客。不論是內部的或外部的顧客，都應同時作為子程序的產出被標明出來。顧客的定義是非常重要的，因為它提供了一個基礎來判斷活動的執行是否符合顧客的需求。

4.標明產生該產出的活動：

在定義了子程序的產出和顧客之後，必須標明產生該產出的活動。在這個步驟中，所面臨的挑戰是將活動記錄至可為公司提供有意義陳述的詳細層次，而記錄的方式通常是藉由程序圖的形式來表達。若活動定義的太狹隘或太細節，可能會讓整個分析變得複雜而缺乏附加有用的資訊，但是，若活動定義的太廣泛，又將無法彰顯決策的影響。

另外一個面臨的挑戰是在子程序中定義出活動的順序。當有許多同時進行的活動使用相同資源時，若欲使其成本得以共享，那麼定義出活動的序列便相當重要。

活動很容易被忽略，確認程序正確和完整的一種方法是利用群體會議，而非個別的訪談。這個群體至少應該包括工作程序中每一個領域的代表。如果一個人指出了他所創造的產出，則在程序中的下一個人必須承認接受了此人的產出，同時，第二個人也必須把前一個活動所作的工作對他的價值連結起來。

5.標明程序的投入：

在活動定義的最後步驟是定義每個程序的投入，可以藉由歷史資料的收集，及進行實際觀察或面談員工的方式來決定投入。

此外，程序模型代表著一種企業的活動觀，並不僅僅限制模擬內部活動，而外部聯繫日漸成為企業轉變與成功的關鍵。正如公司內部的程序應當被視為邏輯服務單位一樣，跨及不同公司的程序也應如此。例如，採購程序把一個企業與其供應商聯結起來，銷售程序可能延伸到一些零售商店。在設計邏輯服務單位時，一家公司的產品設計人員可能密切聯繫於另一家公司的設計人員。

二、建立程序模型的技術

建立活動模型的主要目標是鑑別企業中的主要程序流。企業程序模型在本質上是一個特定高層程序的程序圖。這些高層程序被連結起來以表示出程序流，而這些程序又可以進一步被分解成子程序和它們的支援活動。企業程序模型提供了一個企業的總體觀點，而這些觀點將指出公司的主要程序及它們之間的相互關係。

由於企業的程序及活動非常複雜，經常不易掌握，因此需要好的模型工具來幫助我們進行分析。

程序模型工具可以描述企業程序之間，以及程序與外界實體，如供應商與顧客之間的關係。傳統上，人們用流程圖來描述程序，如圖 10-4，圖 10-5 所示，圖 10-4 較容易為人所瞭解，但圖 10-5 之流程圖就稍嫌複雜，不易為人瞭解，因此流程圖在表達複雜流程時產生困難，需要一些結構化的模型方法。目前在美國最被廣為使用的結構化程序模型發展方法，是由美國空軍所發展出來的 IDEF (ICAM DEFinition) 語法 (IDEF 1993)。

三、IDEF0 活動模型簡介

IDEF0 表示 Integration Definition For Function Modeling 的縮寫，被用於辨識對於企業具有重要性的各個程序（活動）。它以圖形表

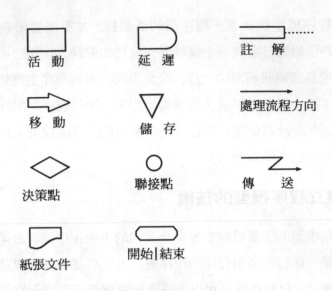

流程圖所用符號

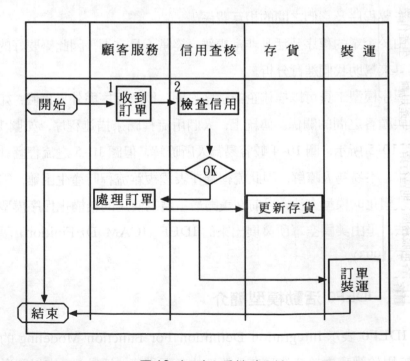

圖 10-4 流程圖模型示例

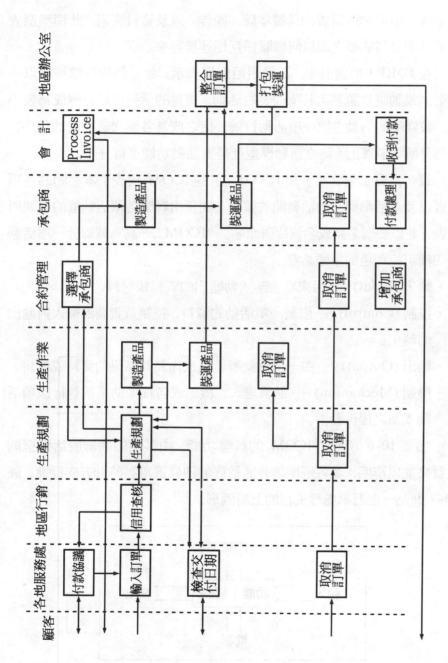

圖 10-5 流程圖模型示例

示完成一項活動所需要的具體步驟、操作、以及資料要素。此模型還表示了各項具體活動之間以何種關係互相連接起來。

在 IDEF0 的圖形中，活動用矩形框表示。每一個矩形框被標以一個動詞或動詞片語表示其所代表的活動。複雜的活動可以分解成為較小的、較詳細的活動。把一項活動打破，使之成為各個次級活動的程序，稱為分解。事實上，建立活動模型就是對活動功能進行分解。

每一活動都包含了一組 ICOM。這些 ICOM 代表了本活動的各項性質以及本活動與其他活動間的關係。關係由聯繫各個活動框的箭頭所代表，並以一個名詞或名詞片語命名。"ICOM" 一詞為關聯於一項活動的四種可能角色的字頭縮寫。

- 輸入 (Input) —— 用來產生某活動輸出的資料或材料。
- 控制 (Control) —— 限制一項活動的資料。控制負責調節輸入對輸出的轉化。
- 輸出 (Output) —— 由一項活動所產生或作為其結果的資料或材料。
- 機制 (Mechanism) —— 通常是人、機器或各種輔助系統執行該項活動或為之提供動力。

如圖 10–6 所示，ICOM 的具體功能，由其箭頭關聯於活動框的位置來加以辨明，其各別圍繞著活動框的四條邊沿順時針方向行進。圖 10–7 則為一個訂單處理流程的上層圖形。

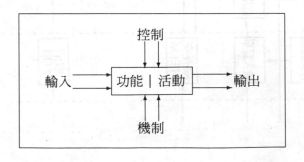

圖 10–6　IDEF0 活動模型

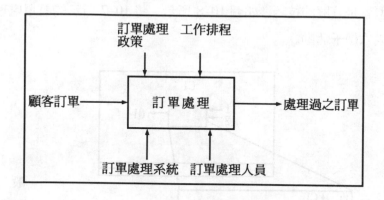

圖 10-7　IDEF0 活動模型技術圖例

分解活動

　　任何複雜程序應當被分解成為最少三個、最多六個的子活動。任何複雜的活動都可以再加以分解成為較小的、更為詳細的活動。把一項活

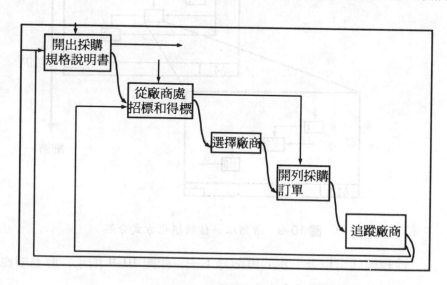

圖 10-8　由左上至右下順序排列的各項活動

動打破，使之成為各個次級活動的程序，稱為分解。事實上，建立活動
模型就是分解的技巧。如圖 10-8 所示。將 10-7 所示的訂單處理活動分
解成六個子活動。

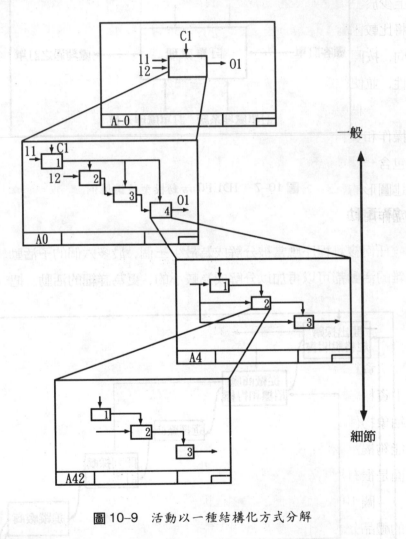

圖 10-9　活動以一種結構化方式分解

　　流程模式可以進一步的再細分下去，如圖 10-9 所示，愈上層愈一
般化，而到了下層變得愈來愈詳細。

活動順序

　　一張分解圖中應該至少有三個，但不超過六個活動。如果一張圖上少於三項活動，該圖就不具實際意義，但如果多於六個活動，讀起來將比較困難。從每頁的左上角開始活動的作圖，以下降順序向右下角方向，按照各項活動發生的順序繼續排列。適當的順序提高分解圖的可讀性，並使得追蹤一項活動到另一項活動的資訊流程較為容易（圖 10–9）。

　　一個完整的程序模型以圖形表示完成一項活動所需要的具體步驟、操作和資料要素。此模型還表示各項具體活動如何關聯起來。模型還應包含一個術語表，定義圖中所用的術語或標記。此外，模型還需包括描述圖形的解釋文字、在每一活動中做些什麼，以及圖中各項活動如何相互作用。

第四節　資料模型

一、什麼是資料模型

　　資料模型說明公司為運作其各個不同的業務所需要的資訊，為企業中資料結構和業務規則的詳細說明。資料模型包含了現實世界中實際或抽象物件的代表、其特徵或屬性，以及其相互關係的一組圖表。使我們能夠揭示我們從前看不到的需求。資料模型在說明資訊如何支援業務方面是很有用的。

　　圖 10–10 表示用個體關係模式製作的簡單資料模型。描述一個虛構的禮品公司。由圖及其各個物件的定義可構成下列論斷：

　　‧公司接受顧客訂購產品，產品記錄的資訊包括其名稱、等級和定價。

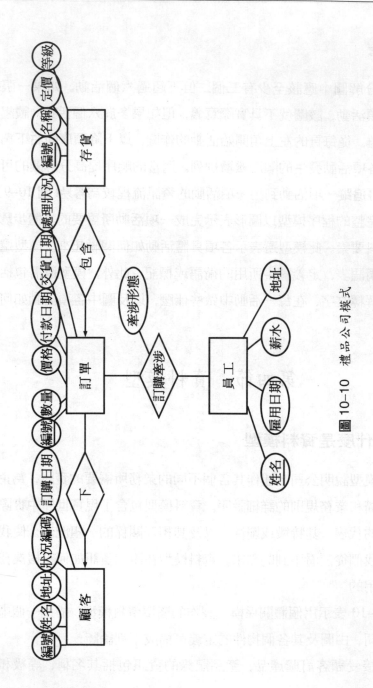

圖 10-10　禮品公司樣式

- 顧客訂購產品。公司掌握著每一個顧客的姓名和地址。它還給每一個顧客訂一個狀況編碼。狀況編碼決定於顧客以前與公司的關係，並表明公司是否應當接受其以支票或信用卡付帳，還是只收現金。
- 訂單記錄包含關於一樣產品被一個顧客訂購的資訊。同一種產品，經過一段時間，可能受到許多顧客訂購。每一項訂單記錄包括產品的訂購日期、交貨日期，和表明交貨是否已經過期的狀況。
- 按照「銷售牽涉」的規定，公司中的每一個「員工」可以涉及許多訂單記錄。牽涉的類型由一個牽涉類型表示。每一項訂單記錄必然至少涉及一名員工。由於同一個員工在同一天之內有可能幾次涉及同一項訂單記錄，用一個牽涉時間來進一步區別各次牽涉。
- 顧客的每一次付款記錄在訂單記錄之中。有時還收取過期費。
- 有時發出過期通知，提醒顧客付款日已過了。過期通知上可能列出一名員工。
- 公司記錄其每一個員工的雇用日期、薪金和地址。有時要用他們的姓名，而不是指定的編號，去查閱顧客與員工記錄。
- 公司只保存至少訂購一樣產品之顧客的記錄。
- 每一個訂單記錄上只包括一種產品。如果一個顧客想要同時訂購幾項產品，那麼每一項就需要一個單獨的訂單記錄。
- 業務部分決定它想要掌握的只是那些為大部分顧客所喜愛的產品，而不是製作出來的每一樣產品。

　　這個小小的模式提供了有關此一禮品公司的大量資訊。由此，我們不僅得到了有關此一業務的資料庫看來應當如何的一個印象，而且還得到了該項業務的一個整體良好畫面。決策人員必須確定與結合各個現有的過程和其環境中的資料。他們必須決定需要哪些資訊，以及如何應用它們來提高業務績效。

　　圖 10–10 包含了幾個不同類型的物件，其中有個體、屬性和關係，

連同一些說明這一禮品公司業務規則的符號。一個個體關係模式即包含如圖 10-10 中所示的一幅圖形，表明物件的定義，以及對所涉及主題的文字說明。我們將以討論個體關係模式圖的幾個基本部分作為開始。

二、資料模型的成分

個體關係模型是由個體、關係與屬性所構成，下面我們分別介紹之。

1.個體：

資料模型的一個基本成分是個體。個體是我們想要為之保存資料的一類人、地點、事物、事件或概念。個體代表一群具有共同特徵的事物，並可對每個個別的物件唯一加以識別。例如，學生個體代表學校中一群學生的集合，所有的學生具有共同的特徵，並且每一個學生都可以唯一識別。在建立資料模型時，我們可以透過對模式主題的瞭解、業務人員訪談，以及分析書面文件等方式來尋找個體。

個體是現實世界事物的抽象。現實世界事物與其抽象之間的區別是很重要的。例如，一個資料模型可能包含一個名為「顧客」的個體，它代表為業務需要而想要保存的有關顧客的資訊。模式中並不表示公司的個別顧客，顧客個體只是現實顧客概念的一種抽象。

2.例示：

例示是個體的一個單一表現。每一個例示必須有別於其他所有例示的特性。例如，我們可以說個體「顧客」代表一項業務所有顧客的集合。每一個個別的顧客 —— 例如，連雄、李識、或蔡發 —— 都是「顧客」個體的例示。

一個個體的例示必須能夠唯一地從所有的例示當中識別出來。例示是實際進入資料庫的資料，但是例示並不表示在資料模型中。

3.關係：

關係用來表示一個個體與另一個個體間的連接、聯繫與關聯。用來說明被模式區域的某些業務規則。關係把來自相同或不同個體的兩個例示聯繫起來。例如，兩個名為客戶（購買產品的人）和訂單（一項來自客戶之對產品的要求）的個體，由於每一個客戶都可能提出一些訂單，那麼客戶個體中的各個例示與訂單個體中的某些例示之間就存在著一個關係。

關係具有基數性，基數性是一個例示可能參與一個關係成員資格配對的數字。例如，從客戶的立場考慮時，每一客戶可以提出一項或多項訂單。可是，從訂單的立場考慮時，每一項訂單只可由一個客戶提出。基數性有三種：

(1)一對一：參與關係中每一個個體的一個例示只能關聯於另一個體的一個例示。

(2)一對多：參與關係中一個個體的一個例示，能夠關聯於另一個個體的一個或多個例示，但反過來則不可。

(3)多對多：參與關係中的兩個個體的任一個個體，其單個例示都能夠關聯於另一個體的一個或多個例示。

　　4.配對：

兩個例示之間由關係關聯起來的實例稱為配對。如果王珊（一位顧客）訂購了旅行鬧鐘（一項產品），就說王珊和旅行鬧鐘這兩個例示根據訂購這一關係而配對了。換句話說，關係就是兩個個體之間關聯的類型，而配對則是兩個例示之間關聯的表現。因此，配對與關係可定義為：配對為一個或兩個個體中的兩個例示，憑藉一種確定的關係而聯繫起來。

　　5.屬性：

在禮品公司的例子中，必須保存關於每一個「顧客」的某些事實（特徵）。除了其他東西之外，我們還必須知道顧客的姓名和地址。

　　屬性代表個體及關係的特徵，例如顧客姓名是個體顧客的一個屬性，代表每一個顧客都有一個姓名。購買量是關係購買的一個屬性，代表顧客所購買產品之數量。每一屬性都有一個具體的值。值是一個例示特徵的量化或描述。例如，王珊就是顧客名稱這一屬性的一個具體值，五打就是購買量這一屬性的一個具體值，代表王珊購買旅行鬧鐘這一配對的購買量為五打。

　　屬性來源有三：

　　(1)基本的：屬性的值對於所說明個體中各個例示是固有的，不能由其他屬性的值推導出來；例如顧客個體的顧客姓名屬性。

　　(2)導出的：屬性的值由其他屬性的值推導或計算出來，計算方法為其定義的一部分；例如顧客個體的月平均交易金額屬性。

　　(3)設計的：屬性是創造出來，用以克服某些業務限制，或者簡化操作；例如顧客個體的顧客編號屬性。

　　6.主鍵：

　　主鍵為選定用作個體唯一識別標誌的一個屬性或屬性群。例如，為了要把像「顧客」之類的個體用於例示之禮品公司模型中，我們必須能夠唯一地確認各個例示，也就是，我們必須能夠把一個顧客與另外各個區別開來。唯一地確認一個個體的屬性集合稱為主鍵。

三、資料模型的圖形語法

　　資料模型一般由下列代表：

- 代表實際或抽象個體、其特徵或屬性，以及其相互關係的一組圖表，稱為個體關係圖。
- 定義圖中所用各個個體與屬性的術語表。
- 業務報告或規則：它們是資料與其他資料相關聯方式的詳細書面說明，說明了存在於該環境中的資料限制。

個體關係圖是在 1976 年由 Peter Chen 引入的。它是最先說明個體和關係的概念如何用來描述企業需求與企業有關事物的一個方法。此圖提出企業資訊需求的一個大綱。

在個體關係圖中，個體用矩形框表示，個體的名稱位於其中心。關係由帶線的菱形表示，關係的名稱位於菱形中心，而線由菱形各角向外伸出連到所關連的個體。線的每一端應當標示出關係的基數性，箭頭表示基數為一，而沒有箭頭則表示基數為多。如圖 10–10 所示。另外，圖 10–9 所示的是另一種符號表示法，其中 + 字表示基數為一，一個小 ○ 加上分叉的三條線表基數為多。

個體關係圖由三個主要構造模塊 —— 個體、屬性和關係 —— 所構成。我們可以把個體關係模式看作表達有關一項業務的一種圖形語言。個體的作用像名詞，屬性則像形容詞或修飾語，而關係則像動詞。建立一個個體關係模式，一般說來，就是找出構造模塊的一種正確組合而把它們放到一起。結果所形成的語句，說明支配該項業務的許多規則。

第五節　模型的交互作用分析

以上我們介紹了三種企業模型，分別是資料模型、功能模型與程序模型。各模型並非獨立存在，而是彼此相關。各種模型間的交互關係，是透過利用交叉列表或矩陣分析，把不同模型互相映射而實現的。透過矩陣將不同觀點結合起來，就可以建立一種整合取向的模型。如圖 10–11 所示，我們可建立三種交互作用模型。

一、功能觀點與程序觀點之相關性

相關性定義為，兩項企業邏輯單位之間，某些活動屬於同一企業實體單位，其中一個所需要的資源影響另一個所要求的，因此存在著關

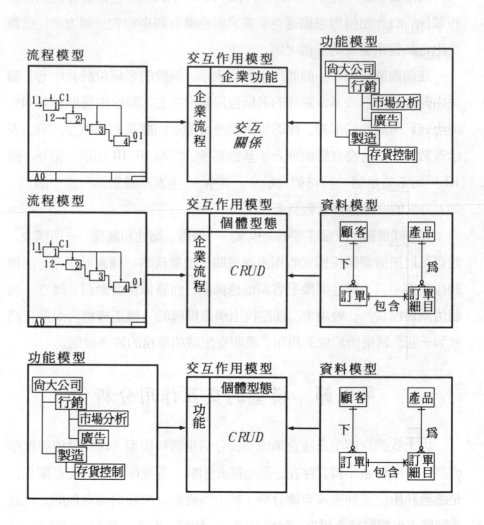

圖 10–11 交互作用模型

聯。不同的企業邏輯單位在同一功能單位內應當具有某種關聯性。

　　用企業功能／程序交互作用距陣把組織功能單位與企業程序的牽涉記錄下來。此矩陣的垂直軸根據功能層次圖上規定的企業功能預先標定，而水平軸則根據評估期間確定的企業程序標定。在代表著一個企業功能與一項企業程序有著牽連的每一個小格中，標上一個簡單的牽連指示符號（如圖 10–12）。由此矩陣則可看出功能與程序間之相關性。

功能／程序矩陣

程序 功能	滿足訂單	製造	採購服務	人力資源
行銷	＊		＊	
生產	＊		＊	
財務				
人事		＊		
採購			＊	＊
行政		＊		

圖 10–12　企業程序／企業功能矩陣

二、功能與個體間的交互作用

　　另一種交互作用模型為企業功能模型與資料模型的交互作用分析。透過對系統所執行各項功能的討論能夠揭示更多的資料需求，而對資料的討論也能揭示另外一些功能方面的需求。經過分析之後，可能將會更透澈地理解功能。

　　記錄企業功能對於個體的用法，可同時驗證功能模型和資料模型。如圖 10–13 所示，用個體／企業功能矩陣記錄企業功能對於個體中個體的作用。這個矩陣的垂直軸用所確認的個體預先標定，水平軸用確認的企業功能預先標定。在每一個小格上，考慮縱列的企業功能對於橫行的個體是否有什麼作用。如果有，規定了一種 CU 關聯指示符號。在某些情況之下，一項企業功能可能對於某一類型中個體的例示產生多種作用。在這樣的情況下，關聯指示符號的取值，應當使用下列先後次序表反映這些作用中最大的一個：

1.第一： C (create)（創造）

2.第二： U (use)（使用）

接著，我們分析結果矩陣的有效性。特別是，矩陣應當符合下列規律：

1.每一項功能必須至少涉及一個個體。否則這項功能就沒有有用的意義了。

2.每一個個體必須確定有一個有效的創造 (C)。

3.每一個個體一般應當涉及至少兩項功能：一個創造 (C) 它，一個使用 (U) 它。

違反這些準則表示缺少一些企業功能，應予補充，或缺少一些個體，也應予補充，或是關聯指示符號不正確。不論在哪種情況下，都必須改正或解釋這些異常現象。

功能／個體矩陣

功能 ＼ 個體	訂單	員工	產品	供應商
行銷	C		U	
生產	U		C	
財務				
人事		C		
採購			U	C
行政		U		

圖 10-13　個體／企業功能矩陣

三、個體與程序的交互作用

程序與資料模型之間可互相作為發現與認可的工具。例如，程序模型常常被用來發現與確定在建立資料模型時所考慮的範圍。這是因為程序模型的各個 ICOM 充當一個討論點，各個個體和屬性可以由此而得到確認。

程序模型能夠幫助資料模型的認可。例如，沒有任何對應資料的那些 ICOM 可能被發現，或未關聯於任何活動的那些個體和屬性可能被察覺。

圖 10–14 中所示之程序對個體的矩陣，可用來判定一項程序是否使用或建立一個個體，或是否需要額外的資料。參看圖 10–14。"C" 表示執行該項程序時建立具體個體的一個例示。拿禮品公司作為參考，我們可以說，執行「滿足訂單」這一活動時，建立了個體「訂單」的一個例示。參看圖 10–14 中的訂單個體。你們將會注意到，這一欄中出現了兩個 "C"。當有兩項程序建立同一個個體時，這是一個信號，此時須要求模型人員更仔細地審查這種情況，判定其是否有意義。有時可能辨明出一種情況，其中可能是兩個不同的程序建立了重複的資料。

在圖 10–14 中，"U" 表示一項具體活動使用具體的資料，參看產品個體。這一欄中只出現了一些 "U"。這促使模型人員懷疑，這一個體在何處建立，以及它是否實際上在這一資料模型的範圍之外。如果在一欄中既沒有 "C" 也沒有 "U"，模型人員就將考慮這是為什麼，並判定是否需要另外進行資訊收集的工作。

這種映射保證了每一模型的完整性，也確認了各個模型之間的相互對應。

程序／個體矩陣

程序 ＼ 個體	訂單	員工	產品	供應商
滿足訂單	C		U	
製　造	C		U	
採購服務				
人力資源		C		
設計產品			U	C
售後服務		U		

C:Create; U:Use

圖 10-14　個體／企業程序矩陣

研討習題

1. 說明企業模型所包含之子模型與各子模型的功能。

2. 假設你是三民書局的規劃經理，請為之設計企業模型，說明實施步驟與困難之處。

3. 什麼是資料模型？假設你是 7-11 的系統分析師，請你為之設計資料模型。

4. 什麼是活動模型？功能模型與程序模型兩者各有何特點？如何有效的加以設計？

5. 相互作用模型的用途是什麼？有幾種相互作用模型？各有什麼用途？

—參考文獻—

1. 季延平、郭鴻志，《系統分析與設計：由自動化到企業再造》，華泰書局，1995。

2. Thomas A. Bruce, *Designing Quality Databases with IDEF1X Information Models*, Dorset House Publishing, NY: New York, 1991.

3. P. Chen, "The Entity-Relationship Model–Toward a Unified View of Data," *ACM Transactions on Database Systems*, March 1976, Vol. 1 (1).

4. Chen, P.P.-S., "The Entity-Relationship Model–Toward a Unified View of Data," *ACM Transactions on Database Systems*, Vol. 1, March 1976, pp.9–36.

5. Thomas H. Davenport, & James E. Short, "The New Industrial Engineering: Information Technology and Business Process Redesign," *Sloan Management Review*, Summer 1990.

6. Thomas H. Davenport, *Process Innovation: Reengineering Work through Information Technology*, Harvard Business School Press, 1993.

7. National Institute of Standards and Technology, Integration Definition for Function Modeling (IDEF0), FIPS PUB 183, Dec.21, 1993.

8. National Institute of Standards and Technology, Integration Definition for Information Modeling (IDEF1X), FIPS PUB 184, Dec.21, 1993.

9. H. J. Harrington, *Business Process Improvement: The Breakthrough Strategy for Total Quality, Productivity, and Competitiveness*, McGraw-Hill, 1990.

10. Martin, James, *Information Engineering, Book II: Planning and Analysis*, N.J.: Prentice-Hall, 1989.

11. Spewak, Steven H., *Enterprise Architecture Planning: Developing a Blueprint for Data, Applications and Technology.*

12. Tapscott, Don, & Caston, Art "Paradigm shift," McGraw-Hill, Inc.

13. Zachman, J. A., "A Framework for Information Systems Architecture," *IBM Systems Journal*, Vol.26, No.3, 1987, pp.276–292.

第十一章　決策支援系統規劃方法

概　要

　　決策支援所需資訊在本質上是非結構化且變化莫測的。傳統之資訊系統規劃方法的著眼點大都為具結構性的資訊，因此往往無法據以發展出有效的決策支援系統。

　　本章我們介紹三種決策支援系統的規劃方法，分別是整體的資訊系統規劃、關鍵成功因素法與腳本探討法。整體的資訊系統規劃實施起來非常困難。關鍵成功因素分析法將支援的重點置於影響企業之關鍵活動上，是目前最普遍應用的方法。腳本探討法主要的特徵在於以故事情境方式引導決策人員的思維能力。關鍵成功因素分析法與腳本法常合起來使用，以達最佳效果。

第一節　緒論

資訊系統規劃狹義的定義為，開發一個計算機應用系統計劃。它可能包括確定應用的需求、設計程式、為開發準備適當之資源等。廣義而言則是，一個組織為綜合而有系統地尋求與確定其資訊系統需要，所採取的計劃，由此滿足組織近期和遠期的資訊需求。本章使用此廣義的說法。

決策支援系統規劃，是資訊系統規劃為特殊目的而使用的方法，這個目的就是滿足企業人員決策支援所需的資訊需求。

本章中，我們從三個層面來探討決策支援系統的規劃方法。首先，我們提出一個整體分析的規劃方法。此種方法係從企業的總體面來考慮如何規劃其資訊系統，來支援企業的決策。這種方法有其理論上的完整性，但實施起來卻非常困難。其次，將介紹關鍵成功因素 (Critical Successful Factors, CSF) 分析法。這種方法是目前最普遍應用的方法，其將支援的重點置於影響企業最甚之關鍵活動上。第三種為腳本法。這種方法主要的特徵在於，以故事情境的方式改變決策人員思維的能力。

第二節　整體的資訊系統規劃

最早提出整體規劃方法中較有名的有 Nolan 的階段法、IBM 的企業系統規劃法以及資訊工程法。Nolan 的階段法早在七〇年代初期即已提出，是資訊規劃最著名的方法之一 (Nolan, 1974)。Nolan 認為，組織在資訊化過程中經歷各種階段，每一階段皆有其特有的應用組合與管理技術。他將資訊資源的發展分為四個階段，分別是起始期、擴充期、管制期，以及成熟期，並提出適用於不同階段的管理方式。後因資料庫的成熟，令其將四階段推展到六階段，以配合第二波的技術突破。之後，更因通訊技術的快速發展，再將六階段推展到八階段（見圖 11–1）。階段法可幫助企業瞭解何時組織應走到下一個階段，規劃人員可以根據 Nolan 的方法進行規劃，擬定計劃，幫助組織從一個階段轉變到另一個階段。但此方法並不強調規劃的內容。

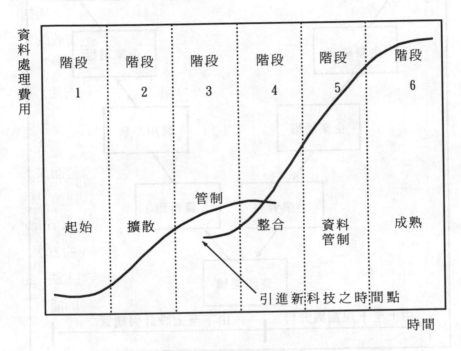

圖 11–1　Nolan 的階段法（資料來源：Nolan, 1979）

一、IBM 的企業系統規劃

IBM 公司提出的「企業系統規劃」(Business Systems Planning, BSP) 是資訊規劃方法中較完整嚴密的一種方法 (IBM, 1984)。它的主要目的是提供企業支援其短期和長期資訊需求的資訊規劃，並將之視為整個企業規劃的一部分。如圖 11–2 所示，IBM 把 BSP 看成是將組織之企業策略轉變為資訊規劃的一個途徑，是將組織的策略集合納入組織資訊策略集合的過程。此一策略集合轉換過程的目的是，使組織能夠確定與其策略緊密相關的資訊系統。

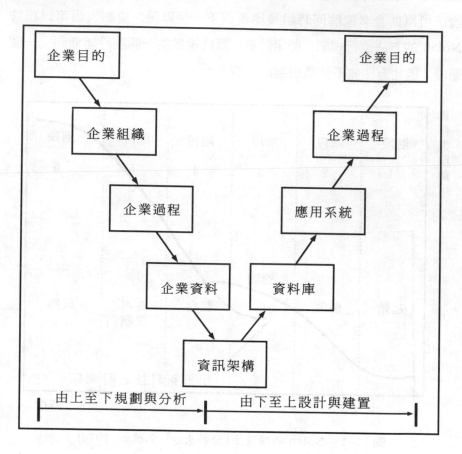

圖 11-2　IBM 公司提出的企業系統規劃

(資料來源： IBM, *Business Systems Planning*, GE 20-0527-04, 1984)

二、資訊工程法

James Martin (Martin, 1989) 提出了內容包括資訊策略規劃方法與技術之使用電腦輔助軟體工程的資訊工程法，其重點在建立結構化的資訊架構，來幫助未來系統的發展。如圖 11-3 所示，「資訊策略規劃」

(Information Strategic Planning, ISP) 的中心工作為建立未來系統的基本架構，而此基本架構勾劃出了企業的資訊需求。ISP 的基本架構可分成以下三成分：

　　1.資訊架構：定義企業所有的活動以及實踐這些活動所需的資訊；即活動及資訊的高階觀點。

　　2.企業系統架構：描述為支援資訊架構所需的資訊系統及所要儲存的資訊；即對應用系統的初步高階預測。

　　3.技術架構：描述為支援企業系統架構所需的軟硬體環境。

　　此三種架構代表了企業為滿足其長期資訊需求而建立之資訊環境的藍圖。

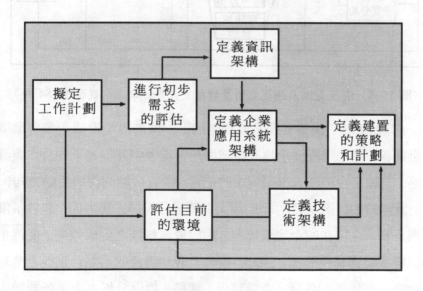

圖 11-3　James Martin 的資訊策略規劃(資料來源：陳明德, 1995)

三、整體的資訊規劃模式

　　以下我們介紹一個決策支援系統規劃之整體性資訊規劃模式。此規劃模式應該包含環境規劃、企業規劃及執行規劃三方面（見圖 11-4）。

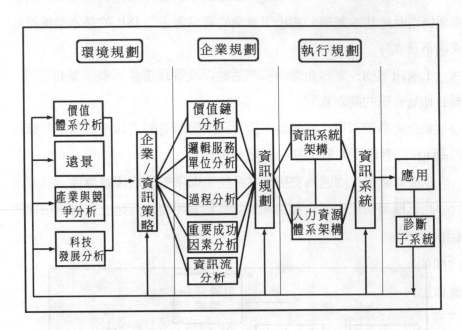

圖 11-4　決策支援系統規劃的整體模式（資料來源：戴台平，84 年）

環境規劃　決策支援系統規劃的第一個階段是形成企業與環境的互動關係。這一階段要求建立企業與經營環境中其他分子的合作與發展策略，它確定企業在未來環境中的位置，樹立可能的決策活動方向。

　　此階段中，係以 Porter 的產業與競爭分析擴大思考面，包括了價值體系分析。在現在的企業環境中，由於資訊科技之促成效果，使得企業得以輕易跨到其他產業，因此，搜尋及評估機會的重點，正從企業的內部朝向企業外部的各種「企業關係」轉移。故應分析本企業所能加入的所有價值體系，以找出企業所面臨的所有決策活動，並認清資訊在支援這些決策活動中的作用。此時決策支援的重點為企業與外界環境的相互作用機會。

　　企業規劃　第二個階段是企業規劃。當企業確定了其合作與發展策略後, 才可從事企業規劃。在此階段中, 企業要從事價值鏈分析、邏輯服務單位分析、資訊流分析與企業過程分析, 來確定決策支援的方式。

價值鏈分析 (Value Chain Analysis) 的最大用處在於分析企業中產生價值的各種營運活動, 並探討各營運活動相對於競爭者的優、劣勢, 以期找出特有的競爭優勢。在此, 決策支援的重點為企業中跨領域的價值鏈活動。

邏輯服務單位分析 (Logical Service Units Analysis) 是為確定組織中的各個邏輯服務單位。如前章所言, 邏輯服務單位是企業的基本職能成分, 也是開發企業模型和資訊體系的基本成分, 而每一項服務皆可看成是一種邏輯服務單位的組合。如何滿足顧客就需要理解邏輯服務單位之間的相互關係, 並對如何構造和佈置這些單位去創造最好的解決辦法, 做出決定。在此, 企業所提供之服務就成了企業邏輯服務單位所構成之複雜網路中各個結點的組合。在此, 決策支援的重點為企業邏輯服務單位中的活動。

資訊流分析 (Information flow Analysis) 係根據所涉及服務的性質, 探討如何利用資訊科技改進不同類型客戶交流的聯絡與管理事宜。即時應付各種要求與詢問的能力, 和精簡行政手續的能力, 是提高服務和生產力的關鍵。因此, 在此分析的重點為企業中資訊的流動。

執行規劃　決策支援系統規劃的最後一個階段, 便是執行規劃。依據前面階段所得之規劃, 企業應如何裝配企業內部的資訊體系, 以及進行人力資源系統的重建? 我們除了必須確定如何最好地利用資訊資源的各種功能之外, 也需要建立提高人員生產力的環境。這方面要靠人員的再教育訓練、權責的重新佈署, 以及有效的激勵制度來達成。

整體的資訊系統規劃方法, 一般而言, 所涉及的範圍非常廣, 而就決策支援活動而言, 大多數又都為半結構性或非結構性的工作, 因此實施起來極其困難。下面所要介紹的關鍵成功因素法, 是一種針對重點的方法，可補救整體規劃方法的缺失。

第三節　關鍵成功因素法

　　Rockart 在 1979 年提出關鍵成功因素 (CSF) 此一概念時，其主要用途是幫助管理者決定他們的資訊需要。按照這一方法，公司的資訊系統應當著重在，擁有確定對達成公司目標具至關緊要地位之少數幾個區域準確、及時的資訊。

　　換句話說，所謂關鍵成功因素 (Critical Success Factors, CSF) 係指，「在一個企業的營運管理之中，若能掌握少數幾個重要領域，便能確保該企業保持相當的競爭能力。若是在這幾個少數關鍵領域的績效好，則該組織便能夠成長，相對的，若在此關鍵領域的表現差，則該組織便將陷入營運困境。」(Rockart, 1979)。這些重要領域事實上也是一個企業絕對不能出錯的關鍵所在。大多數的企業通常只有三到六個決定成敗的關鍵因素，而這些地方也就是企業高階主管經常關注的領域。企業在這些領域的表現，必須不斷地加以衡量，並藉以判斷是否須在運作上做適當的調整。而資訊資源在績效衡量之中，很自然地扮演了一個重要的角色。

　　關鍵成功因素分析法是一個高層次的資訊需求分析方法。希望透過高階主管對企業環境的認知與其對企業的遠景，來界定企業目標及相關的成功關鍵。它提供了極為重要的企業資訊，成為資訊資源管理整體發展重點的依據。而經由關鍵成功因素的分析，也才能夠對如何應用資訊科技為企業帶來機會及協助企業發展有更深刻的體認。實施關鍵成功因素分析大致上可分為三個階段，主要的目標是確保高階主管在分析過程中的參與。CSF 的階段如圖 11-5 所示。

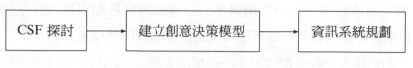

圖 11-5　企業成功因素分析的實施階段

　　第一階段之目的是希望讓組織成員瞭解 CSF 的觀念，以及在配合企業目標與策略的情況下導出 CSF。首先，將舉行初步簡報，目標是讓所有參與的主管瞭解整個分析的過程以及可期望的成果，並達成初步共識。接下來，便是針對高階主管的個別深入訪談，瞭解他們各自對完成任務之 CSF 看法。可能的情況是，各主管皆將偏向於，從其所屬單位的角度來看企業的發展，因此，緊接著的 CSF 整合研討會，則必須由所有的主管參與，並就訪談結果深加探討，以便取得一些一致的 CSF。第二階段的重點是辨認可能的企業決策模式，以及資訊系統所可能帶來的支援機會，並訂定其間的優先順序。第三階段則是系統原型的設計、開發、使用及改進。

一、第一階段：發展 CSF

　　CSF 方法是公司著手 DSS 規劃的有效方法。它協助公司的經理人員專注於重要問題上。它是一種實際且直覺的方法，對高階經理及資訊人員來說，一樣易懂。這個方法找出，為使企業成功，公司活動必須運作良好的領域。此領域將與資訊資源相關連，而在規劃過程中，必須詳述它的資訊需求。以下我們以一家馬達製造公司為例，說明第一階段發展 CSF 的步驟。

　　東方公司製造多種大型數控工作母機和多種家電製造廠使用的馬達。公司另有兩條特殊馬達生產線，製造用於昂貴機器人的特殊複雜馬達。

　　最近，公司的利潤一直在下降。一家來自韓國的競爭對手，在公司的三條基本產品線上進行降價競爭，公司的銷售量和市場占有率降低了。目前，公司只有在特殊馬達市場上，銷售量仍然穩定。

公司銷售人員在定價決策中不願使用資訊部門所提供的成本資料來做銷售決策，而使用一些非法的成本制度。那是他們所設計的一些非正式系統，常常是在其個人的電腦中。顧客也常抱怨公司的定價與服務，因此，有一些老客戶因為不滿意而流失。而在爭取新客戶方面，公司的銷售部門也都落後於競爭公司。

公司的成本結構在過去十年中已大大地改變。多年以前，公司生產相對少量而簡單的馬達，它們所要求的製造支援數量與類型差別不大。人工是這種公司成本結構中的決定性要素。目前，產品數量變大，變得複雜，生產要求也有了更大的變化。精細的馬達要靠機器人及自動化操作來確保製作的品質，人工慢慢變成總生產成本中越來越小的一個組成部分。

公司一直在思考，如何利用資訊系統來改善公司的決策品質。最近半年，新資訊主管與公司的銷售主管紛紛加入了附近中央大學的資訊管理研究班，學到了資訊科技的 CSF 探討方法，瞭解如何利用 CSF 來增加公司的競爭機會。面對公司的各項問題及愈來愈激烈的競爭，這兩個主管一致認為 CSF 探討方法可解決公司目前所面臨的問題。經請示過總經理，獲得同意後，該公司首先聘請了中央大學資訊管理研究班的戴教授為顧問，從事 CSF 的探討方法。

戴顧問首先做的事是，花一個月的時間檢視了有關公司與產業的各項相關文件，包含企業與產業的、目前系統環境的，與目前技術環境的三類。

1.企業與產業文件：包括產業動態文件、年報、企業計劃及預測、組織圖及手冊、公司帳戶圖、公司手冊、企業實務之備忘錄、廣告文宣等。

2.目前系統環境之文件: 包括系統描述、資料管理指示、系統架構文件、系統流程圖與資料庫規格、有關系統架構之備忘錄、資訊系統組織規劃文件、資訊系統組織圖、用戶手冊等。

3.目前技術環境之文件: 包括硬體配置表、產能規劃文件、系統軟體表、網路文件、績效統計、硬軟體需求計劃等。

顧問參考了所有關於企業與其資訊環境之書面材料,將有關之重要事實作資訊分類,並將含重要資訊之文件加以分類,以供未來參考。

顧問進行了對公司業務及產業的概括瞭解後,接著自己發展 CSF 初表與可能的資訊系統解決方案。這些表及方案只是幫助顧問對公司基礎知識的理解,而不是對公司的正式建議。

接下來,資訊主管與顧問展開了產生公司 CSF 之步驟如表 11-1 所示。這些步驟包括了最初對 CSF 概念的傳播,以及對企業 CSF 的認定。

表 11-1 CSF 產生步驟

步　　驟	活動內容	目　　的
A.介紹高階主管 CSF 觀念	CSF 觀念之介紹及其他公司的 CSF 應用個案	取得同意以進行 CSF 產生活動
B.為高層管理人員舉行 CSF 產生面談	執行 CSF 面談	辨認出高階主管的 CSF
C.介紹中階主管 CSF 觀念	CSF 觀念之介紹及其他公司的 CSF 應用個案	介紹 CSF 方法
D.為中低層管理人員舉行 CSF 產生面談	執行 CSF 面談	辨認出中低階主管的 CSF
E.舉行 CSF 整合會議	整合 CSF 並評估各 CSF 以選出最佳 CSF	辨認出 CSF,贏得贊同以著手引入 CSF 企業活動模式

在步驟 A 中，資訊部門主管與顧問透過一系列有關此主題的研討會和備忘錄，介紹高階主管 CSF 的觀念。其目的在，取得高階主管對這一計劃的支持以及為其後的步驟取得贊成意見。

在步驟 B 中，是和每位高階主管進行 CSF 訪談。訪談小組應鼓勵每個人具創意並獨立思考。在準備和顧問會面以前，要求每位高階主管列出個人的關鍵成功因素及公司的關鍵成功因素。

在步驟 C 中，教育中低階主管 CSF 觀念、作法與範例。要求員工為訪談準備 CSF 。顧問就 CSF 概念教育訓練公司員工。

在步驟 D 中，高階經理和顧問一起訪談公司每一層級的中低階主管。受訪者應被要求提出個人及公司的關鍵成功因素。員工描述出所有 CSF 及其意見後，才討論資訊的來源。顧問及高階經理須小心不存有任何偏見，或引導討論方向，並鼓勵員工開放，表達自己意見，而不是僅反映他們對管理階層意見的察覺。

顧問從訪談所得之所有 CSF 中確認各組織層級之代表 CSF 及趨勢。依趨勢分組，刪掉重複的回答，強調部門間的同、異處。最後，從清單中發展出一張公司的 CSF 表單。

發展出公司 CSF 後，便舉行 CSF 會議，以共同檢視、討論公司、部門及個人的關鍵成功因素。在會議中，專注於達到不同部門與人員對重要 CSF 的一致共識，使其成為全公司的 CSF 。

此例最後所得的 CSF 清單包括：

1.以精確的成本管理避免損失。

2.增加顧客的個人化服務。

3.降低顧客的不滿意因素以保留住顧客。

4.增加市場佔有率及提高公司形象。

有了全公司的 CSF 後，即可開始發展達成這些 CSF 最佳成果的企業模式。

預想不到的好處　CSF 過程，如上所述，非常具內省性。在某一程度上，使用這種內省性方法使得經理人員能夠重新思考其單位的定位、自己的責任、每天的工作與時間分配等。許多經理發現，自己每天花了許多時間，做一些不重要的工作。因此，也都能重新訂立目標與作法。這個過程也獲致不同管理人員共識的明確目標，降低衝突，並增加組織不同層級間的合作。不同部門的經理審查並評論最終 CSF 表單，並排列優先次序，用以引導整個組織新的發展方向。

二、第二階段：發展創意決策模型

在有了全公司的 CSF 後，即可開始發展達成 CSF 最佳成果的創意決策模型。所用的方法是，為策劃人員舉行概念產生會議，介紹 CSF 及決策支援系統觀念，並以腦力激盪的方式產生創意決策模型與辨認出 CSF 的成功機會。詳見表 11–2。

表 11–2　CSF 創意決策模型發展步驟

步驟	活動內容	目　的
1	提供資訊系統支援及企業過程改變的課程並介紹公司的競爭地位	介紹資訊系統支援下企業過程重建的概念，並釐清公司在競爭環境中的定位
2	將資訊系統支援下企業過程重建的概念運用於實際的個案	提高員工對資訊系統支援之可能性、有效性等方面的意識
3	舉辦尋找 CSF 資訊系統支援之腦力激盪會議	分成小組產生支援 CSF 的可能資訊運用方案
4	評估 CSF 的企業做法與資訊系統支援機會	評估 CSF 創意決策模型的競爭意義
5	分析所產生創意決策模型的細節	得出每一創意決策模型細節與關鍵之資訊系統支援執行事宜

在考慮 CSF 的創意決策模型時，有時需要重新思考組織的重新設計。因為有許多的企業做法都是在過去沒有資訊系統支援下所發展的，在考慮建構新的資訊系統支援時，亦應考慮在資訊系統支援下之最有效達成 CSF 的做法。

CSF 創意決策模型發展的第一步為，提供資訊系統支援能力及企業過程重建方面的教育課程。這種課程由決策支援系統方面的專家、顧問來領導，課程強調現代資訊系統的能力，同時也涉及資訊系統在支援決策時所扮演的角色。更重要的是，它為參與者提供了分析架構，由此，他們可以辨認出企業過程中資訊系統的支援機會。

另外，此步驟亦要讓員工重新認識公司的競爭地位。方式是讓參加者認識企業競爭的現實，包括市場、產品、顧客、供應商、競爭對手、優勢、弱勢及企業策略等方面。弄懂這些因素後，他們就會思考像「為了公司目標，怎樣用資訊提高決策品質？」之類的問題。

第二步為，將資訊系統在支援決策中所扮演的角色應用於實際個案中。根據所接受之訓練，參與者透過小個案，分析各個過程中決策支援的角色，藉此鞏固他們的知識，學會怎麼識別企業活動和資訊系統支援。

第三步為，舉辦找出CSF 資訊系統支援機會的腦力激盪會議。在這一步驟中，人員將被分成小組，每組 5-8 名，各為不同類型之 CSF 機會進行腦力激盪。有的小組將集中在支援現有企業模型之資訊系統的討論上，有的則將研究創造新創意決策模型的可能性。

為了幫助 CSF 創意決策模型支援展望的改進，各小組可用一簡短之格式描述其展望、欲達成的目標、基本的設計，以及典型的支援等。在 CSF 腦力激盪會議中，最基本的原則是不可批評或估計，如此才不會以任何方式壓抑創造力。

在第四步中，每組將其 CSF 創意決策模型資訊系統支援觀點匯報予所有的成員。小組討論可以針對重複的建議加以分類、淘汰，識辨出重疊的建議並估計 CSF 新企業模式的機會。此處的目的是評定已產生之每一個 CSF 創意決策模型的建議。判斷時，參與者要用到下列估算法則：

＊提高決策品質的程度

＊發展和設置所需費用

＊可行性（從技術和資源的觀點來看）

＊風險

運用這些原則， CSF 資訊系統建議可被分為四類：

1.好主意（在提高決策品質上極為可能）。

2.非常可能（但不是絕妙的辦法）。

3.有一些可能（值得進一步考慮）。

4.不太可能（不值得進一步考慮）。

　　最後一步則為，最佳 CSF 創意決策模型資訊系統支援方案的詳細分析。在這裡，大家將集中注意在最佳 CSF 創意決策模型資訊系統支援方案上，廣泛探討支援這些方案分析所應用的技術、決策支援程度、競爭優勢、責任，以及如何實現等問題。

　　在此腦力激盪會議中，往往都會形成許多的可行方案，而透過會議的進行亦將達到不同建議間的共識。取得共識是必要的，因為它證實了其為最佳的點子，並得到不同群體的支援與承諾。會議之後，所有 CSF 將被整合起來。例如，在最後的八條建議中，三條被定為最佳創意決策模型資訊系統，五條被定為很有可能的。在此，確認之三個 CSF 創意決策模型與資訊系統分別為，顧客資訊系統、顧客抱怨搜集系統，以及作業基礎成本管理系統。高層管理當局得出的結論是，在這些方面做得好，將會得到實現組織目標的最佳機會。

　　顧客資訊系統 顧客資訊系統的業務重點在於瞭解市場行為，並將業務人員導引向最理想及最有可能的客戶。若資訊系統能提供各種人口統計與心理學資料，將可瞭解誰是現有與可能的客戶。利用這些資料，即能按照目標市場區段剪裁產品，做到個人化的服務和產品設計。

欲取得上述之決策支援優勢，需提供收集自客戶以及外部來源的資訊，用以找出及確認有利於新業務的一些線索。就客戶資訊方面，當客戶打電話來時，業務人員就應當能夠立即為這位客戶服務，詢問其有關之詳細資訊，並在適當的時機提出銷售建議。所需之系統應讓業務員能夠同時啟用多個窗口，並同時取用多個系統。例如，當一位客戶打電話來要求改變其訂單上的地址時，業務員可以開啟顧客歷史系統，查詢所有與他有關之訂單的姓名和地址，然後打開第二個窗口，提出一個改變客戶地址的行動要求，最後，還可打開第三個窗口，取出一個為其建議的購買方案。

透過同時聯通多個系統的視窗環境，使這些系統更加易於取用。對資訊日增且頻繁的取用，讓公司成員能更為靈敏地答覆客戶的各種要求，並及時作出各種決策。

顧客抱怨搜集系統 公司業務人員過去因不注重客戶抱怨，因此流失了許多客戶。針對此，腦力激盪會議所產生的方案之一就是，設計更好的客戶調查系統。要在接到客戶電話之後，立即反饋，並改正錯誤。

此系統的一個想法是，在客戶電話結束時，業務員會說：「在我掛上電話後，你願意在電話機旁等十秒或十五秒嗎？你可能會給我們一些有價值的回饋。」當業務員掛斷電話後，一個自動聲音應答系統說：「如果剛才您所接受的服務超過了您的預期，請按一；如果正如您所期望，請按二；如果不滿足您的期望，請按三；如果您想留下任何提供管理上注意的建議，請在電話上說出任何想說的話。」

此系統基本上在各個單位中運作，進行工作的監控，所以各單位皆擁有各自的應答系統。可能的缺點是，業務人員決定誰的評論將得到記錄。因此，必須讓業務人員做到，既要那些肯定、稱讚的回應，也要那些可能是批評的回應。要做到這一點，首先必須讓它完全不具威脅性，也就是，承諾不藉此來責罰他們。

業務人員在每天結束時將得到一個記分。這樣，其在聽到了大量對他自己稱讚或批評的意見之後，將體認到每一個電話都是重要的，而不致千篇一律機械式地對待客戶。

另外，業務人員及其經理應共同聽取這些評論，並寫信向顧客立即回應，向其表明，公司的確聽取了他們的意見。若這些評論超出了其本身的服務範圍，涉及到更廣泛的其他公司問題時，則應向其他的單位反應。

這種系統除了可幫助員工改善工作態度外，也是告訴客戶，公司重視他們的一種有力的方式。

作業基礎成本管理系統　公司成本管理的關鍵問題是間接成本的分配，針對此所製作的企業模型是一個兩階段的作業基礎成本制。第一階段確定各項重要的作業，並根據其使用組織資源的比例，將間接費用成本分配給每一項作業。分配予每一項作業的間接費用成本將構成一個作業成本池。

在第一階段將間接費用成本分配到作業成本池之後，則應辨明那些適合於每一個成本池的成本動因。然後在第二階段中，將間接費用成本從每一個作業成本池，按照產品線消耗成本動因的數量比例，分配到每一條產品線。

以製造冰箱用馬達的東方公司為例說明，其冰箱馬達有三種型號，分別是標準型、高級型和重型。過去間接製造費用根據直接人工小時數分攤。 25 年以來一直使用此種方法。標準型產品成本為$1,000, 定價為$1,150, 高級型產品成本為$2,000, 定價為$2,300, 而重型產品成本為$2,500，定價為$2,900。

標準型以其目標價格$1,150 出售。可是來自別家公司的價格競爭，卻迫使公司將其高級型馬達的價格降低到了$1,800，遠低於其目標價格$2,000。甚至在這一低價位上，公司也很難將其賣出。幸運的是，高級型的低獲利性被重型之高於預期的利潤部分抵消了。公司的銷售人員發現，按照目標價格$2,900 定價時，重型馬達的訂單蜂擁而至。因此，公司曾幾度提高重型產品的價格，最後，這種產品以每個$3,500 的價格出售。甚至在此一價格上，客戶似乎仍然毫不猶豫地提出訂購要求。除此之外，公司之競爭對手亦沒有對重型市場發動挑戰。公司管理當局很高興重型產品有一個適合的市場區段，它看來是一種高獲利、低產量、專門化的產品。

公司會計經理編集了執行作業基礎成本制所需要的基本資料。將間接成本依照成本發生的原因分為五類。第一類與機器時間有關，諸如折舊與維修；第二類與工程小時數有關，諸如檢查與缺陷修理；第三類與材料訂單數有關，諸如採購、收貨與裝運；第四類與工廠面積有關，諸如工廠的折舊、稅金；第五類則與人工小時有關，諸如檢查與搬運。針對這五類，重新分攤間接費用並計算成本後，發現標準型產品成本為$800，高級型產品成本為$1,500，而重型產品成本為$3,800。

標準型和高級型兩種馬達在新的計算方式下，都比在傳統制度下顯示出遠遠為低的產品成本。這可以解釋公司在其高級型產品上所面臨的價格競爭。公司的競爭對手能夠以低價出售其高級型產品，是因為它們認識到，生產高級型產品的成本比公司傳統成本制下所表明的為低。至於重型的成本則激增到超過公司原來估計的三倍以上。重型產品的複雜性及其對成本的影響，完全被傳統數量成本制所隱蔽起來了。

東方公司傳統的成本制高估了高產量產品線（標準型和高級型）的成本，而低估了低產量產品線（重型）的成本。高產量產品從根本上補貼了低產量產品線。現在，透過作業基礎成本制對這三條產品線更為準確的間接費用成本分配，揭露了這個問題。

在公司中推行作業基礎成本制之後，公司在制定產品定價與銷售折扣的決策時就將處於較好的地位了。除此之外，公司也將能較精確地衡量在執行組織之各項重要作業中所消耗的資源成本，確定企業執行各種重要作業的效率與成效，以及評估能夠提高組織未來績效的新作業。有了精確而及時的成本資訊，公司各級經理的決策問題似乎都明朗許多。

有了上述全公司之最佳創意決策模型資訊系統方案後，下一步為發展特定的組織資訊需求。然後，這些需求將成為公司資訊系統設計的投入 (input)。

三、第三階段：開發資訊系統

經過第二階段的創意決策模型情境分析後，就應推導出各種模型所需要的重要活動、重要假設以及重要決策三項結論。接下來，應從事導出這些重要活動、重要假設，以及重要決策所需的資訊需求，建立資訊模式，然後建立資訊系統模式來建構之，如圖 11–6 所示。

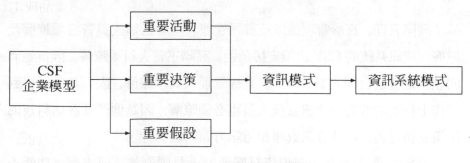

圖 11–6　CSF 開發資訊系統步驟

此外，公司在電腦系統的科技架構上也做了一些變更。首先，公司的多部迷你電腦將由一超級迷你電腦所取代，作為個人電腦工作站的主機，並採用開放式的主從架構。新的超級迷你電腦將有一個新的資料庫，讓員工存取目前不存於線上，而過去為除了分析師及經理之外一般員工無法取得的資訊。

其次，資料處理功能將和文書處理整合。希望這項整合將增進決策人員的效率及成效。這樣的整合性系統將使得在外面進行業務與協商的人員利用筆記型電腦存取資料。這將增加辦公室外部的生產力並加強溝通，員工不論離自己辦公室遠近，皆能取得資訊。

四、結果

公司使用新建立之決策支援系統，已使改進客戶關係的能力大增。新的顧客服務體系協助了銷售部門重建過去十年來的所有客戶關係。此外，公司快速市場資料分析的能力亦大大增加了新的客戶數目。準確的成本資料，更使得銷售人員在與客戶談判時擁有更大的發揮空間。

公司對資訊應用之態度轉變　在 CSF 計劃過程中所產生的創意決策模型，導致管理者做法上的改變。高階主管第一次將注意力焦點集中在 CSF 上。他們現在相信，資訊系統在支援企業決策上起著巨大的作用。

高階管理、直線管理，以及資訊管理人員等三類人員皆必須瞭解及把握住資訊系統的 CSF 決策支援角色。高階主管人員須瞭解，因為他們的任務是確定公司的策略方向。直線管理人員須瞭解，因為藉此可得到工作上極大的改善。資訊管理人員也必須瞭解，因為他們要評估科技的決策支援意義，以及資訊處理和通訊方面的趨勢。

高階經理人過去一向視資料處理為一具限制性、成本高、功能不佳、趕不上變動環境的作業，而現在管理者和員工皆視資訊系統為提升決策品質的主要趨動力。管理階層的態度從畏懼、不信任改變至主動、合作，反映了 CSF 過程的衝擊。公司對資訊系統態度的轉變可由最近一次總經理對全國商會的演說得證。在其說明中，他使用筆記型電腦和寬螢幕電視來呈現試算表、圖表，以及公司產品與趨勢分析，並依發問者的要求動態調整資料及圖表。這次演說改變了與會大眾對公司市場定位的看法，並將公司帶到業界技術領導者的地位。

公司作業預算的百分之十現在控制在資訊經理的手上。但公司預測從業務的擴充、提供新的資訊相關服務，及更佳的成本管理所增加的效益將超過這些費用。

決策支援系統提高了公司資訊取得的能力，增進現有員工的生產力，並使新員工更快地達到具生產力的水準。另外，藉此亦促成了公司各層級新構想的產生，彼此溝通增強，對系統的信任度亦加強，結果是，許多重要的管理決策推到了下層單位的理想狀況。

CSF 方法的困難　應用 CSF 方法有個主要的問題點，即並非公司所有的層級單位皆認為該方法對界定其資訊需求有益。往往只有公司的高階經理人發現，在界定他們的資訊需求時真正有用。之所以會有這樣的狀況，一個原因是 CSF 本身的概念本質讓低層經理在將公司資訊系統與其資訊需求關連在一起時有所困難。關於這一點，可參考第九章對資訊的說明。

另外一個主要原因是，許多公司都無法成功地動員自己的員工，邁向 CSF 決策支援優勢的挑戰。不論這些障礙是觀念上、政治上、人事上，或組織上的，很少有公司組織其各類資源，來抓住這些因資訊系統決策支援用途所帶來的新機會。下面列出從事 CSF 方法所需注意的事項。

1. CSF 方法為業務導向而非科技導向。

2. CSF 專案經由上而下設計過程產生企業的 CSF。一旦所有人員瞭解並接受公司 CSF 後，才能發展創意決策模型。

3. 高階經理人必須強力支持。在這裡必須由高階經理人主動去推動，其他人才會重視。

4.在訪談公司成員前，應教育其 CSF 概念，否則，訪談將產生無用資訊。

5.在初始訪談中， CSF 不應明顯地和資訊需求、電腦應用，或其他要素連結。應先從概括的公司業務或個人活動中確認 CSF ，從中產生資訊需求。

第四節　腳本探討法

在第一次的臺灣民選總統時，許多人擔心中共來犯，在政見發表會上，當時現任的總統李登輝先生籲請大家安心。李總統說他手上現握有十八套腳本，已考慮所有可能發生的情況。一時之間，腳本成了熱門話題，人們都在談論腳本。

腳本 (scenarios) 究竟是什麼呢? 依據 James Martin 的說法:

「科技驚人進步的全球競爭環境下，沒有人能夠準確地預見未來。替代的方案是，計劃人員製作一些腳本，提出一些供選擇之有關未來的設想。這樣，就可以讓主管人員考慮各種發生的情況，以及如果每一種腳本成為事實的時候，他們將採取什麼樣的行動。」

由以上說明我們知道，腳本是一種有關未來事件可能演進的情境，探求在此情境下，決策人員應如何因應。

為什麼要有腳本呢? 因為大多數企業都有其正式程序，作為決策基礎的依據。當過去未出現或考慮的新決策情境出現時，正式程序常常變成教條。經理們只是盲目的遵從，據以行事，而不考慮任何其他可能的方法。不幸的是，舊方法往往是錯誤的。事實幾乎總是出現與正式程序不同的狀況。除非曾經計劃與思考過各種不同腳本，否則公司可能會大吃一驚，而無力從容地、很好地處理發生的情況。

　　因此，在資訊系統規劃中，我們可以利用腳本來勾畫出詳細的未來企業活動情境。在每個情境中，詳細說明資訊系統在活動中所扮演的角色與功能。而當腳本為管理人員所接受時，再去開發此資訊系統。以下我們列舉兩個禮品公司的例子來說明。

一、禮品製造業的產品組合與定價管理

　　禮品製造業的最大機會與挑戰是達到最大的產能利用。欲達到此一目的，不僅要做到爭取最多的訂單，還要以最高的可能價格來接受訂單。由於形勢的要求，禮品製造公司需要具有每天上百次確定禮品組合與價格的彈性。這可能涉及對可能成為客戶的個人或公司甚至某些團體打折扣。一家禮品製造公司可能有一個協調此類活動之產品組合與定價管理小組。該小組由工作小組電腦系統所支援，而此系統有許多工作站與公司各個辦事處（包括經銷商）的網路相聯。它也有一套確定的程序和職責。一般情況下，小組按照圖11–7所示，和下述腳本所描述般地發揮其作用。

　　有一天，一位客戶走進一家經銷商，說其所參加的商會將舉辦會員大會，要準備 2,000 件不同等級的禮品以供抽獎之用。獎品將分成五十級，另外加上三十種特別獎項。經銷商員工透過電子郵件詢問禮品製造公司準備怎麼樣處理這件事情。由於這次的訂購規模較大，問題即到了禮品製造公司的銷售經理那裡。他利用其工作站中的一個銷售資料庫確定在這一情況下所應循行的相應程序。他還利用了上面的經銷商資料庫初步瞭解該經銷商記錄和其與禮品製造公司之關係等資訊。另外，買賣歷史資料庫更使其得以確認所處之競爭地位 —— 例如，其他禮品製造公司可能怎麼做，它們有怎樣的價格安排等問題。最後，其利用電子郵件的形式提出一項折扣要求，送達位於另外一個地區的產品組合與定價管理部門。注意此項訊息是透過直接通訊聯繫，而非透過文書部門。

人　員	活　動	科　技
經銷商	通知禮品製造公司——怎麼辦？	電子郵件
禮品製造公司銷售經理	使用經銷商與銷售歷史檔案、決定競爭地位、提出折扣申請	經銷商檔資料庫、銷售歷史資料庫、電子郵件
產品組合與定價管理人員	分析產能與展望、向銷售經理要求進一步的資訊、開始產品組合與定價管理小組的討論	模型工具、電子郵件、電腦會議
禮品製造公司銷售經理	審查建議並轉送經銷商	電子郵件
經銷商	與客戶簽約並下訂單	訂單連線系統

圖 11-7　禮品製造業的腳本

　　產品組合與定價管理人員收到上述要求後，就在「事件」資料庫中檢視該月可能影響此項提議之生產事件，以及可用的存貨等等。接著，即利用一個模式工具，分析有那些產品適合上述場合以及如何安排獎品大小等問題。

　　銷售經理利用電子郵件要求進一步的資訊，如果發生棘手問題，即要求在產品組合與定價管理小組之內召開電腦會議。結果發現，商會會員大會是一項年度事件，產品組合與定價經理決定舉行一次面對面的會議。在會議上，他們取用各個不同資料庫，以搭配不同禮品組合，將模型投射到螢幕上，供小組中的每一個人審查和修改。最後在形成協議之後，以電子郵件形式提交銷售經理。銷售經理審查此一建議，加上一些促銷提示，即將它轉送給經銷商。

經銷商就該項建議告知客戶，客戶接受之後，即利用訂單連線系統為客戶訂下這宗禮品。交易的發票和輔助文件將以電子資料交換 (EDI)方式送達客戶。

若沒有資訊科技的輔助，此一企業過程，實際上，甚至連產品組合與定價此一企業功能，都不可能做得到。

二、高級禮品的銷售腳本

高級禮品為公司建立聲譽及創造高附加價值的產品，其要求充分瞭解客戶需求，及有能力按場合與特殊要求，製造訂貨，並且在不同情況之下，提供產品和服務以滿足客戶的需要。下述腳本 (列於圖 11–8)是關於禮品製造公司高級禮品部一位銷售代表的故事。客戶 (一家經銷商) 要求用於陳列室展示，亦要求用於具體客戶訂購的高級禮品。此一市場中的競爭關鍵不僅在於產品特性和品質，還在於價格、特殊性、交貨條件和關係上。上述所有這些關鍵因素皆能夠利用高績效之銷售組予以改進。

在這種情況下，銷售代表坐在經銷商的辦公室裡，在他的筆記型電腦上構思各種不同的建議，包括高級禮品圖片的選定、性能、和競爭性成本比較等，並在螢幕上直接提供給委託人。銷售代表亦透過電話連線檢查庫存，提出定價和交貨的條件。客戶亦可提出成交所需要的一些改變，銷售代表針對此提供一些可選用的建議。最後客戶以電子訂購系統向公司下訂單。

禮品公司的產品、零件、庫存、應收帳款等資料庫皆因而做了更新。還自動向秘書、經理、銷售、裝運、會計，和生產各部門發出訊息。各個部門亦按照適當設計的程序，各自採取相應的行動。例如，秘書自動發給客戶一封信，用文字敘述此項安排，並向他致謝。經理記下這位銷售員正在為實現其銷售目標而努力。財務部門則在查核客戶的信用後，

人　員	行　　　　動	科　技
銷售員	構成訂貨、檢查庫存、取得報價	筆記型個人電腦
客　戶	簽訂單	訂單系統
客　戶	按產品、零件、庫存、應收帳款、應付帳款、工資單(計算佣金)更新訂單	資料庫
客　戶	向銷售員的秘書、經理、行銷、裝運、會計、和生產等部門致送訊息	電子郵件
秘　書	致函客戶	文件產生器
經　理	記下員工的成果	電子郵件
裝　運	要求額外支援	電子郵件
財　務	進行信用核查，開出發票	資料庫
生　產	收到庫存低於安全存量的通知、訂購新零件	資料庫、EDI
銷售員	檢查每月成績	工作站

圖 11-8　銷售小組電腦應用腳本

發出一項電子授權指示給生產和裝運部門。生產部門利用資料庫得知某些零件的庫存過低後，馬上透過 EDI(電子資料交換) 自動向供應商訂貨。裝運部門透過電子郵件要求額外支援。另外，在回程的路上，銷售員用他的筆記型電腦檢查其當月的成績，並訂定下週的日程。

　　在上述腳本中，銷售人員利用資訊系統和一套確定的程序有效地工作，目標是提供有效的銷售和良好的客戶服務。

三、腳本的主要功能

　　腳本的主要功能是，藉著故事化的情境來改變決策人員的思維模式。當人們做決策的時候，腦中經常有一個關於事情如何運作的模式。這種思維模式包含了一些依據經驗而來之根深蒂固的假設。一個人的思維模式通常以其經驗為基礎，隨著經驗的延長，發展了獨特的見解，和在不同環境中如何工作的瞭解。隨著經驗的增加，其預先設想的觀念將變得更為強固。然而，大多數的主管人員都沒有意識到他們僵化的思維模式，若向經理建議的一些行動路線與其隱蔽的思維模式相衝突時，這些行動路線將不會被其採納、執行。

使用腳本是一項暴露與改變思維模式的方法。腳本製作人員應有的目標不僅是要表示對可能未來事件的決策，而且還要改變人們思考的方式。因此腳本不應僅僅描述事件，而且還要說明事件為什麼要用新的處理程序和系統結構。腳本必須不僅簡單地陳述故事，亦須以一套基本假定為依據。至於供選取的假定則必須得到檢驗，並探討其全部後果。腳本計劃必須讓經理人員對其過去的思維模式提出疑問，並於必要時加以改變。在主管人員的思維模式得到改進之後，就能夠進而改變程序以支持新的資訊系統。

四、講故事

由於大多數決策情境都過於複雜，不那麼精確，故不可能單獨用圖形和電子試算表來表達。它們需要採用講故事的方式。腳本的故事情境幫助我們將一些事件間的相互關係編織到一起。它們說出事情為什麼以某種方式發生，並涉及感情，產生心理影響，這些都是傳統策略規劃方式所沒有的作用。總而言之，腳本即是在引導瞭解可能發生什麼事情中起著重要作用的故事。

五、腳本法的開發過程

腳本並非只是單純地講故事，它的目的是建立決策支援系統，以下為 James Martin 所建議的腳本法開發過程 (Martin, 1995):

　　1.確定腳本的目的: 關鍵問題或決策是什麼?

2.確認影響決策的關鍵因素與趨勢：列出影響成敗的關鍵因素，以及影響關鍵因素的環境趨勢。在做出關鍵抉擇的時候，主管人員需要瞭解些什麼？

3.按照不確定性和重要性排列關鍵因素：將關鍵因素按照重要性與不確定性排隊。確定那些既不確定又重要的關鍵因素和趨勢。

4.製作 3 或 4 個腳本：製作少數幾種腳本，讓其中重要的關鍵因素有不同的發展。

5.排演：根據腳本做出決策。即與有關經理一起排演在每一種腳本下應做出什麼樣的決策，需要進行哪些改變，不同的腳本將如何影響公司的行動？

6.確認現有思維模式中所需要的改變：腳本揭示了在經理的思維模式中有著什麼東西？什麼東西需要改變？

7.建立決策支援系統來實現腳本情境：重要的是要建立決策支援系統以實現腳本中所探討的情境。

研討習題

1. 說明在規劃決策支援系統時，整體的資訊系統規劃、關鍵成功因素法、腳本探討法等三種方法各有何優缺點，各自適用於什麼樣的情況？

2. 假設你是總統府資訊科科長，請你為總統作一個決策支援系統的規劃，請問你用什麼方法？為什麼？

3. 假設你是集團企業資訊副總，請你為集團企業作一個決策支援系統的規劃，請問你用什麼方法？為什麼？

4. 假設你是陸委會資訊中心主任，請你為該會作一個決策支援系統的規劃，請問你用什麼方法？為什麼？

5. 假設你是期貨公司財務主任，請你為自己作一個決策支援系統的規劃，請問你用什麼方法？為什麼？

6. 假設你是總統府資政，請你為總統作一個腳本，以因應香港九七之後
兩岸直航問題。

——參考文獻——

1. 宋凱、范錚強、郭鴻志、季延平、陳明德，《管理資訊系統》，空中大學，1993。

2. 季延平、郭鴻志，《系統分析與設計：由自動化到企業再造》，華泰書局，1995。

3. 陳明德，〈運用資訊科技改造企業〉，運用資訊科技改造企業研討會，1994 年 1 月 5–7 日。

4. 戴台平，〈企業再造時建構資訊系統策略規劃模式之研究〉，第六屆國際資訊管理學術研討會論文集，中央大學，1995 年 5 月 27 日。

5. James A. Brimson, "Activity Accounting: An Activity-Based Costing Approach," John Wiley & Son, Inc. 1991.

6. Bullen, C. V., & Rokart J. F., "A Prime on Critical Success Factors," CISR Working Paper No. 69, Sloan Management School, June 1981.

7. Druker, Peter F., "The New Organization," *Harvard Business Review*, Jan.–Feb. 1988.

8. Anthony Gorry, & Michael Scott-Morton, "A Framework for Management Information Systems," *Sloan Management Review*, 1971.

9. Gorry G. A., & Scott-Morton, M., "A Framework for MIS," *Sloan Management Review*, Fall 1971.

10. IBM, *Business Systems Planning*, GE20-0527-04, 1984.

11. IBM, *Information System Planning Guide: Business Systems Planning*, 3rd ed., 1981.

12. Martin, James, *Information Engineering, Book II: Planning and Anal-*

ysis, N.J.: Prentice-Hall, 1989.

13. Martin, *The Great Transition*, AMACOM, 1995.

14. Nolan, Richard, & Croson, David C., *Creative Destruction: A Six Stage Process for Transforming the Organization*, HBS Press, 1995.

15. Richard Nolan, & Charles Gibson, "Managing the Four Stages of EDP Growth," *Harvard Business Review*, 1974.

16. Richard Nolan , "Managing the Crisis in Data Processing," *Harvard Business Review*, pp.3–4, 1979.

17. Porter, M., *Competitive Advantage*, Free Press, New York, 1985.

18. Rockart, John F., "Introduction for Management Support Systems," *Proceeding in The Information Systems Research Challenge*, Harvard Business School Research Colloquium, 1985.

19. J. C. Wetherbe, "Executive Information Requirements: Getting It Right," *MIS Quarterly*, March 1991, pp.51–65.

20. William Zani, "Blueprint for MIS," *Harvard Business Review*, pp. 11–12, 1970.

第十二章 決策支援系統的開發方法與工具

概　要

　　決策支援系統開發所需方法與工具與資料處理系統是不一樣的，這是因為決策支援的情況非常動態，因此其所需要的資訊在本質上是非結構性且變化莫測。傳統生命週期法的著眼點大都為具結構性的資訊，因此往往無法據以發展出有效的決策支援系統。

　　本章我們介紹四種決策支援系統開發方法與工具，分別是專案管理、快速雛形法、專家系統與試算表。專案管理說明了整個整體決策支援系統開發專案的過程需要注意的事項。快速雛形法則只說明專案中的系統建置所採用的方法，專家系統提供了類似專家之推論來支援決策，電子試算表則是個人決策支援最常用的工具。

<h1 style="text-align:center">第一節　緒論</h1>

決策支援系統為管理資訊系統的一個重要組成分子，無法避免地聯結於組織的電腦系統。因此，任何決策支援系統的學習，都需要對其與電腦資訊系統的關係有所瞭解。在本節中，我們先簡單複習電腦資訊系統、資料庫與網路通訊的基本概念，然後在後面再來介紹系統的開發工具與方法。

一、電腦資訊系統

電腦資訊系統的四個主要組成成分如下：

・硬體成分：包括進行實際計算的中央處理單元、輸入與輸出裝置，以及諸如磁碟機之類的儲存裝置。

・軟體成分：即電腦程式，它給予電腦各種指令。

・資料成分：進入電腦供儲存或以有系統之方式操作的數字或文字。

・人的成分：操作與維護電腦硬體、選擇與開發軟體，並幫助電腦資訊系統用戶的人員。

在開發決策支援系統時，首先要了解電腦資訊系統的四種成分是否皆有所準備。而在資料成分中，目前已經到了資料庫管理的時代。下面我們來看看什麼是資料庫管理。

二、資料庫管理

儲存於資訊系統中的資料，無論是在電腦儲存器還是輔助儲存器中的，通常都以資料庫的形式存在。通常一個資料庫內都有幾個檔案，用於各種不同的目的。例如，一統連鎖超商的資訊系統檔案之一為銷售記錄檔案。此一檔案包括了產品項目名稱、區域、顧客年齡、單價、數量，以及庫存餘額等。資料庫中的每一個檔案一般都與幾個資訊系統用戶的需求有關。例如，一統連鎖超商的銷售記錄檔案，會計部將在編製報表時使用它、庫存人員為確定進貨而使用它、行銷人員為瞭解顧客行為而使用它、而駐店經理則會為了安排店面陳設而使用它。

　　至於資料庫管理系統則是一設計的軟體，其用來幫助資訊系統得以最有效地利用其資料庫。一統連鎖超商的資料庫管理系統考慮到各種不同檔案間的相互作用，並限制及允許有關的用戶組合進入各檔案。連鎖超商的資料庫管理系統還為了防止未經授權的人接觸特定資料，而提供資料保密的功能。在設計一個組織的資料庫和資料庫管理系統時，管理會計人員常常與電腦資訊系統人員一起工作。因管理人員瞭解在決策過程中將需要哪些資料，並能指出哪些用戶將會需要存取該項資料。這些資料可與其他公司之資料庫加以整合，以提供有關銷售模式、客戶對傳統和新產品的反應以及市場對產品宣傳的反應等資訊。

　　下面我們來看決策支援系統除了資料庫外，還涉及那些東西。

三、一統連鎖超商的決策支援系統

　　一統連鎖超商的決策支援系統整合來自各個不同方面的資訊，並以圖表形式呈送高階管理者。例如，自銷售點獲取的資訊，可以畫成圖形，表示按地理區域劃分的客戶購買模式。以這些結果為基礎，廣告和銷售策略可以設計得更有效率。另外，可以根據人口統計資料，與其他地理資訊的結合來評價企業和公司服務的地點。亦可畫出圖形表明各個備選位置之相關資訊，例如，考慮目標人口、交通路線、重要供應物品的可獲得性以及競爭對手的位置等。

　　一統連鎖超商的員工用一個手持的讀碼裝置閱讀貨架上的產品標籤條碼。這種裝置與顯示比如必須有多少物品放在貨架上、是否已訂購了新貨、是否已調低了價格以打敗競爭對手，以及是否應當調低銷售不理想之貨物的價格之類的商店庫存系統之間，有著店內的無線電聯繫。這種資訊對於商店的管理者來說是至關重要的，而它也傳輸到了位於臺南郊區之一統連鎖超商總部。總部不斷保持跟蹤顧客之喜愛，所以能比商店經理更準確地預見銷售趨勢。總部亦將這種資訊發送給一統連鎖超商的庫存分配中心。

不僅如此，一統連鎖超商的資料庫更與供應商的資料庫結合了起來，這種結合對於廣告計劃的制定和銷售量的提高特別有價值。此點可透過店裡的廣告和製造顧客可能購買之不同產品組合來達成。例如，將玩具放在兒童食品旁邊，以創造更多的銷售。電腦資料表明，某些物品陳列在一起時，顧客往往會一併購買它們。供應商可依此決定，應當製造那些一同出售的物品。

一統超商的決策支援系統反映了現代化資訊系統的面貌，而其中最具影響力的一樣科技就是網路通訊。

四、網路通訊幫助人們掌握資訊資源

網路通訊將使用者帶出簡單的試算表領域，進入了聯合決策支援的世界。使用者可在許多地點建立強有力的模型，包含了從財務計劃到市場模型之各種企業狀況和問題，並將它們整合納入決策過程。一般情況下，這類系統顯著地減少了平均處理電話的時間。客戶打電話來開始一項業務時，系統即直接從電話網路得知對方的電話號碼，並用它找出此客戶的相關電腦檔案。就在回答電話的同時，適當的客戶資訊已經顯示在業務員的電腦螢幕上面。此過程消除了業務員詢問然後再輸入設置客戶帳戶所需客戶資訊的必要。

當一位再次訂貨的客戶打電話給公司時，電話一到，對方的簡況就出現在經營人員的訂貨登記螢幕上，還有一些為了避免重複客戶基本資料的其他相關資訊。經營人員即可根據客戶資料做出有利於客戶服務的最好決策。

更好更快的決策支援能力使企業的經營形態發生了根本上的變化。利用快速處理、模式分析，和各種模擬工具來預測及比較各個備選方案，並分析結果，此有助於保證各項決策有最大的可能達到最佳的選擇。

另外，透過網路，決策支援系統更可從各個公司來源收集資料，並產生易懂之線上、圖形化的資訊，用來支援主管更佳的決策制定。透過網路取得的資訊可涵蓋企業所有分部之所有活動，甚至可以伸展到企業外部所產生的資料。

試算表軟體能夠簡單地以圖表的形式分析上述資訊。越來越明顯的趨勢是，資料表現的設計將落在使用者的手中。透過螢幕將各種圖形聯結起來，或者透過簡單的電腦對話，創造出問題的解決辦法。

一統連鎖超商的所有主管都可在二十四小時內取用公司的重要資訊，包括公司最大供應商的檔案、有關公司績效的最新資料、公司之生產力資料，以及影響公司的市場趨勢。來自新聞媒體以及其他外部資料庫之有關市場和其他可能影響公司經營的資訊也是可以取得的。所有關聯於公司實體、財務和人力資源的資訊，都是執行企業決策所需要的。

筆記型電腦的使用使得銷售人員或支援人員能為顧客做更多的事情。其上可能安裝了一個專家系統，以便讓銷售人員能夠在顧客現場提出一些具體建議。有一家設計公司，過去的做法是透過銷售人員搜集顧客意見，回去後畫出設計圖以出售其設計裝潢理念。它通常需要四個星期的往返磋商才能提出一項建議，在這段期間內，往往就流失了顧客。現在，每位銷售人員用筆記型電腦在顧客的辦公室裡就得以設計方案，進行工作，與顧客直接磋商。通常，拜訪一次顧客，生意即可成交。銷售量因而也就大大地提高了。

　　未來管理者間的溝通將是，每一位經理的個人電腦皆與其他經理的電腦像蜘蛛網一樣地聯結了起來。在每一位主管人員的辦公室中，只要輕輕一觸鍵盤，廣泛而相關的資訊立即可用。這將改變和提高公司的決策水準。

　　個人電腦或終端機將被使用在工作報表的收發、文書的處理、圖形軟體報表之製作與使用、電子試算表之運算及分析與預測、模型的製作，以及透過電子郵件進行聯絡與溝通等事項。管理者所要求的不僅是資訊，而是一個完整的電腦環境，以用來支援其聯絡、溝通、資訊處理，和決策活動。因此決策支援系統將是公司整體資訊系統不可分割的一部分，如圖12–1所示。

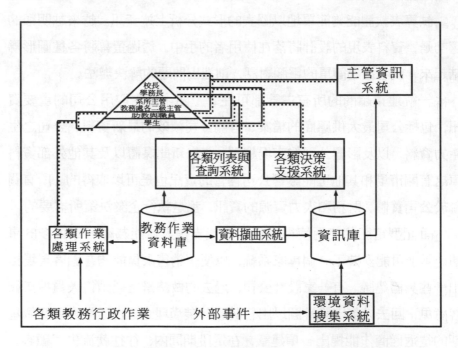

圖 12–1　大學教務行政的整合系統

　　圖 12–1 列出了大學教務行政的整合系統，圖中說明教務行政所涵

蓋之用戶上至校長、學務長，下至助教、學生。其大多數的應用都屬於
決策支援系統。

五、實現決策支援系統的方法與工具

過去，大多數公司的決策支援系統都失敗，許多資訊經理人已對其
失去信心。但近年來，真正有用之決策支援系統的設計，已經成為現實
而可行。其主要是拜電腦軟、硬體進步所賜。此外，電腦的速度和能力
顯著增長，而成本卻大幅下降。革新之軟體程序已被設計出來，用戶界
面也越來越能為決策人員所接受。衛星傳播、群體系統、區域網路、電
子郵件以及辦公室自動化，對於任何決策支援系統來說，都將是十分重
要的。

整合系統的實際設計、開發和執行，應遵循規定明確之專案方法
論。在這個過程中，第一步包括，資訊資源與控制程序需求方面的全面
分析。此分析一旦完成，系統之實際設計和開發即可開始。設計與開發
包括特殊軟體部件的採購、新部件的設計，以及管理程序的開發。新系
統的最終成功因素在很大程度上取決於新系統如何精確地滿足所要求之
規格（正如初期分析中所定義的）。

資訊系統的開發方法，主要有傳統的生命週期法 (System Develop-
ment Life Cycle, SDLC) 與快速雛形法 (rapid prototyping) 等。生命週
期法主要適用於結構化任務的系統開發，而快速雛形法則適用於非結構
化任務的系統開發，諸如決策支援系統之類。在開發決策支援系統時，
若使用了錯誤的方法，將永遠達不到正確的結果。

決策支援系統最振奮人心的潛力是在人工智慧 (AI) 領域。AI 軟體
與電腦工作站的種種進展，正為專家系統的開發作出貢獻。專家系統可
用來為管理和技術等廣闊領域之問題制定決策。AI 在專家系統設計中
的潛力發揮在用戶能力的提升，其為用戶提供工具，此工具不僅能迅速

接近大範圍的資訊，並且提供手段，進行幾乎像專家那樣的理性處理。另外，在心理上，人們必須承認並打開心扉來接受 AI 在此中所擔任的角色。因為，只有使這些新工具使用到決策支援問題的潛力具體化，我們才能為日益複雜的環境，帶來新的秩序與方向。

在傳統的決策支援系統以及個人資訊系統方面，試算表一直是最普遍的工具，它的簡單易用，也吸引了大多數的決策人員，用其來設計各種資訊的呈現方式。

在本章以下各小節中，我們分別介紹專案管理、快速雛形法、專家系統與試算表。

第二節　專案管理

一個整體性的決策支援系統涉及了企業中不同決策人員的資訊需求，其用到了企業寶貴的資源，也為人們帶來了深切的期望。為求其有效的開發，必須運用專案管理的方法。

專案是致力於某特定目的的一個組織。專案可能龐大、昂貴、獨特或高風險。所有專案均需有明確的目標，並有充足的資源以執行所有要求的任務。專案最終須完成某種特定的目標或產出。這些產出可以用活動、產品、服務或專案產生的資料來加以定義。為了完成這些目標（產量），專案需要有適當的投入或資源，諸如人員、資金、設備與材料，在完成目標的過程中，供專案耗用。

一個企業資訊系統的壽命，從最初的企業需求到系統的正常運作與維護，可大略分成(1)規劃，(2)開發與(3)使用等三大階段（見圖 12-2）。此三大階段的任務與重點各不相同。

圖 12-2　資訊系統專案管理階段

（資料來源：郭鴻志、李延平，《系統分析與設計：由自動化到企業再造》，華泰書局，1995）

一、規劃階段

專案管理的責任是將完成工作所需資源分配予專案，並確保資源以最適當的方式被加以利用。但如何確定分配予專案的資源數量，以及如何決定這些資源是否按專案目標得到有效利用，這就有賴於專案規劃了。故專案管理首重規劃的制定。規劃要詳細，勾畫出整個程序的長遠藍圖，其次，要用以獲取高層管理不斷的支持。假如高層管理對系統最終將為組織作些什麼有了充分理解，開發之努力就會有更大的存活機會。一般而言，專案規劃應完成下列要件：

1.系統目標：應準確描述系統要完成什麼以及為何人所使用。系統目標應規定職責、項目、系統所能達到的管理水準，以及將要提供的資訊類型。確定系統目標的一個原因為的是，決定即將開發系統的範圍和複雜性以避免籠統、含糊不清。例如，「本系統提供管理者履行其職責所必須的一切資訊」之類的敘述是沒有太大幫助的。在某些情況下，明確指出該系統無法服務之領域是重要的，因其有助於防止將來專案組織實體潛在的誤解。

2.系統標準：必須確定相當全面性的標準，規定該系統的參數。系

統包括的所有項目（即計劃、日程、評估、會計、成本管理、設備與材料
管理等等）均應明文規定，這些項目所述及資訊之詳細程度也應明確規
定，藉此對專案進行管理，並確定或提供有效管理專案所需要的界限、
資訊和控制水準。這些標準要準確反映出系統運作時所處的專案管理環
境。

　　3.工作計劃：有關系統之設計、開發、執行和維護等工作要定義清
楚。負責從事各項工作的組織亦須明確定出。在系統初期概念化的階
段，詳細工作計劃的意義不大。進行了全面的分析，辨明組織內現存的
系統資源和必須開發的新系統資源之後，才能發展出詳細的工作計劃。

　　4.日程與預算：主要階段的排程與粗略的全盤預算，亦應包括在系
統規劃之內。在這裡，主要重點還是集中在確定整個程序的時間和界限
上。

　　專案管理者計劃、組織，並進行人員配備和控制，以在時間、成本
和產出的約束下促進目標的實踐。計劃是用最經濟的方式來為資源保證
作準備的過程。控制則是讓進度按照程序進行的過程。而計劃為控制的
基礎。在此方面有一些幫助計劃表達並作日後控制的工具，主要有甘特
圖、要徑法與計劃評核術。

　　甘特圖　　甘特圖，主要設計用來控制計劃方案的時間因素，見圖
12-3。圖中列出了一假想專案的主要日程，它們相應的開工和完工時
間，以及它們目前各自的狀態。準備甘特圖的主要步驟如下：

　　1.對專案進行分析並確定應用的基本方法。

　　2.將專案分解為需對其進度進行衡量之合理數目的排程。

　　3.對每道步驟完成的所需時間進行估算。

　　4.依順序排列各道步驟，考慮某些步驟可以同時進行，而某些步驟
則必須按順序開工。

　　5.如果已經指定了一個完工時間，即需對圖進行調整，直到其合乎

時間（週） 工作項目	1	2	3	4	5	6	7	8	9	10	11	12
A												
B												
C												
D												
E												

圖 12–3　甘特圖

要求為止。

　　甘特圖的主要優勢在於計劃、排程，及其當前進度皆可在一張圖中一起描繪出來。圖 12–3 顯示了五道步驟之計劃，和十二個星期的排程，以及當前（第二週末）進度狀態的說明，比如步驟 A 稍微落後於計劃進度。儘管具備了這些重要的優點，但是甘特圖對預估準確度不高的複雜專案來說用處卻並不太大。其原因是，甘特圖的簡單性妨礙了它提供足夠細節來及時察覺作業時間較長之步驟上的時間損耗。而且甘特圖也未能表現出各步驟間的相互依賴關係。因此，想要透過甘特圖來將專案工期的延誤歸因於具體的步驟是困難的。最後，甘特圖對於一個大型專案來說也不易建立和進行維護，而且還容易很快地過時而失去作用。

　　為補救甘特圖的缺點，對於包括設計、採購，和建置的大型專案，CPM（要徑法）是非常流行且有效描述專案主要要求途徑的方法。至於大型且包括各種活動而其結果卻不得而知的開發專案，PERT（計劃評核術）則為最有效的方法。由於 PERT 能調整後段期限的活動，有助於替補計劃的開發。幸好，今天市面上有許多完善的 CPM／PERT 軟體，可以滿足各種要求。對 CPM／PERT 有興趣的讀者可參考(Moder, 1983)。

就決策支援系統的開發而言，規劃階段最主要的任務便是要完成下列三項工作：

1.完成「專案管理規劃書」。

2.完成「系統規劃草案」。

3.完成與客戶的簽約協議。

第一項任務「專案管理規劃書」的目的便是將專案組織建立起來，並賦予這個專案任務與資源，使得一個資訊系統往後的開發工作有了全權負責的單位。要建立一個健全的專案組織，必須考慮人員的經驗、專業能力、配合度、軟硬體資源是否充分，以及時程安排是否合理等問題，以確保專案在後續的開發階段裡能夠正常、順利地運作。這項任務所牽涉的課題傾向於管理面，例如成本估算、時程安排、組織方式等等。

第二項任務「系統規劃草案」的目的便是與客戶建立關於最終產品的初步共識，而客戶藉由「系統規劃草案」的內容，可以初步瞭解產品是否能滿足其需求以達成自動化的目標。這個系統規劃草案的著眼點在於描述整個系統是「什麼」，而不是「如何」開發系統，或系統內部的細節。因此，草案中只描述最終產品的硬體架構與主要軟體功能，另外包含經費估算的結果、系統的預定進度、未來產品之交付項目、驗收程序以及雙方的權利與義務等等。

二、開發階段

此一階段詳細描述系統，進行建置，並實際將其試用於決策支援。此階段可分為五個子階段，分別是系統分析、軟體需求分析、設計、寫碼，以及測試。

系統分析　第一步驟的分析是最終開發有效系統的關鍵。分析階段的主要目的是確定我們現在有什麼和我們將來需要什麼。成功開發資訊系統最重要的一步，是確定系統本身的性質和它運作的環境。需要對現存的組織資源和專案管理方法做徹底的分析，以開發出全套系統目標和系統標準。這種分析將決定詳細的工作計劃、預算和日程。

在此階段，首先要確定組織現有系統的範圍和價值，詳細規定系統的各項要求，這項工作需要有專人來組織、指導和完成。典型的小組包括一名管理者專門負責小組的工作，和幾名在系統分析、制訂計劃、制定日程、評估、成本管理、設備與材料管理等方面專長的專家。

其次，需詳細制訂包括在分析中的各組因素，展開適當的訪談和填寫調查問卷，並建立一套機制來篩選和評估所有搜集到的資訊。

調查計劃包括下列內容：

1.備忘錄：用簡單的備忘錄通告所有分析人員，分析的目的、包括的主題以及所要求時間的長短。備忘錄要告訴所有參與者努力的重要性，並要由高階管理者簽署。

2.調查問卷：設計良好的問卷可確保所有適當的主題在訪談中都不會被遺漏。訪談者可利用提綱或清單，使談話按照所要求的主題展開。問卷可以在訪談之後填寫，倘若必要，可舉行追蹤討論以填補空白。

問卷應設計到能從被訪者那裡捕捉到有關下列主題的資訊：

・單位的職責與功能
・與單位的接觸面
・基本工作任務
・執行這些任務所需要的資料
・執行這些任務而產生的資料
・問題、要求和建議

此外，問卷至少應調查組織的三個主要方面，包括：①資訊要求和資訊流程，②方法與程序以及③組織使用的系統。

每一個被調查的組織單位都可以產生簡單投入／產出圖表。而後，可以將這些圖表連接起來（因為一個單位的資訊產出可為另一個單位的資訊投入），產生一個混合的系統資訊流程。這張整個系統的資訊流程圖將成為設計整個系統邏輯的工具。

　　要辨認出被納入分析之每一位個人和某領域，並要編製出一個相當全面的時間表，以確保調查不會超出預計時間。要在管理部門對專案仍興致盎然時，與每個人面談。並要在採訪仍然記憶猶新時，將調查結果編成文件。

　　編製調查結果　為確保對所搜集資訊的評估有較高程度的一致性，首先應將資訊分門別類而後按管理層次加以編製。做到這點後，就要再進一步按照各管理部門所需之技術、管理和行政類型加以細分。

　　將分析期間獲得資訊加以分類的目的，為的是將適用於決策支援系統要求的，與不適用於決策支援系統的那些東西明確區分開來。

　　軟體需求分析　軟體需求分析包括組織現存資訊和系統資源的分析，以確認現在可資用來建設決策支援系統的是什麼。從這種分析可產生出需要獲取或開發的系統和程序清單。

　　在此一步驟，我們展示出一張相當詳細的藍圖，從中可以看出將來的系統是什麼模樣，它將為經理人員做些什麼，要達到將來的系統需多長時間、多大代價等。盡可能詳細地在實際設計系統以前，說明所有用戶的需求。

　　系統設計　這裡所討論的「系統」，包括人、程序和電腦軟硬體。此三者結為一體處理資料，生產出及時影響管理決策過程的資訊。注意，我們並非只談產生資訊支援決策過程，我們要指出的是，必須迫使決策過程作為系統資訊產出的結果而發生。這裡的含義非常重要，因為要使系統思想真正為決策過程工作，參與決策過程的人必須成為投入、產出、回饋循環的組成部分。

　　在設計時，要先建立決策支援方法或未來企業運作模式，以鑑定必須使之可行的資訊資源類型。這種分析必須產生非常全面的系統標準，以及整個決策支援系統概念的初步描述。此步驟的最後產品，將是行動計劃，詳細說明如何實施，由誰來擔任及要花費多少。

開發特定決策支援系統所需的設計開發工作總量，取決於系統的複雜度、專案需求之不確定性、專案開發的時間與資金，以及負責人員所掌握之知識和經驗。很顯然地，考慮各種因素時，必須加以權衡。基本上，有三種根本性策略，可供使用：

1.專門化設計和訂製：對於那些獨特的、大型的或複雜的專案，有必要從頭開始設計和編製專門的應用程序。有時亦可購買一些合用的套裝軟體和訂製軟體，以滿足特定用戶需求。專門化設計和訂製要有相當大的投資，只要最終系統能支援各個經理的特殊決策類型，並提高其決策品質，那麼此項投資便是值得的。

2.特殊軟體的訂製：帶有例行性或簡易要求的決策支援工具，例如SPSS、SAS可由商業上許多可用的套裝軟體來滿足。近年來，決策支援工具新產品大量問市，商業上可用的軟體部件應有盡有，從比較簡單、低廉、為個人電腦所設計的，到非常複雜、全面的決策支援系統。

3.系統整合：這裡的策略是，將各經理現有之決策支援系統的主要部分加以整合，設計一套整合的決策支援系統。

不管使用何策略，根本問題還是要保證設計的系統能支援特定決策有關的種種要求。

寫碼　此一步驟，要集中努力於軟硬體有關程式的設計、開發和執行。特別是在這個階段，應分析有那些商業用途的軟硬體，可滿足特定的決策支援要求。透過適當之分析和成本權衡的考量，來選擇適宜於決策支援系統整體概念的系統。新系統應盡可能地與現存系統並行操作，以便使之配合真實的決策支援環境。

測試　系統的每個部分都要完成其各自的單元測試。一般來說，所有功能都要經過測試，直到系統去除了程序中的錯誤，製成文件，並且結果經過核對時為止。

另一重要的測試，就是證實測試。不應將這種測試與單元測試混合在一起。此為系統設計人員或程式人員以演練的方式來檢測程式。證實測試將包括在真實的決策支援環境下，系統在操作與應用各方面的情形。這將包羅萬象，從資料搜集、輸出報告的接收與利用，到隨之而來的管理行為。首先要撰寫一份正式的測試計劃，而且此份計劃至少須達到系統程序計劃中規定的各項系統標準。如果專案管理者一直認真地保持最新的程序計劃，此事就輕而易舉。

實際而正式的證實測試也許要跨越一個很長的時間週期，專案管理者和系統設計者必須客觀地評估每次測試的結果，並確定它們是否在既定標準之內。顯然的，總會有一些合乎需要的修正和改進，但是專案管理者必須果斷和具選擇力，以確保系統的及時使用。

在任何事件中，系統都必須在真實的決策環境中加以執行。至於系統有效性的測試則在於，是否管理者能夠利用它來制定決策。可惜的是，大多數新系統的情況並非如此。而這就是何以位於第三之使用階段是最重要階段的原因所在。

上述五個步驟各有其負責的產出。我們分別列舉如下：

(1)系統分析階段 ── 「系統定義書」；

(2)軟體需求分析階段 ── 「軟體需求規格書」；

(3)設計階段 ── 「系統設計規格書」；

(4)寫碼階段 ── 軟體程式與可執行碼；

(5)測試階段 ── 測試資料與測試歷史記錄。

在上面的幾項文件中，最重要的當屬「軟體需求規格書」了。一方面因為它是開發階段初期開發者與使用者的重要溝通橋梁；二方面因為它是往後各階段的主要指導文件；三方面因為它也是合約雙方在最後產品驗收時的主要依據。事實上，軟體需求分析也是開發過程中最困難的一個階段。

　　在這個階段有著不同的方法論，傳統的方法稱為生命週期法。生命週期法是使用最廣也影響最深遠的系統開發方法，但是其有許多不盡理想之處。為瞭解決生命週期法的一些問題，許多學者在 1980 年代以後投入了軟體發展過程法的研究，並提出了「軟體雛型方法」與多種傳統生命週期法的改良。隨著自動化工具的演進以及關聯式資料庫的進步，雛型法漸漸成為發展主流。而系統分析的重點也成為著重在資訊的策略規劃。

三、使用階段

　　專案管理的第三個，也是最後一個階段為使用階段。其與第二個階段重疊，包括教育與訓練所有的系統使用人員。必須為各層管理人員組織適當的教育訓練班，並定期開辦研習班。此外，所有文件也應定稿。一旦用戶感到滿意，覺得該系統滿足其需求，開發小組的工作程序即可逐步停止。

　　總歸此階段的目的為確保人們知道如何應用該系統。讓其利用實際的決策活動進行工作，並按需要加以改進。此階段的主要任務包括文件編製、教育訓練，以及正式使用後的維護工作。

　　文件編製　系統設計人員一般都不喜歡的一項任務，就是編製文件。然而，對整個系統的有效應用而言，這卻可能是最重要的任務。尤為重要的是，適當的系統文件編製可在第一線滿足系統用戶和那些想維持甚至想提高系統功能的人們的需求。在這方面，編製的文件有四種：

　　1.系統文件：這些文件按設計理念與作法提供予管理機構，明白說明資訊系統在所有層次如何工作。它總括所有界面程序、檔案，以及連接一切工作的邏輯。

　　2.程式文件：程序文件提供程式員所編製之原始程式與說明。

　　3.操作文件：說明任務與程序之間的關係，並建立時間順序。它說明每項任務的責任，提供所要求的行動程序。這種程序必須含有處理工作步驟的必要資訊。

　　4.用戶文件：這一部分提供有關所有系統輸入資料的描述。對控制和處理原始資料文件以及報告有關的資訊，也要加以描述。

　　在設計的同時，應儘早開始上述所要求的文件編製。事實上，文件編製應成為與系統設計開發平行的強制性工作。專案管理者應設計一份文件編製清單，詳細規定與每一主要系統因素相關連之四個文件檔案，並提供一個初稿、定稿和全文發布文件時間表。一般來說，初稿文件是簡單提綱，能滿足整個初期設計工作的需要。但是，到該系統已設計就緒時（在程序開發和執行階段），這種文件編製就應開始變為描述性的手冊。一旦系統的證實演示測試完成，系統文件編製手冊的修訂出版就成為一項簡單的任務了。

　　在需時一年或一年以上完成的系統中，很難維持最初的小組原班人馬。人員的變動勢在必然，因此，保持一個貫徹專案始終之一貫有力的文件編製是絕對必需的。

　　教育訓練　同樣地，教育訓練也應在程序中儘早開始。普遍的錯誤是坐等系統問題成堆，才想到教育訓練系統用戶。系統將會有更多用戶，其使用亦將會更有效率，倘若各管理層都逐漸懂得系統的哲學與機制，按下列階段指定教育訓練計劃，問題便迎刃而解：

　　1.第一階段教育訓練：系統哲學。要計劃舉辦一系列方向性研習班，向管理者解釋在決策制定中，資訊系統所擔任的功能。這些研習班要集中討論能提供給所有管理階層的資訊類型，並詳細講述如何利用該系統將所有決策情況維繫在一起。尤其應當組織專題討論會，讓不同的管理階層批評過去系統所無法滿足決策之處。這種回饋可用來提高現行系統的設計工作。

2.第二階段教育訓練: 系統能力。此段教育與訓練要討論系統的「難題和意外」, 並集中於中層管理和決策專家。教育訓練要涉及細節, 而且會提到一些術語, 例如 CSF、決策情境法等。那些依靠資訊系統取得例行資料和報告的組織, 必須清楚, 他們從系統那裡可以得到什麼類型的資訊, 以及無法得到什麼類型的資訊。

3.第三階段教育訓練: 系統操作。必須為操作與維修系統的那些人提供正式教育訓練。一般來說, 這種類型的教育訓練是針對技術員和系統工程師的, 其可能包括設備製造商和軟體廠商開設的專門課程。此部分教育訓練計劃的重點也是集中在資訊部門將開發之系統相關的標準操作程序上。

4.第四階段教育訓練: 系統應用。此教育訓練階段是上面討論過之第一階段, 系統哲學教育訓練的自然補充。可能要花很大的力氣, 要求企業各部門的中層管理人員和高層管理人員, 參加研習班。給他們一個機會直接看一看, 如何利用系統提高他們的決策能力。精心組織的「倘使……將會怎樣」類型的問題可用來說明資訊系統在進行多項替換選擇或抉擇時, 如何做出迅速評估, 以達到支援決策的用途。

很顯然的, 教育訓練的範圍和層次受到預算的限制, 以及需依時間而定。然而, 花在教育訓練目的上的錢將有助於驅散環繞在資訊系統周圍的神秘氣氛, 增加成功地執行和利用系統的可能性。

維護工作　提供不同性質管理者決策支援所需的系統很複雜, 開發代價也很高, 但是若與從正當使用系統而獲得的效益相比, 這代價將是很小的。要保障系統的有效使用, 管理方面必須採取適當步驟, 提供全力投入維修的支援。否則, 系統的效益將縮減。

資訊系統必須維護的原因很多, Lientz and Swanson (1980) 將軟體的維護工作依其原因分成三類:

1.更正性維護 (Corrective Maintenance): 所謂「更正性維護」是

指由於系統中軟體錯誤的發現所引起的維護工作。其工作內容包括問題的診斷與錯誤的更正。根據 Lientz and Swanson (1980) 的報告，這一類的維護工作佔了大約所有軟體維護工作的 21%。

2.適應性維護 (Adaptive Maintenance)：所謂「適應性維護」是指為了適應外在環境的改變而修改或增加系統中部分功能的維護工作。例如電腦硬體平均每三年即有新一代的產品問世、新版本的操作系統經常推出、其他的週邊設備與新系統也不時地在更新、軟體應用的種類與層面亦不停地增加與擴大。因此，適應性的維護是必要且很普遍的一種維護工作。這一類的維護大約佔了整個軟體維護的 25%。

3.完善性維護 (Perfective Maintenance)：所謂「完善性維護」是指由於為了改良原系統功能或應顧客需要而增加新功能的維護措施。這一類的維護工作佔了軟體維護的絕大部分（大約 50%）。

除了上述三類維護工作之外，尚有一類維護工作是為了提高系統的品質（如將來的維護性、可靠性與模組化等等）而做的一些「預防性維護」 (preventive maintenance) 措施。

這個階段中必須產生的各項文件整理如下：

(1)系統安裝：系統安裝計劃書、用戶手冊。

(2)用戶訓練：訓練課程計劃書、訓練課程教材。

(3)系統維護：系統配備管理規劃書、更改控制日誌、版本控制日誌。

四、專案控制

控制的宗旨是為保障專案符合計劃。控制包括找出或辨明背離計劃之處，並採取適當行動保障預期的結果。此外，控制還關係到現今，包括對現在正發生事物的規定。我們大多會關心現今的規定，以便去影響將來的結果。

　　對一個專案管理者來說，控制的重要性與需求，是相當清楚的。專案管理者即是對按時在預算內完成專案目標負全盤責任的人。但是，要想能夠控制，專案管理者必須擁有進行衡量的參照體系，還要有某種方法確定自己何時背離了這套參照體系。

　　控制因素　控制中包含四個基本因素，這些因素為任何一個好的專案控制系統提供了架構。這些控制因素是：

　　1.制定目標。

　　2.報告。

　　3.評估。

　　4.採取糾正行動。

　　當我們談及對某物進行控制時，我們假定，我們有某種事先規定的目標或目的。對一個專案來說，這些目標或目的通常是根據日期、成本，以及技術品質目標或要求來確定。當然，專案管理者必須瞭解他正努力完成什麼。他的問題是如何調整行動、資源，及種種專案，以便實踐專案計劃中所規定的技術、成本和日期目標，並透過適當的狀況報告和及時的回饋來加以管理。

　　計劃與日程的控制是控制的關鍵。大型或複雜專案的有效管理，需要描繪分析、設計、採購、操作、測試等職能相互間的時間敏感關係，和相互依存的系統方法。一般而言，計劃與日程的控制可利用要徑法(CPM)，做為計劃和控制專案的工具。CPM 還為不同類型之次級任務更為詳細的控制與分析提供了基礎。

　　專案管理要求有正式的方法控制、記錄和報告所有成本，並對專案的完成提供最終成本記錄。有效的成本管理要求在現行與預算估計，和計劃的與實際的現金流程之間，進行比較。

　　專案管理者需要一個具時間敏感性的報告系統。這就是說，報告系統必須及時地辨明問題與要求，並允許專案管理者在做出選擇和既定方向後，仍有時間進行積極的變更。如果報告系統只能做事後諸葛亮，放馬後炮，專案管理者就無法控制專案。故而，控制的重點是對重要之專案事項給與及時可見的資訊。

控制的第三個基本因素是評估所報告的資訊，以作為採取修正行動的基礎。我們從經驗得知，問題在其發展初期，很少一清二白。因而，在專案成本、日期或技術等方面，指標或趨勢的仔細評估，對整個控制過程來說，是非常重要的。當然，一旦將問題澄清後，專案管理者就必須採取果斷的修正行動，而這也就是控制的第四個，也是最後一個因素。

修正行動意味著專案管理者明瞭，背離既定目標的局面即將形成，故及時動手解決它。在此情況下，專案管理者須開發許多解決問題的替換方案，而且必須擇其最優者以執行之。

控制的基本功能是監督與專案活動和成就現狀有關的進度報告。一般來說，這些報告涉及專案成本、日期和執行等各方面。每一分離狀況都要參照以前確定的專案目標進行衡量，以確定是否存在著差異。

五、品質保證

軟體品質保證貫穿整個專案生命週期。品質保證是每一個軟體專案人員的責任，它是每個步驟都要注意的事，而非在系統開發完成之後才去執行的階段性任務。因此，軟體品質保證在整個系統的開發過程中有其特殊地位。

為求達到有效軟體品質保證的實施，必須事先規劃執行軟體品質保證的程序及其相關標準。首先，我們必須檢討公司現行之軟體品質保證程序與標準。例如，是否有成文之程序與標準存在？所有專案是否都確實執行了這些程序與標準？是否軟體的開發與維護都使用相同的品質保證標準？組織中是否有軟體品質保證之編製？以及軟體品質保證人員及工作如何與測試人員及工作相互配合？

顯而易見的，軟體品質保證的規劃與執行需要相當多資源與觀念上的改變，這對一些較小型的系統開發部門來說，是一項不易克服的困難。但是，實施軟體品質保證可以因錯誤的減少而節省測試成本，可以增加系統可靠性而提升顧客滿意度，也可以大量地降低軟體維護的成本。因此，從長期利益來看，這種投資是必要的。有關軟體品質保證詳細的說明，請參考有關系統分析與設計或軟體工程的書籍。

以上，我們簡單的介紹了專案管理的各個階段，在軟體需求分析的階段中，我們介紹所用的方法為雛型發展法，在下一節中，我們將進一步的介紹此方法。

第三節　雛型發展法

雛型係指一個模型系統，此系統具備了所需發展系統之大部分功能及所有外形。雛型之觀念在太空及汽車應用方面早已有成功之先例，但在資訊系統方面，直到近十年來才受到重視。下面我們將介紹雛型法之特性、前提及優缺點。

傳統上，資訊系統之建立係採用系統發展生命週期法。此法包括了五個前節所述系統分析、軟體需求分析、設計、寫碼以及測試等五個步驟。

當前一個步驟實現並經檢驗後，才可進行下一個步驟。此法之特點為，其提供了結構化之方法及嚴格的控制，使得系統之功能及開發之預算不會脫離原先的計劃太遠。由於企業所處之環境易變化，以及系統用戶對資訊系統之特性缺乏適當的知識，導致運用傳統方法建立之系統，無法配合實際需要或無法被用戶所接受而遭致失敗的命運。鑑於資訊系統之失敗係因系統本身之演進特性，及發展者和用戶間之溝通不足，專家學者提出了解決此二缺點之方法 —— 雛型法。過去由於支援工具尚不完全，運用雛型法所建立之系統大都品質低而功能不全，但隨著關聯式資料庫、第四代語言、 CASE 工具逐漸健全後，彌補了上述缺點，因此雛型法便開始流行了起來。

雛型法之系統發展程序可以下圖說明之：

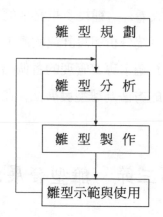

圖 12-4　雛型法之系統發展程序

圖 12-4 中，我們對資訊系統首先進行規劃，而後分析，緊接著製作。當用戶實際使用雛型並提出改進意見的同時，設計循環重複開始。經過幾次重複之修正後，雛型系統就可達到滿足用戶之需求，再從而轉換成正式之生產系統。

傳統之雛型法被稱作「丟掉法」，因雛型並不被拿來真正發展成系統，而是利用雛型發展出規格，當實際製作系統時須從頭設計起。利用此方法完成之系統往往與雛型有著一段差距，但目前所用之方法卻保留了雛型，並逐漸將之發展成為真正使用之系統。系統之功能也由雛型下之基本功能擴展到實際系統下之所有作業功能。此種方法之成功要件端賴於系統所採用之資料庫和工具的良莠與否了。下面，我們先來看看適用於雛型法的發展工具。

一、適用於雛型法之發展工具

由於現代資訊工具及方法之進步，提供了資料結構和應用程式間之獨立性，而應用系統與資料庫之快速建立、修改及擴充使得雛型法成為可行而有效的方法。其中最主要之工具為第四代電腦語言及關聯式資料庫。

雛型法所使用之工具係以關聯式資料庫為中心，上有許多第四代語言圍繞著此關聯式資料庫運行。幫助系統分析設計的主要技巧有資料流模式、個體關係模式、及控制流程圖形等，這些技巧構成了資訊系統之藍圖。當需求變動時，藉著 CASE Tool 之幫助可以很容易地更改藍圖，藉著藍圖之幫助很容易掌握資料及程序間之關係，而藉著第四代電腦語言之應用，則很快的可建立起新的系統。應用關聯式資料庫還有一個好處就是，大部分關聯式資料庫皆提供了工具，以便於將原先檔案系統內之資料很容易的移植到資料庫中，而當將來資料庫之結構改變時，只須做修改之工作即可，不必重頭設計。

二、雛型法之優點

雛型法之優點可分為下列四個方面來說明：

　1.演進式地明確定義用戶需求：傳統的生命週期法需要使用者告訴分析師其對系統的所有需求。雖然資訊顧問會教育用戶計算機系統所能提供之所有能力，但使用者通常只能告訴系統發展人員，原有系統有那些不好的功能，而無法說出系統所需之所有重要功能。在生命週期法下，一旦完成定義階段，所有對新系統之需求就固定了。但由於企業所處之環境不斷改變，其對資訊之需求也不斷改變，用雛型法之最大特點即為，強調使用演進式之探討來搜集使用者對系統之需求。

2.易於用戶使用訓練: 在雛型法下, 用戶須藉著使用雛型來參與系統之設計與發展。藉著實際使用, 用戶獲得了有關系統及其功能之共識, 並熟悉了如何去有效的操作系統。當系統發展完成後, 由於用戶早已熟悉新系統之用戶界面及能力, 故容易為用戶所接受。

3.用戶與發展人員間之溝通頻繁: 當用戶瞭解整個系統發展過程時更能適當的告訴發展人員他們的需要, 當他們對系統逐漸熟練時也較能接受一些資訊方面的專門術語, 而當使用者和用戶能用一定之術語溝通時, 也可使語意上之差異減少。另外就系統發展人員來說, 他們藉著用戶之試用雛型也可更加瞭解用戶系統之環境特性, 而更能體會用戶之需求。

4.對社會衝擊影響鉅大、或不容易實地測試之資訊系統, 軟體雛型更是降低風險的有效方法。大型資訊系統由於經費龐大, 對企業來說也是只許成功不許失敗的投資, 因此軟體雛型方法更是重要。另外, 交通控制系統、財務金融系統、民眾服務系統等, 除了經費龐大之外, 還可能帶來威脅生命財產安全的風險, 也必須使用雛型方法。至於國防系統與武器系統中的軟體, 雛型的重要性更是不在話下。

除了上述的主要優點之外, 雛型方法還可消除生命週期中的「死限症候群」(dead line syndrome)。傳統的生命週期發展過程中, 每個階段有固定的產出(亦即所謂「里程碑」)必須定期完成, 因此在里程碑完成期限之前的生產力往往很高, 但是在里程碑完成之後的生產力卻又往往掉到谷底。生產力隨著期限大幅起伏的現象, 便是死限症候群。因為雛型在很短的時間內開發出來之後, 在評估與修改過程中, 雛型開發者每天都必須與用戶代表一起演練雛型, 所以不可能出現「死限症候群」。

電腦科技的進步, 使得軟體工程師可以盡情地在電腦上實驗他們所欲設計的新軟體, 改變了過去使用電腦時那種珍惜每一分鐘的心態。因此，軟體雛型之所以變成可行，完全是電腦科技的進步促成的。在此之前，軟體工程師並沒有充分的電腦資源從事雛型的條件。

三、適用於雛型法之系統

決策支援系統與線上系統用傳統的生命週期法已獲得了很壞的名聲，而也正是雛型法發揮威力之處。茲說明於下：

1.決策支援系統：因為工作之類型為非結構性，再加上企業之環境常有變動，使用者之需求較難定義，用雛型法不但可以逐漸挖掘使用者之需求，也可在演進之過程中，增加系統之彈性，並增加使用者對系統使用之信心。

2.線上系統：線上系統需提供有效的用戶界面使得用戶能很簡單而有效率的去使用系統。通常用戶不太瞭解其對界面的需求，而雛型法使他們得以在不同之用戶界面下練習，因而認定出他們對用戶界面之功能需求。

總而言之，雛型法使得資訊系統之發展由生產導向朝向行銷導向邁了一大步。其利用演進法發掘使用者之真正需求，而使用者得以在真正使用系統前，即熟悉系統的外形及功能，使得用戶及發展者對需求方面的誤解可趁早澄清，而系統也較切合使用者之需求。另外由於使用者密切之參與，其對系統亦建立起歸屬感，而對發展人員而言，也可澄清其對用戶立場及需求之瞭解，而能夠更有效的發展組織之資訊系統。

四、軟體雛型三步驟

雛型法之開發可分成開發初始雛型、示範評估雛型與製作需求規格等三步驟。茲說明於下。

開發初始雛型

1.雛型規劃：這個步驟的規劃工作類似系統規劃的工作，只是以時效為上，比較不拘形式。在雛型規劃中，最重要的便是釐清雛型的目的、範圍、方法、使用工具、用戶方面之責任、預期交付成果與時程規劃。這不同於一般的專案規劃，因為雛型規劃通常只包含三至十頁的敘述，而整個雛型過程的時間也限制在數星期或數個月而已。

2.雛型分析：在雛型分析階段，雛型設計小組必須在幾天或幾個星期之內完成所欲雛型部分之功能分析、資料模式分析與用戶界面分析等三個模式，雖然使用的分析方法與軟體需求分析階段相同，但是雛型分析對文件製作的要求並不高，而且必須在幾天之內便完成這個步驟。這個步驟並不產生任何對外的正式文件。

3.雛型製作：緊接著，雛型製作階段的第一項工作便是在大約兩週內製作一個最原始的雛型版本。初始雛型的開發，由於時間的壓力，對結構化的要求與文件製作的要求都全部放鬆，而且通常使用非常高階的軟體工具來開發。工具的使用對這個步驟影響很大，高階工具可以節省不必要的程式編譯時間，而且很容易隨時修改，是開發初始雛型時的關鍵條件。這個步驟的產品是一個可能相當粗糙但已經能夠操作的原始雛型。

4.雛型示範與評估：一旦初始雛型完成之後，分析師首先向使用者代表示範這些雛型的功能，目的是觀察使用者對這些功能的滿意程度，並試圖發現儘可能多的缺點或遺漏的功能。由於雛型的目的在於驗證與澄清某些特定的需求，因此示範的時候也是針對特定的系統功能，請使用者有次序地評估雛型所展示的各項功能，並仔細地記錄與分析使用者的反饋意見。使用者在評估的時候，應該注意雛型與產品的差別。換句話說，評估的重點應該放在還未確定的系統需求，並與分析師充分交換意見。

雛型修改

5.雛型修改：分析師在分析整理使用者對雛型的評估意見之後，應該開會檢討雛型的缺點、記錄新發現的需求、將必須修改的工作項目排序、然後著手修改雛型的工作。這個階段的工作是機動性與創意的。分析師必須針對使用者提出的問題與要求做出合理的解決辦法，同時快速地修改雛型。如果雛型不容易修改，那麼這個步驟的工作將十分吃力。因此，開發初始雛型一定要特別注意雛型的「可修改性」。

6.確定需求 — 在這個步驟裡，分析師將修改後的雛型再一次示範給使用者觀察，確定上次的缺點與問題是否已經圓滿解決。若使用者已經滿意某部分的功能，則將這些需求正式確認並記錄下來。若發現新的問題，則重複進行修改雛型的工作，直到所有雛型的功能都被使用者接受為止。分析師還需特別注意，前一次被接受的功能，是不是在修改過程中又被破壞了呢?

製作需求規格

7.完善需求規格書: 在這個步驟，分析師根據上個步驟所確定的系統需求，回來修改「軟體需求分析規格書」中的相關章節，並把雛型本身做為規格書的一個重要附件。通常需求規格書的製作與步驟二同時進行，逐步將被確認的需求整理出來，並做成正式的規格書。必須注意的是，並非所有的系統需求都能透過雛型的方法而確認出來。譬如系統的品質需求、安全需求、執行績效需求、維護性需求等等非功能性的需求必須用其他的分析方法來規範。因此，需求規格書的製作，並不等於軟體雛型的工作。

在製作初始雛型時，分析師必須根據前面步驟的分析模式，先從模組結構草圖裡選擇所欲雛型的部分，然後依照底下的順序撰寫程式:

第一、建立資料庫 — 先開發資料庫部分，統一規定共用資料的結構，建立資料庫內部分測試用的資料。若有實際的資料，應設法取得，俾使示範時能更真實。如果不先制訂資料庫共用資料的結構，將來由不同開發者製作出來的雛型部件將無法整合，而必須回過頭來制訂標準再大肆修改，反而拖延了製作初始雛型的進度。

第二、製作用戶界面 —— 決定用戶界面的風格與佈局，分別負責開發不同的畫面，完成重要的選單內容、按鈕、重要提示信息、與基本錯誤信息。注意用戶界面部分雖然不必很完整，但必須堅韌耐用，保護還不能使用的功能，以免操作時導致經常當機，影響了將來雛型示範與評估工作的進行。

第三、開發功能程式 —— 開始撰寫關鍵部分的功能，並與資料庫和用戶界面銜接起來。在前兩步驟的工作完成之後，這一部分的工作可以由多個開發者同時進行。在撰寫功能部分時，必須注意程式之可修改性。

第四、整合與測試 —— 整合前面三項工作的程式，並做必要的修改。整合工作大致完成之後，開始設計示範腳本，充實資料庫中的測試資料，並完善用戶界面的外觀、齊一性、與一致性。

開發步驟的順序非常重要，如果不先製作資料庫的話，不同的分析師會任意使用自己的測試資料來開發所負責的用戶界面或功能，很容易導致無法整合而被迫大幅修改的命運。總之，除非是單人的雛型小組，否則應該遵守上面的順序來開發原始雛型。

有關雛型的開發工具，常見的用戶界面管理系統、第四代語言與資料庫系統、以及可執行之高階語言等，皆為有效之雛型工具。以用戶界面管理系統為例，像 Visual Basic, Power Builder, Delphi 等軟體，在個人電腦的作業系統上已經相當普遍，不但圖形功能強，製作方便，而且都能透過軟體介面和資料庫相連，是雛型的好工具。

五、雛型的示範與評估

在雛型的過程中，最重要的工作莫過於雛型的示範、評估與修改這個遞迴的步驟，因為這個步驟是使用者信息回饋的主要來源，也是開發者與使用者互相溝通、互相影響、與互相學習的主要步驟。

底下為我們雛型示範、評估、與修改循環的流程。

1.準備示範工作: 在示範雛型的用戶界面之前, 必須預先找尋具代表性之各種用戶角色、準備好所欲示範與評估之範圍與重點、做好事先預演, 並準備適當的輔助材料讓使用者帶回去參考。

2.示範雛型: 開發者向示範對象明確解釋示範的目的在共同分析與設計, 因此任何建議與批評都是正面的貢獻。使用者自由操作時可以發現更多功能性與用戶界面上的問題。

3.收集使用者回饋: 示範結束之後通常會有交換意見的討論時間。開發者應該盡可能聆聽與收集意見, 避免為雛型辯護或帶有說教意味的解釋。開發者應當特別注意使用者對下列四項問題的意見:

(1)雛型中有哪些功能是不符需求的?

(2)雛型還缺少哪些必須加入的功能?

(3)上一次示範時所發現的問題是否全部改正了?

(4)修改之後是否產生了新的錯誤或問題?

在收集了充分的使用者意見之後, 首先必須區分哪些是重要的需求, 哪些只是次要的需求? 其次, 不同使用者提出的需求可能有所矛盾或衝突（例如企業裡不同部門會有不同考量, 或者是跨部門的需求等）, 這必須利用其他方式予以解決。開發者亦可事先準備問卷題目, 由現場觀眾填寫評估意見。這些使用者意見應確實記錄、分類, 並在事後的設計會議中予以仔細的分析。總之, 開發者應當牢記雛型的宗旨, 不但要尊重使用者的寶貴意見, 而且不要忘了在示範之後謝謝使用者的貢獻。

4.必須修改的工作項目與優先順序: 由於並非所有的需求都必須在雛型中實現, 因此要訂出優先順序, 簡單分析工作量之大小, 然後再進行修改或擴充的工作。雛型修改時最重要的就是必須注意維持雛型的可修改性, 否則便不易達到時效與經濟的要求。

5.核定需求：開發者與使用者共同核定需求的工作是以漸進的方式進行的，也就是定期核定使用者能夠接受之需求項目，並正式記錄於需求規格書之中。雛型結束之後，分析師必須繼續完成整個需求規格書的製作，而雛型本身可以視為需求規格文件的一部分。由於雛型只能幫助確認功能需求與用戶界面需求，分析師還必須規範其他的績效需求、安全需求、設計限制與其他的品質屬性等等。

最後，在正式的需求規格書完成之後，使用者與分析師必須共同進行覆核的工作。由於使用者參與了整個雛型階段，我們可以預期需求規格書通過覆核的機會將十分樂觀。

六、軟體雛型之管理

在表面上，軟體雛型的工作似乎增加了整個資訊系統開發的時間與成本，也容易引起較保守之分析師的心理抗拒。但是任何使用過軟體雛型的專案經理都會同意，雛型就像「保險」一樣，可以確保需求的正確性，也降低了生命週期後期階段的風險。因此，以一個資訊系統的總成本來看，採用軟體雛型不只可以提高系統在正確性與可用性的品質，亦將大大減少系統開發與維護的總成本。必須強調的是，任何透過雛型所發現的需求錯誤，如果遺漏到測試階段才發現時，將會增加一千倍以上的修改成本，有時候甚至會造成整個系統的失敗。因此，雖然在系統開發初期，雛型工作的確會增加成本，但是以整個專案的總成本而言，雛型可以有效地降低系統開發的成本與風險。

雛型方法最重要的成功因素與貢獻，乃是它在軟體開發的初期便讓不同的用戶角色參與了系統的分析與設計工作，以便及早發現、修改或補充需求。換句話說，沒有使用者的充分參與，雛型的真正價值也就無法發揮。許多人誤認為只要是快速開發出一個系統的模型便是雛型，這顯然誤解了雛型最重要的核心觀念。換句話說，一個正確的雛型方法，除了快速與經濟之外，還必須是一個由「用戶主導」的分析與設計過程。因此，在雛型的過程中，雛型小組的成員中還必須包含用戶代表與實際的用戶。

第四節　　專家系統

人工智慧 (AI)，在九〇年代的許多企業中得到了實現。類似專家系統的應用正成為企業整合系統的一部分。專家系統捕捉重要知識，而不僅僅是資料，促使系統應用規律來幫助決策 —— 其範圍從病人的診斷到企業風險的評估。

從企業規則到推理規則　　企業人員常須說明應付某些局面時所考慮的政策和規則。如果一個顧客提出減價的訂貨，怎麼辦？是否拒絕？是否降低價格？有時這些規則很複雜、沒有明確的表述或周密的思考，它們非常模糊，有時甚至有賴於專家的解釋。

將政策和規則直接轉化成為軟體的能力，具有改變組織運轉方式的潛力。在專家系統中，一項重要目標即是使企業規則明顯化，並在適當之處成為企業模型的一部分。應當盡可能直接地從企業規則生成軟體。但在今天，許多企業規則和政策都是不明顯的。試圖辨認它們，足夠精確地說明它們，從而模擬它們的效果，常常需要重新審查和重新設計這些規則和政策。

另外，專家系統沒有絲毫常識。任何超出其知識領域之微小的一步，都會是一場災難。因此，專家系統通常用來輔助一個具有常識的人。專家系統透過知識的提供，以及利用這種知識進行推理的能力，來支援人類。專家系統為進行工作的人們提供知識與指導，使其工作能夠做得更好。有時這種知識複雜難懂，軟體進行的推理亦極錯綜複雜。

許多高級專家報酬高並工作過度，他們應當將其時間花費在真正需要其特殊才能的那些個案上面。專家系統能夠讓非專家得以處理那些相對容易的個案，並表明哪些個案應當轉給最高級的專家來處理。反之，高級專家可以將一些比較容易的任務卸除給非專家。

一家財務公司透過提供員工幫助其做出較困難信用核准決定的專家系統，而重新組織了它的信用核准過程。專家系統以公司高級授信人員的專門知識和經驗為基礎，大大地減少了貸款損失並加快了批准過程。

醫療行業中一向在醫院、醫生、實驗室，和其他工作方面彼此不協調，也極少使用資訊科技。這導致醫生根據個人的臨床檢驗或經驗做出治療決策，而不是根據已有的臨床經驗。然而，提高醫療決策的本質是資訊。對於醫療提供可用的資訊愈多，醫生和醫院就愈能在適當的時間提供適當的治療，醫療工作的品質就能提高。

一家大醫院，針對上述情形，開始向醫療人員提供一種專家系統。其中有數以百萬計的病歷可以用來引導其對病人的治療決策。目的是利用專家系統幫助醫生在第一次就做出正確的診斷，免去不必要的檢驗，並向醫生提供在其選定之治療方法中所需要的資訊。

專家系統以事實和規則的形式儲存了知識，並以電腦化的推理，利用這種知識提出建議。故專家系統強調推論能力，其架構可分成五個部分：

1.知識庫 (Knowledge base)：用以儲存專家解決問題之知識部分。對於如何表達專家知識，人工智慧的學者已經提出了初步的成果，包括「語意網」(semantic nets)、「知識框架」(frames)、與「法則系統」(rule-based systems) 等。

公司的成功是因為它們擁有比其競爭對手更多的專業知識 —— 設計專業知識、管理專業知識、銷售專業知識或其他形式的專業知識。人的專業知識被電腦放大了。專業知識被捕捉並儲存於專家系統中。其他電腦化知識也成為可在案頭取而用之。

儲存在電腦中的專業知識不斷積累並隨時改進。某些專業知識自動觸發了一些行動，另外一些則在需要人類智力的過程中提供人們指導。公司的許多過程能夠部分自動化，但需要熟練的知識工作者的照管。新員工亦可借助電腦化專業知識，學習如何執行工作。

儲存在公司電腦中的專業知識，在使用的過程中不斷精煉。這樣的系統是學習性企業不可或缺的資產。

許多早期專家系統捕捉一個人的專業知識，但是複雜的操作往往需要許多人的專業知識。較好的專家系統捕捉許多人的專業知識，提取成為一個事實與規律的集合。這樣的群體專家系統能夠處理複雜而個人無法應付的問題。它們用於諸如檢查複雜機器配置、診斷複雜系統中的問題、推薦正確行動，和在需要高水準設計專業知識之產品設計中擔任輔助的作用。它們用來幫助管理和改善混亂過程，比如在發生問題時重新安排航空公司全球性的營運，以及優化進行多項工作之工廠工作流程之類。電腦總是能夠進行超越人類能力的運算。應用以規律為基礎的處理，它們還能完成一些要求超越人類能力的推理任務，比如安排進度、診斷問題、計劃、設計、重新組合、選擇投資方案，以及提高工廠之產出之類。用於自動化推理的一些最先進的系統遠超過了人類的能力，有時能夠把知識工作者的生產力提高許多倍。一旦這種超人能力成為可信賴的，它將使得更複雜的產品設計和更複雜的操作成為可能。

2.推理機制 (Inference engine)：用以控制推理過程之機制。通常的推理機制使用向前推理 (forward reasoning) 或是向後推理 (backward reasoning) 兩種推理方法來找出問題的癥結所在。

專家系統的一個關鍵部分，是其利用它所儲存的知識進行推理的能力。電腦能夠以極高的速度進行極為複雜的理論推理。如果有了必要的事實和規則，它就能夠解決那些人類不能解決之過於複雜的問題。這樣，專家系統就能夠得出結論，使它得以在變化的形勢中提出建議。

如果用戶請求，它應當能夠解釋其推理過程。利用事實與規則進行的推理，是用稱為推理機 (inference engine) 的軟體完成的。

近年來投入實際應用的最強有力的科技之一就是推理機 (inference engine) 科技。推理機利用儲存於電腦中的一個知識庫進行理論推理。知識以事實和規則的形式儲存。推理過程稱為以規則為基礎的處理。它使得電腦能夠進行複雜的推理和解決複雜的問題，而無須傳統的程序設計。

為了答覆一個詢問或解決一個問題，推理機在規則集合中尋找適用的規則，使用它們，然後再尋找，如此繼續下去，直至得出一個結論為止。推理機可能把兩個論斷結合起來。一個論斷可能是結論的主詞，而另一個論斷則可能是結論的述詞。

在某些專家系統提高了熟練之知識工作人員的技能的同時，另外一些專家系統亦使得某些不熟練的人員能夠完成一些需要知識的任務。例如，它能夠讓一個護士有能力檢查病人，進行試驗，將其資訊輸入電腦，並判定他們是否需要進一步的醫生診視。它亦可讓人在一些簡單明瞭的情況下，根據合同樣板製作一個法定合同，並確定是否需要由一位律師來進行審查。準醫務人員、準法律人員和其他類型的準專業人員亦可發揮其價值，一般來說，醫生、律師、專家，以及其他專業人員是缺乏的，應當將他們的注意力貢獻給那些最重要的情況。

3.使用者界面 (User interface)：提供使用者友善的解釋及諮詢功能的界面。

4.知識擷取界面 (Knowledge acquisition interface)：用以提供編輯、增修知識庫功能之界面。通常，專家系統都是開放的、不完整的，因此不斷地充實知識庫中的內涵是必要的。

5.工作記憶區 (Working area)：用來儲存推理過程中的局部事實。在推理過程中，因為一個問題的可能情形極為龐大，必須經常進行反覆的推理, 因此許多較早得出之局部結果都必須儲存於工作記憶區裡, 才有辦法節省推理的時間。

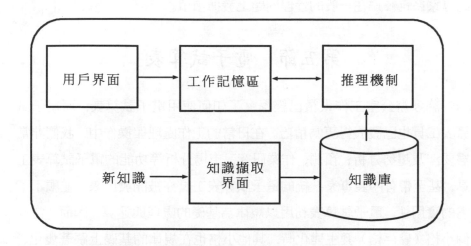

圖 12-5　專家系統之組成

（資料來源: 郭鴻志、季延平, 《系統分析與設計: 從自動化到企業再造》,
　　　　　華泰書局, 1995）

專家系統之特性包括: ⑴能對複雜情況作診斷; ⑵能處理不確定之狀況以及⑶能說明解釋方案。為了達上述目的, 專家系統之分析關鍵為充分瞭解問題領域, 並能獲取真正專家的知識。在企業的應用上, 專家系統大部分用於財務方面的分析或預測, 譬如股市分析甚或商品的定價 (Xenakis, 1991)。

專家系統在企業應用上也有多方面的限制, 例如, ⑴發展一個有效的專家系統需要很長的時間與龐大的經費, 有時候反而比不上聘請真正專家來得有效; ⑵專家系統通常不具學習能力, 因此在環境改變或知識領域有了變動時, 必須重新設計, 因此維護成本十分昂貴; ⑶專家系統中的知識必須有結構性地表達出來, 可是大部分的專家知識很難用這種方式來表達; ⑷基於上述原因, 專家系統的應用範圍通常侷限於較專業領域的診斷或分類。總而言之，對於較一般性的管理問題，綜合分析的能力比推理的能力更重要，也經常需要企業中各種專家的共同判斷，因此專家系統較難在一般的管理問題上發揮價值。

第五節　電子試算表

許多辦公室工作人員已經學會了如何使用電子試算表，而電子試算表工具也已發展得更為精巧。在日常的工作處理與操作中，我們非常需要涉及趨勢分析、預測、作業研究、市場分析等功能的電子試算表工具，甚至帶有內裝專家系統的電子試算表工具亦被開發出來，並顯示了它的實用性。電子試算表利用以規律為基礎的處理與運算，因而，當一個小格（儲存格）發生變化時，其他小格也在規律的基礎上跟著變化。另外，我們需要智慧型的電子試算表，因此，電子試算表工具亦提供了豐富的圖表功能，讓主管人員能夠通過視覺，審查選用決策方案的種種影響。例如，某些航空公司將其表格聯繫到用顏色與符號表示不同航線決策影響的航線圖，讓使用者能夠指明各條航線或機場，並顯示細節說明的圖表。電子試算表亦可聯結到吸引人的圖形化主管資訊系統。

Excel 電子試算表　如果你的工作經常與數字為伍，不管你是處理大型的跨國企業帳目、公司的營運收支、班上的成績登錄及計算、甚至是個人的收支平衡記錄或通訊名錄，電子試算表都是一項最佳的選擇。事實上，電子試算表可說是第一個在個人電腦上發展出來專門用在商業用途上的軟體。早期最為普遍的電子試算表軟體是 Lotus 1-2-3，如今因為 Microsoft 視窗幾乎席捲整個個人電腦市場，電子試算表也已成了微軟 Excel 的天下。在此我們就以 Excel 為基礎，探討電子試算表的一般性功能與特色。

Excel 是集表格軟體、資料庫管理系統和統計圖繪製軟體於一體的嵌入式組合軟體，是以表處理為基礎的資料處理軟體系統。它既有表格軟體的簡明性，又能像一般資料庫管理系統那樣方便地檢索資料，同時還能繪製多種形式的統計圖表。此種電子試算表特別適合於處理能按行、列組織的資料，因此廣泛應用於財務及各種統計報表業務中。

今天，即使在許多大型企業中，資訊部門在支援各級部門主管的任務上已達良好成果，但基於時效性與靈活性的考量，許多主管仍用如 Excel 般的電子試算表來機動地編製各類自定的報表。故不僅在小型組織中，運用 Excel 即可滿足公司所有的資訊需求外，就是在大型組織中，個人運用 Excel 來支援作業的情形亦屢屢可見。

本節下列所介紹的內容與所列之表格、圖表皆根據 Excel 5.0 中文版而來。首先，讓我們先來看看 Excel 啟動之後，在整個螢幕上的外觀，並定義一些專有名詞及各個不同區塊所代表的功能。

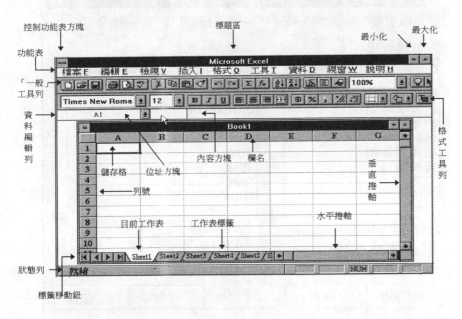

工作表　Excel 中的資料皆儲存在行跟列交會的所謂「儲存格」當中，故儲存格可說是 Excel 儲存資料的單位。Excel 5.0 的工作表改進

了以往表單、圖表和巨集指令必須以不同的檔名分開儲存的缺點,不僅可將表格、圖表、巨集存放在同一個檔案的不同張工作表上(如上圖的 Sheet 1, Sheet 2, Sheet 3……等),甚至可存放在同一張工作表上。電子試算表的儲存格如同人工的工作表一樣,是由行與列交集而成。

我們可以定義表格的形式,在表格中輸入資料和公式,列印表格和儲存表格等。表格處理中具有很強的統計計算能力,除運行四則運算外, Excel 尚有數十種的內部函數可供使用。這些豐富的函數包括數學函數、邏輯函數、統計函數、財會函數、日期函數和輔助函數等。因此,使得 Excel 具有很強的統計計算能力。所有的資料都經由「資料編輯列」的「內容方塊」輸入與修改。函數的輸入則可透過如下之函數精靈對話框來輔助。

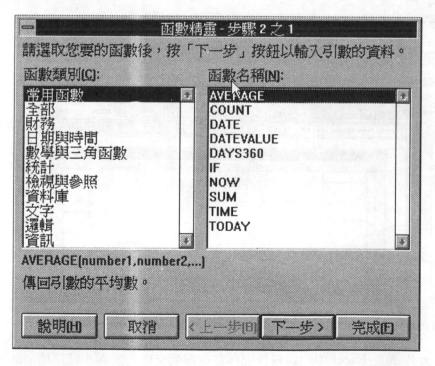

各類型態資料的顯現格式

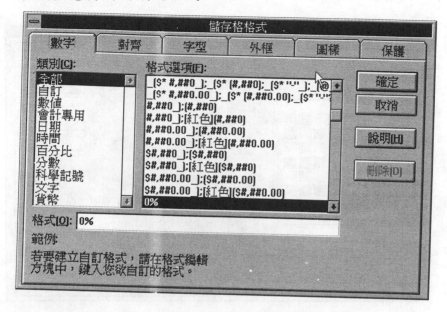

儲存格數字格式對話框

儲存格中資料的對齊格式

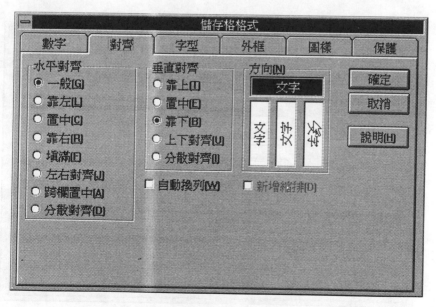

儲存格對齊格式對話框

改變資料的字型

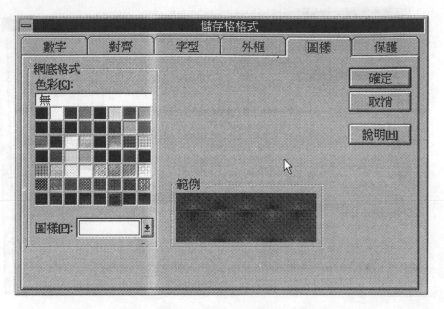

儲存格字型格式對話框

改變儲存格的外框

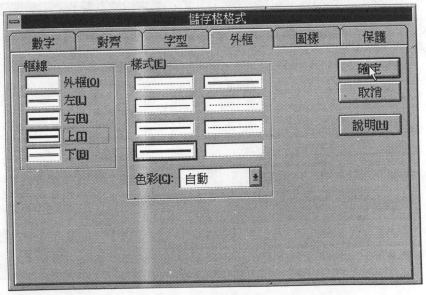

儲存格外框對話框

改變儲存格的底色

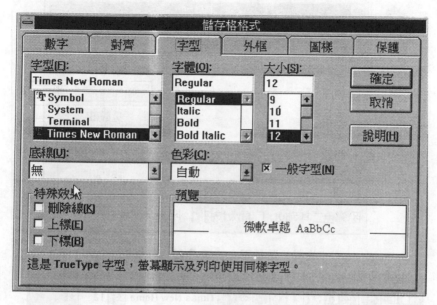

儲存格圖樣對話框

至於儲存格的格式則可做多種變化。茲將儲存格在各種顯式格式指定上的對話框列於下。至於各個對話框所負責的功能，從其上的選項及文字說明來看，即可顯而易見，故不再另外多做解釋。

有關格式異動中，許多較為普遍被用到的功能，皆被設計列入了格式工具列中，以便易於頻繁的取用，而這也就是 Excel 工具列的目的。以下列出「檢視」功能選單下的「工具列」對話框，以及一些較為常用的工具列，以為參考。

Excel 具有很強的圖表功能。我們可將某一區塊儲存格的資料聯結到一張圖表，亦即利用表格上的資料，作為圖表的輸入。如此，以後每當表格上的資料異動時，圖表亦跟著改變。至於圖表的形式有線條圖、條形圖、餅圖，以及三度空間的各式圖案等可供選擇（參考下圖表工具列）。

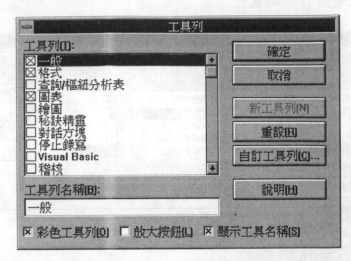

「檢視」選單下之「工具列」對話框

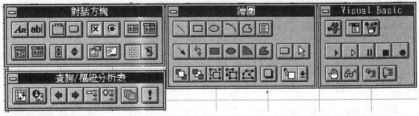

另外，Excel 對資料的處理尚有排序、篩選、小計等功能。排序是
按照所指定的行（欄位）依據順序排列各列。篩選、小計等功能。排序
是按照所指定的行（欄位）依據順序排列各列。篩選乃是根據所給定的
欄位值進行資料列的過濾篩選。至於小計則是當指定的行（欄位）值改
變時，進行所屬各列資料的小計及總計工作。有關試算表之詳細操作，
請參考有關書籍與手冊。

研討習題

1. 說明專案管理的實施步驟與各步驟的詳細作業內容。
2. 假設你是三民書局行銷規劃經理，請用快速雛型法開發一個行銷規劃
　決策支援系統，說明實施步驟與困難之處。
3. 假設你是財政部財稅中心主任，想借重專家系統來處理報稅以及逃漏
　稅的問題，請問你專家系統適用於哪些情況? 需要如何建置?
4. 國光公司製造用於車輛的空氣濾清器。公司的生產經理目前正在修改
　對於生產過程中所用的化學物品之一，活性碳的庫存政策。這種化學
　物品以每次 5,000 元的一些每罐 20 公斤裝的金屬罐購買。公司每年
　使用 50,000 罐。財務經理估計，通常提出與接收一次活性碳訂貨，
　公司花費的成本為 2,000 元。儲存每罐活性碳的年成本為 100 元。
　要求:
　①以電子試算表編製表格，表明對於下列每一種訂貨量，訂購與儲存
　　活性碳的年度總成本：5,000 和 200 罐。
　②以電子試算表製作活性碳經濟訂貨量決策的圖形分析。

——參考文獻——

1. 季延平、郭鴻志,《系統分析與設計: 由自動化到企業再造》, 華泰書局, 1995。

2. W. W. Agresti, "The Conventional Software Life-Cycle Model: Its Evolution and Assumptions," *New Paradigm for Software Development*, IEEE Computer Society Tutorial, 1986, pp.2–5.

3. Robert N. Anthony, "Planning and Control Systems: A Framework for Analysis," Cambridge, Mass., Harvard University Press, 1965.

4. T. Carey, & R. Mason, "Information System Prototyping: Techniques, Tools, and Methodologies," *The Canadian Journal of OR and IP*, Aug. 1983, pp.171–191.

5. Connell, John L., & Linda Shafer, *Structured Rapid Prototyping–An Evolutionary Approach to Software Development*, N.J.: Prentice-Hall, 1989.

6. H. Gomaa, "The Impact of Rapid Prototyping on Specifying User Requirements," *ACM Software Eng. Notes*, 8 (2), 1983, pp.17–28.

7. H. Gomaa, & D. Scott, "Prototyping as a Tool in the Specification of User Requirements," *Proc. of the 5th International Conf. on Software Engineering*, 1981, pp.333–342.

8. Kerzner, Harold, *Project Management: A Systems Approach to Planning, Scheduling, and Controlling*, 5th ed., VNR 1995.

9. Kuo, H. C., & T. G. Wang, "Rapid Prototyping for Better Requirements Analysis of Information Systems," *Technical Paper*, National Central University, Taiwan, 1995.

10. Software Mainteneance Management, Reading, Mass., Addison Wesley, 1980.

11. Moder, J. J., Phillips, C. R., and Davis, E. W., *Project Management with CPM, PERT and Precedence Diagramming*, 3rd ed., 1983 Litton Educational Publishing, Inc.

12. Martin, *The Great Transition*, AMACOM, 1995.

13. R. S. Pressman, *Software Engineering–A Practitioner's Approach*, 3rd edition, McGraw-Hill, 1992.

14. W. W. Royce, *Managing the development of large software systems*, Proc. WESTCON, Calif., USA.

15. T. Taylor, & T. A. Standish, "Initial Thoughts on Rapid Prototyping Techniques," *ACM Software Engineering Notes*, Dec. 1982, pp.160–166.

・第三編・
決策支援科技的發展與應用

　　本部分首先於第十三章介紹發展個人決策支援系統的方法與架構。在對個人決策支援系統的發展方法有了一些認識之後，本部分將繼續介紹一些基本決策支援系統的延伸與應用。第十四章介紹高階主管資訊系統；第十五章將決策支援系統延伸至群體層次的決策支援；第十六章探討談判相關的議題以及資訊科技對談判所能提供的支援；第十七章於組織層次探討決策支援科技的觀念與應用；第十八章簡單地介紹人工智慧在決策支援系統的應用，以及一些決策支援系統發展及使用的經驗。

　　又，本編內文中有出現 [ ] 符號，裡面的數字代表讀者可合併參閱參考文獻欄中之第某條所列書目。例如：有許多人認為電腦資訊系統只能滿足管理者一小部分的資訊需求 [11]。表示可參閱參考文獻欄中的第 11 條所列書目，特此說明。

第十三章　個人決策支援系統的發展

概　要

　　在對決策支援相關的理論及科技有了初步的瞭解之後，系統發展人員應對實際開發系統的策略及方法論做進一步的認識。因此，本章首先探討分析決策支援系統需求的方法，並介紹系統的發展架構。後續的章節則分別討論決策支援系統母體在系統發展上的角色、決策支援系統的評估方法、以及系統發展方法論的分類。

第一節 緒論

相信一般從事管理工作的人都會同意，管理的工作必須花費大量的，甚至絕大部分的時間，在溝通上。不論溝通的管道是經由電話、會議、簡報，或乃至現已日漸風行的電子郵件及布告欄，管理者甚少花費時間在分析一般管理資訊系統所提供的資訊上。在管理資訊系統成為一個成熟的觀念之前，Mintzberg [15] 發現有五種管理者所常用的主要資訊取得或溝通管道：文件、電話、定期會議、不定期會議及視察。該研究同時顯示，一般管理者較為偏好如電話或會議等，以言談取得資訊或溝通的方式。這個結果也多少反應了一般高階管理人員，將時間花在會議上的這項事實。在資訊科技發達的現在，許多學者同意一般管理者在工作所需大部分的資訊，並非經由電腦資訊媒體所取得。事實上，有許多人認為電腦資訊系統只能滿足管理者一小部分的資訊需求 [11]，這種傾向對愈是高階的管理者而言愈是顯著。縱使如此，依據管理的工作性質及階層，許多管理人員必須花費大量的時間與精力在發現問題、分析問題、尋找解決方案、準備簡報等工作上，而這些工作通常需要大量的資訊處理與分析能力。擁有充足的攸關資訊是有效管理與決策的基石，這些攸關資訊可能存在於企業內的資料庫或企業外部的資料庫或來源之中。因此，如能經由資訊科技，不論資訊的所在，即時、方便的提供管理者擷取、過濾與管理決策攸關的資訊，應會對決策制定有莫大的幫助，這也就是為何資料庫系統是決策支援系統的三個主要子系統之一。

不同的管理者會有不同的人格特質與解決問題的風格。某些管理者是結果導向的，注重在是否能得到一個解決問題的可行方案，但對於這個方案是如何得到的並不在意。另外一些管理者是過程或分析導向的，對於不能完全瞭解求得過程的方案不能信任。此外，依據對資訊科技的認知與心態、學習電腦的歷史背景、使用電腦的現況，管理者對決策支援系統在各方面會有不同的需求。例如，許多年長的管理人員，成長於一個資訊科技並不發達的年代，對資訊科技在認知與心態上可能會有所偏差，造成對資訊科技的不信任，或不相信資訊科技能對其在從事決策上會有任何實質的助益。又例如，某些管理者由於自身使用電腦及從事決策的經驗，對特定的電腦界面、分析技術及對問題的表示方法會有偏好。在此情況之下，一個有效的決策支援系統必須擁有相當的彈性，包容決策者在分析方法及與系統互動上不同的需求與風格。這也就顯示了，設計決策支援系統的另兩個主要子系統：模式庫管理系統及對話管理系統，不但必須擁有足夠的科技、技術能力，也必須小心考量決策者行為面的因素。當然一個能被使用者接受的決策支援系統，必須要能夠有效地整合其三個主要的子系統，並提供給使用者真正的價值。然而，由於使用者在認知、心態及經驗上的偏差，一個設計良好的決策支援系統也有可能不被使用者接受。因此，對使用者適當的教育與訓練，也是發展決策支援系統的重要一環。

由於一般管理決策的制定涉及許多經驗法則，而且所要解決的問題通常並沒有良好的結構，造成管理者無法具體、清楚地描述對系統決策支援的需求，更無法輕易地研判出最適合的分析技術或方法。因為對系統需求的難以掌握與高度的不確定性，一般從事決策支援系統研究與開發的人員似乎已有了一個共識：傳統的生命週期、階段式或瀑布式(waterfall)的系統發展方法對開發決策支援系統並不適用，必須發展一些針對決策支援系統的發展方法。本章主要的目的就是介紹一些重要的決策支援系統發展方法及環境。

第二節　何謂決策支援系統

　　首先在研討決策支援系統發展之前，吾人必須瞭解什麼是「決策支援系統」？依據一個傳統的定義，「決策支援系統是一個支援人們從事決策活動的電腦資訊系統。」由這個定義，決策支援系統輔助人類從事決策時的判斷，但並不取代人類直接作出決策。在這個一般性的定義之下，學者們卻根據自己心目中理想的決策支援系統，從不同的角度切入，探討決策支援系統所應擁有的功能及所應採用的發展方法。例如，Ginzberg 及 Stohr [7] 分析早期一些學者用以定義決策支援系統的觀念時發現，學者們對決策支援系統的定義及觀點有極大的不同，如表 13-1 所示。

表 13-1　一些用以定義決策支援系統的觀念
（資料來源：Ginzberg & Stohr [7]）

資料來源	定義的觀念
Little [15]	系統功能、界面特性
Corry 及 Scott-Morton [8]	問題類型、系統功能
Alter [1]	使用型態、系統目的
Bonczek 等 [5]	系統組件
Keen [11]	系統發展過程
Moore 及 Chang [22]	使用型態、系統能力

　　Silver [28] 回顧決策支援系統文獻後認為，有以下六種議題造成學者在決策支援系統的定義上產生實質的衝突：

・資料擷取及造模能力。雖然大多學者認為決策支援系統應同時具備資料導向 (data-oriented) 及模型導向 (model-oriented) 的功能，但問題是一個系統是否真的「必須」具備這些功能，才能被稱之為決策支援系統? 一些學者認為造模能力是決策支援系統最重要的功能, 這也是目前一般學者的共識。但經由對實際系統的探討, 也有學者發現有些所謂的決策支援系統並不具備支援模型分析的能力 [1, 13]。當然, 這些對實際系統的探討均屬早期, 因此在對模型管理瞭解並不充足的年代, 單純提供資料導向支援的系統, 或許也足以被稱之為「決策支援系統」。

- 管理階層。依據Anthony [2] 現已為經典的三層次組織規劃和管理架構: 作業控制、管理控制及策略規劃, 決策支援系統應支援哪一個或哪幾個層次? 一些學者認為, 決策支援系統應支援所有三個層次的決策 [8, 29]。某些學者卻認為, 決策支援系統主要是要輔助較無結構的決策問題, 因此應只限於支援較高的兩個層次的決策。但也有一些其他的學者認為, 策略規劃層次的決策問題通常過於無結構, 很難以正式模型的方式分析, 因此決策支援系統應只限於支援較低兩個層次的決策問題。這種觀念上的衝突很難解決, 因為作業層次也有極無結構的問題, 如有大量插單、複雜的製造排程問題, 而策略層次的一些決策也可以某些模型加以分析, 如新廠位置選擇或併購, 一個適當的決策支援系統, 都有可能對這些決策問題提供有價值的輔助。所以讀者應瞭解, 決策支援系統對這三種層次的決策問題, 都有可能以特定決策支援系統的形式提供支援。

- 系統特定性 (specificity)。一些一般性的系統, 如試算表套裝軟體, 擁有一般性的造模能力, 但並沒有提供特定的問題模型或資料結構。對於這些系統是否應被決策支援系統所涵蓋, 學者之間也沒有定論。較為一般的觀點則認為, 類似這種較為一般、無特定用途的系統, 根據 Sprague [29] 的架構, 應屬於決策支援系統母體的範疇, 而非特定決策支援系統。因此, 決策支援系統應該具有特定的系統目的, 以及系統所要輔助的決策問題。

- 支援。這一個議題與前一個相類似，一些如線性規劃或統計分析的軟體，經常被使用在決策分析上，是否這些軟體也應算作決策支援系統？由於這些系統也並沒有特定支援的問題，加以，推動決策支援系統的發展的一個主要原因，就是這些系統對決策活動支援的不足，所以這類型的系統也不應被視為決策支援系統。或許，這些系統所提供的一般能力，可以做為發展決策支援系統的工具，或成為決策支援系統母體的一部分。

- 問題的頻率。學者對決策支援系統所應支援決策問題的發生頻率，亦有不同的意見。一些學者認為，決策支援系統所要輔助的決策，應該是重複性的決策 [20]，但也有其他的學者提議決策支援系統應該輔助突發、獨特的決策 [5]。當然，也有學者認為這兩種決策的類型都在決策支援系統輔助的範圍之內。這裡主要的問題是：如果決策支援系統僅限於輔助突發、獨特的決策，那麼專為一個臨時的、將來不太可能再發生的決策，建立一個特定系統是否值得？現在一般學者似乎已有了一個較為一致看法，由於高階主管所面對的決策問題，通常以無結構、突發性的較多，因此應另行發展一類針對高階主管需求的系統，也就是所謂的「高階主管資訊系統」。作者將在下一章針對這一類的系統做詳細的介紹。

- 互動式使用。雖然大多學者認為，以互動式的方式，對決策者做立即的決策輔助，應該是決策支援系統的必要前提之一。但也有學者覺得即時的決策輔助，不應該被視為決策支援系統的必要條件，有時以批次作業的方式，也可達成有效決策支援的目的 [22]。雖然如此，多數學者仍覺得人機互動及系統界面的品質，是決策支援系統最主要的考量之一。這也就是為何對話管理系統，應是決策支援系統的三個主要子系統之一。加上，以現在資訊科技的進步，提供決策者對話互動、即時的決策輔助，應該是理所當然之事。

　　由本節的討論，讀者應對一些常常引起困惑的議題，在觀念上有了一些初步的認識與澄清。雖然各家說法並不一致，提供互動、即時的資訊處理、造模功能，應為一個現代決策支援系統不可缺少的要件。在實際進入介紹決策支援系統的設計與發展之前，下一節先介紹設計決策支援系統的資訊需求。

第三節　設計資訊需求分析

　　資訊系統的設計實際上也是一連串的決策，需要大量的相關資訊，以作出正確的抉擇，才能設計出符合使用者需求的系統。所以，從事決策支援系統設計與發展的一個基本的問題就是：系統開發人員應如何取得哪些相關的資訊？這也就是所謂的「資訊需求決定」(Information Requirements Determination) 或「資訊需求定義」(Information Requirements Definition) 的任務。這種相關活動的最基本目的，在於建立一個能令人滿意的表示決策情況的觀念性模型。雖然，決策支援系統強調演進式、調適性的系統設計與發展，一般用於管理資訊系統之資訊需求決定的方法或技術，對決策支援系統仍極有用；或至少在系統演進的過程中，能提供一些較為系統化的需求分析指引。如在早期 Taggart 及 Thorpe [33] 依據文獻調查，提出了一個「管理資訊需求分析」(management information requirements analysis) 的方法。這個方法主要利用對相關報表及管理責任進行詳細分析等的傳統方法，以求得相關資訊需求。但是這個方法必須清楚地定義決策者所從事的工作，並據以決定一些相關的元素，最後再以這些元素中所包含的動詞及名詞作為資訊需求的指標。另外，亦有一些軟體工程方面的學者，發展出一些正式的「需求規格語言」(requirements specification languages) 以協助資訊需求的決定與規格的列示。

　　在資訊管理界，「關鍵成功因素」(Critical Success Factors) 是一個分析資訊需求的知名方法。這個方法在前面的章節中已有介紹，在此不再贅述。本節主要介紹的是 Davis [6] 所提出的資訊需求決定的方法。這個方法著眼於克服人類三方面的限制：(1)有限的資訊處理能力；(2)使用及選擇資訊的偏差；(3)對適當解決問題行為的有限知識。根據這個目標，Davis 建議可以以四種策略來發掘及決定資訊需求：(1)直接詢問使用者；(2)從現有的系統中篩選資訊需求；(3)以使用資訊的系統的特性合成出資訊需求；(4)以實驗發現資訊需求。

　　1.直接詢問使用者。這個策略的有效性，當然是取決於是否使用者能對問題做清楚的定義和具體、結構化的表達，並避免個人偏見的介入。一些面談、調查的技巧或技術，對這個策略都會有或多或少的幫助。這個策略適用於對新系統的不確定性很低時。

　　2.從現有的系統中篩選資訊需求。在組織中可能有一些系統，在本質或目的上類似現欲開發的系統。利用適當的調整策略或類推，這些系統可以幫助新系統的開發人員建立一個良好的起始點。這個策略適用於對新系統有低至中度的不確定性時。

　　3.以使用資訊的系統的特性合成出資訊需求。當現在正在使用的系統或對象系統 (object system) 正處於一個變革的階段，無法與其他現有的系統加以比較時，這是一個非常適用的策略。一些典型的系統如企業、部門及決策中心等。這個方法專注在使用資訊的系統的動態上，並以系統的模型來判定系統所從事的活動、決策，以及所需的相關資訊。在這個策略之下，一些如輸出入分析、決策分析、關鍵成功因素及過程追蹤 (process tracing) 等資訊需求分析的方法，都是可以使用的方法。這個策略適用於當對新系統有中至高度的不確定性時。

　　4.以實驗發現資訊需求。這個方法是一些可較輕易判斷出來的資訊需求為起點，建構一個實際可運作或模擬的系統，來發現其他的資訊需求。這個策略在本質上就是一個雛型法的系統發展策略，特別適用於對新系統資訊需求非常不確定時。因此，許多學者認為決策支援系統應以這種策略判定資訊需求，或逕行以這個策略發展系統。

　　當然，上述的這四個策略，有不同的使用難易度及成本。系統開發人員應依據其對現有情況的不確定性，審慎選擇一或多個策略進行資訊需求分析。

第四節　系統特性與設計需求

　　由前面章節的討論我們瞭解，決策支援系統應包含三個主要的子系統：資料庫及管理系統、模式庫及管理系統、以及對話管理系統。一個適當的決策支援系統發展模式，不但需要指引個別子系統的開發，也必須考量這些子系統之間互動的關連性。從系統設計的功能面來看，一個決策支援系統的設計方法有三個主要的目標：(1)正確地描述及表示與設計相關的問題；(2)發展一個適當的設計；(3)將系統設計操作化，以滿足系統開發所要滿足的任務。就一般系統的目的而言，每一個系統都是一項人造物 (artifact)，而建構系統的目的不外乎增強人類的能力、克服人類的限制，以及滿足人類對其所提供的產品、過程、服務的需求。而在衡量系統設計及方法是否適當時，可從四方面來考量 [23, 第 161 頁]：(1)系統任務；(2)環境；(3)使用者的經驗；(4)系統設計者的特性。

　　1.系統任務：一個系統被設計出來，一定要能提供適當的功能，滿足其所要達成的任務。因此，有不同任務目的的系統，應有不同系統的設計需求，如決策支援系統與一般管理資訊系統的任務不同，因此應有不同的設計需求。

　　2.環境：系統設計應考量系統任務所處在的環境，包括一般組織、企業所在的內外部環境。不同的環境因素，如組織大小、結構及法規等，都可能會影響一個系統設計的適當性。

　　3.使用者的經驗：使用者的經驗對系統設計所可能產生的影響，可從兩方面來看。首先，使用者對系統所要協助達成的任務本身是否熟悉。如果使用者對工作任務並不熟悉，一個極具結構化的問題，從其觀點來看，也有可能變得千頭萬緒，不知從何著手。從另一方面來看，使用者可能對其工作任務非常熟悉、瞭解，但對所設計將來協助其工作的系統沒有任何的使用經驗。因此依據系統使用者的不同，系統應有不同的設計或相當的彈性以滿足不同的需求。

　　4.系統設計者的特性：系統發展人員對所要設計的系統是否有足夠的經驗、知識及技能，往往可左右系統設計方式的選擇和適宜性。例如，如果系統係由使用者自行設計開發，其可用的方法、工具、時間，應會與資訊專業人員不同，造成系統設計及功能也大不相同。

　　就決策支援系統的發展策略而言，依據系統發展人員的經驗與能力可採行下列不同的方式：

- 以一般目的之程式語言 (general purpose programming languages) 撰寫，如 PASCAL 或 C 等語言。這種方式可說是最古老、最沒效率的一種方式。當然，因為這些語言是一般目的語言，具有最大的彈性，在沒有其他適當工具能滿足某些系統的特定需求時，這種方式也就顯得必要。

- 利用第四代語言(4th generation languages) 或一些程式產生器 (program generators) 撰寫，如 PowerBuilder。如能找到適用的語言，第四代語言能節省大量撰寫系統程式的時間，而且經常在系統維護上也較為簡易。但是要開發一個較為複雜的系統時，往往需要整合多個第四代語言，造成許多不便或困難。

- 以決策支援系統母體 (generator) 撰寫。決策支援系統母體提供了基本資料、模式及對話管理的功能，因此省卻了開發這些功能的負擔。對簡單的決策支援系統而言，一些如 Excel 或 Lotus 1-2-3 等試算表，常常也足以被用來作為開發系統的母體。在一些特定的功能領域，可能會有針對該領域特定需求所發展出來的母體，如 Commander FDC 特別適用於財務管理方面的需求。

由以上的討論，就建構決策支援系統本身，我們可以整合歸納出兩種如圖 13-1 所示，以三個科技層次區分的系統發展方式 [29]。第一種方式是以一些特定的程式語言開發出決策支援系統的發展工具，然後直接以這些工具建構特定的決策支援系統。第二種方式是以開發出來的工具先建立一個決策支援系統的母體，再以這個母體發展所需的特定決策支援系統。直接以母體建構決策支援系統較為簡易，對系統開發人員技術能力的需求也較低，但是相對的這種方式也較沒有彈性。當沒有理想的母體能產生系統所需的功能時，利用工具發展系統就成為一種必要的方式。圖 13-1 中同時顯示五種與決策支援系統發展相關的主要角色：

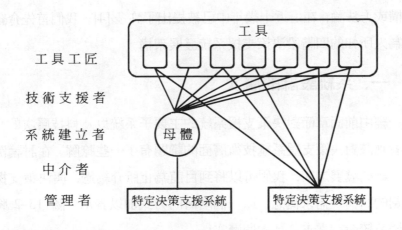

圖 13-1　兩種發展決策支援系統的一般方式（資料來源：修改自 Sprague [29]）

1.管理者：是系統的最終使用者，將來必須使用系統從事決策制定，並對所作的決策負責。

2.中介者 (intermediary)：輔助管理者使用系統，其角色通常由管理者的幕僚人員所扮演。

3.決策支援系統建立者 (builder)：判定系統所需的功能，並以母體將這些功能整合成一個系統。因此這個角色不但需要熟悉系統所要解決的決策問題，也必須對資訊科技有相當程度的瞭解。

4.技術支援者：在母體無法滿足決策問題所需的系統功能時，可為母體開發新增的功能以滿足需求。這個角色需要較強的技術能力，而不需要太多對決策問題的瞭解。

5.工具工匠 (toolsmith)：需要強大的技術能力，以開發新的發展決策支援系統所需的語言、軟硬體及系統界面等。

以上僅從科技層面的觀點，討論建構決策支援系統本身所可採行的方式，及一些相關人員所扮演的角色。這個建構系統本身的過程，事實上可能是整個系統發展過程的一小部分。而發展決策支援系統的整體性架構或方法論，在這近十幾年中已被提出了許多 [4]。我們首先介紹一個最為人所知的四階段決策支援系統發展架構。

一、系統設計的層次

經由前面章節對決策支援系統的主要子系統以及科技層次的介紹，讀者應該對決策支援系統技術層面的議題有了一些瞭解。在討論決策支援系統的發展之前，我們可以將到目前為止所介紹過，與決策支援系統相關的技術及需求概念，以一個階層的方式加以表示。圖 13–2 將決策支援系統設計需求分為六個層次：

1.整體目標層次：著重在瞭解開發決策支援系統所要達到的組織及決策目標。

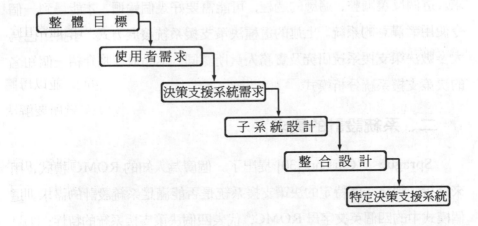

圖 13-2　決策支援系統設計需求層次

2.使用者需求層次: 針對決策情境, 以及使用者對決策輔助的需求進行分析。

3.決策支援系統需求層次: 依據使用者的決策支援需求, 建立決策支援系統所需的功能, 以達到有效的輔助決策。

4.子系統設計層次: 依據滿足決策輔助所需功能, 分別針對各子系統進行分析及設計。

5.整合設計層次: 將各子系統加以整合, 建立決策支援系統所能提供決策支援的一般能力。

6.特定決策支援系統設計層次: 提供某一特定決策問題或情況的決策支援系統設計。

上述的這個模式, 是以決策支援系統的需求層次來劃分, 雖然是以由上而下的形式呈現, 其本身對決策支援系統分析與設計所應遵循的過程或階段, 並沒有太多的含意在內。例如, 利用決策支援系統母體或雛型法, 能以初步的使用者需求分析, 建構一個特定決策支援系統供使用者試用。然後依據使用者試用後的意見及建議, 修改系統以滿足新的需求。這個反覆調整、適應的過程，可能需要好幾個輪迴，才能得到一個令使用者滿意的系統。上述的這種決策支援系統發展方式，事實上已為大多數決策支援系統研究及實務人員所認同。本節最後將介紹一個知名的決策支援系統分析模式。

二、系統設計的需求

Sprague 及 Carlson [30] 提出了一個廣為人知的 ROMC 模式，用來分析、判定一個特定的決策支援系統是否能滿足系統設計的需求。這個模式中的四個英文字母 ROMC，代表四個決策支援系統的特性：⑴具象表示 (Representation)；⑵操作 (Operations)；⑶記憶輔助 (Memory Aids)；⑷控制機制 (Control Mechanisms)。

1.具象表示：因為決策情境通常包含許多抽象的觀念及可行方案，決策支援系統要能以某種方法或形式，適當的表示這些觀念及方案。利用這些具象表示方法，決策者較能在決策的過程中具體的描述、溝通、分析及解釋所面對的問題。這方面的特性與決策支援系統的對話管理子系統特別的相關。

2.操作：決策支援系統亦應支援決策者在從事決策時的認知活動，以及前述具象表示的操作。這些活動通常涉及問題的判定、描述和分析，以及方案的提出、衡量和抉擇。如何將這些活動以一個較為結構化的方式整合，應為模式庫管理子系統的主要功能。

3.記憶輔助：因為人類處理資訊的能力有限，決策支援系統要能適當的輔助人類決策者的長短期記憶，協助決策者將決策情境的具象表示與操作連結。事實上，這些功能也提供了決策者最基礎的學習輔助，以幫助決策者使用及發展自己的風格、技能及知識。通常記憶輔助的功能可由資料庫管理及對話管理子系統提供。

4.控制機制：控制機制主要協助決策者在決策的過程中，有效的運用前面的三項功能，以引導、控制、整合決策的過程，也因此可決定一個決策支援系統是否真正有用。

由以上這個模式，吾人可思考一下決策支援系統對決策行為及過程所能提供的支援。首先，決策者常會感到難以具體地描述所面對的問題。如果系統能提供一些能將抽象觀念，以具體、圖形的方式顯示出來，不但能幫助決策者瞭解及分析決策情境，也使決策者得以正式模型分析問題。第二，面對一個複雜的決策問題，決策者很難能夠記住所有所蒐集的資訊、分析過程的細節及以前使用系統的經驗。因此，決策支援系統所提供的記憶輔助，對決策本身及系統的使用都會有所助益。第三，不同的決策者往往會有不同的風格、能力及知識。一個對決策者行為面有適度考量的系統，能鼓勵並幫助決策者使用系統並發展自己的風格。第四，一個無法掌控的系統經常會導致使用者的不便與挫折感。經由適當的控制機制，使用者得以對系統從事個人、直接的掌控，有助於決策品質的提昇。最後，以 Simon [27] 的三階段決策及造模過程: 情報 (Intelligence)、設計 (Design)、選擇 (Choice)，作為研判的基礎，一個良好設計的決策支援系統，應可經由 ROMC 模式的四個特性，對這三個階段都有足夠的支援，其中最重要的當然應屬操作的支援。表 13-2 以 Simon 的三階段決策過程為基礎，舉例一些決策支援系統在一般決策過程中，對操作所提供的支援。就整個決策過程來看，不同的決策情境會導致不同的決策程序，因此決策支援系統的這四個特性要有相當的彈性，以包容不同的決策過程。

以上所介紹的模式從觀念上而言非常有用，但是對系統發展的整個過程上，缺乏較為詳細的指引。雖然許多專案管理及軟體工程的觀念與方法，從系統發展的角度來看非常有用，卻很難落實在這個模式之上。在一般決策支援系統的書籍中，吾人不難發現一些較為程序化、階段式的發展架構。雖然決策支援系統的發展，強調一種調適性、反覆性的

表 13-2　決策支援系統對決策三階段過程在操作上的支援

情　　報	設　　計	選　　擇
搜集資料	搜集資料	產生統計資料
判定目標	操控資料	方案模擬
診斷問題	目標量化	解釋方案
資料驗證	產生報告	選擇方案
問題結構化	判定方案風險及價值	解釋選擇

發展方式，但是程序化、階段式的系統發展方式，可被包含在一個系統發展的調適迴圈之中，不會產生太多的矛盾或衝突，反而可能對整個決策支援系統的發展產生相當的助益。因此在下一節，作者將介紹較為周延、具體的決策支援系統發展模式。

第五節　系統發展架構

　　決策支援系統的目的，在於支援決策者處理一些較無結構的決策問題。這種問題的本質往往導致決策者無法在系統被設計之前，完整、清楚地描述需求。所以在某種程度上，決策支援系統的發展過程，可被視為一種發現使用者需求的學習過程；當決策者對其資訊或模式需求的認知改變時，決策支援系統就應有足夠的彈性隨之改變。因此，在一般文獻中，吾人不難發覺學者均建議揚棄以傳統系統發展生命週期的方式，來發展決策支援系統。雖然，在決策支援系統的發展早期，學者就以不同的名稱，提出許多決策支援系統的發展架構，如演進程序 (evolutionary process) 或調適設計 (adaptive design)[11]、反覆程序 (iterative process)[30] 以及雛型法 (prototyping)[9]。這些架構事實上都以雛型法

的觀念為主要的基礎，而決策支援系統母體，就是這個觀念所衍生出來
的產物。

Sprague 及 Carlson [30] 認為，決策支援系統的發展可分為圖 13-3
所示的四個階段。這個發展架構屬於一種演進式、調適性的系統發展架
構，包含以下四個階段：對問題的初步探討與可行性分析、發展決策支
援系統環境、開發起始的特定決策支援系統、以及開發其他特定的決策
支援系統。與這四個階段相關的工作分別說明如下：

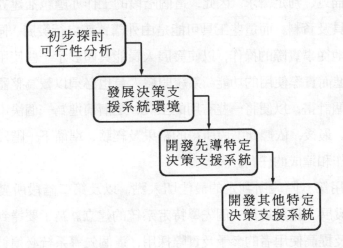

圖13-3 四階段決策支援系統發展模式（資料來源：Sprague & Carlson [30]）

1.初步探討與可行性分析階段主要是要決定，在組織中有何應用決
策支援系統科技的需求，並衡量這種需求是否會持續下去或甚至成長。
這個階段的探討可利用一些使用者提出建立系統的要求、決策的記錄及
對管理人員的訪談等資料來源。這部分亦應從事一些先導性的計畫，以
研判出對這些系統需求的一般特性，進而找出推動決策支援系統的最佳
切入點。經由與系統潛在使用者的互動，系統發展人員不但可幫助潛在
使用者瞭解決策支援系統的本質及目的，自己也可衡量這種系統在發展

後可能被使用者接受的程度。最後系統發展人員依據此階段所得的結果及發現，或規劃下一階段所應從事的工作，或放棄發展決策支援系統的計畫。

2.如果組織在發展決策支援系統環境的階段，評估後認為發展決策支援系統是必要的，則應首先成立一個決策支援系統發展單位或小組，並清楚訂定其任務及與其他單位之間的關係。由於決策支援系統的特性，在使用者無法實際觀察系統運作或自行操作的情形之下，使用者很難清楚地描述、判定需求。因此，這個階段的工作亦應包括建立一些最起碼的工具及資料，而這些工具可能是由外購置或自行發展。同時，也應盡可能地從事實際的操作，以使發展人員能具體展示一些使用者真正想要，並進而實際使用的功能。系統開發人員也必須以較為整體面的觀點準備一個計畫，以便將一些有用的工具，逐漸演進為一個決策支援系統的母體。最後，依據此階段所得的結果及經驗，準備下一階段所必須從事的工作和達成的任務。

3.利用第一階段所判定的最佳切入點，以及第二階段所發展的工具，系統發展人員可進行一個先導特定系統的建立。為了要達到示範的效果，以及提高使用者的參予及實際採用，這個先導系統必須針對一個實際存在的需求，並且這個系統的實質利益必須有較高的可能性被展示出來。在建構這個先導系統之時，系統發展人員必須要與使用者共同合作，進行系統分析與設計。在需求演進過程的同時，系統發展人員必須增強或更新系統發展工具，以反應使用者的實際需求。最後依據發展初始特定系統的經驗，準備下一階段發展其他決策支援系統的事宜。

4.依據發展第一個特定系統的經驗，系統發展人員可以開始從事後續系統的發展。雖然第一個系統的成敗，往往能夠主導整個推動決策支援系統計畫的成敗，但隨後的兩三個系統也是相當重要。為了要有一個較為堅實的基礎，後續的兩三個系統最好能與先導系統有密切的相關性，或甚至可以相同的系統供不同的使用者或部門使用。

由這個架構的第三及第四階段來看，整個決策支系統的發展並非一開始就是全面性的發展，而是應先行發展某一特定的系統，並在這個系統能夠產生令人滿意的成效後，再以此為基礎發展其他的系統。類似這種由小做起，逐步發展的調適性 (adaptive) 發展方式，已為大多研究決策支援系統的學者所認同 [10, 36]。

一、階段性系統發展架構

Turban [24] 結合兩組學者的研究成果 [13, 18]，提出了一個包含八個階段的決策支援系統發展架構。以下將對這八個階段做簡單的說明。

1.規劃：這個階段主要從事需求評估、問題診斷及可行性分析，所以和 Sprague 及 Carlson [30] 四階段模式的第一階段的任務極為類似。

2.研究：涉及研究階段的主要工作包含判定一個能滿足使用者的需求的方式，以及推動這個計畫所能取得的資源。這個階段的重點在於發展決策支援系統的環境。

3.分析及觀念設計：這個階段必須決定一個滿足使用者的最佳方式，以及實行此方式確切所需的資源，包含技術、人員、財務及組織資源等。基本上，此階段所要完成的任務是依據前兩階段所得之結果，作出一個系統的觀念性設計。

4.設計：這階段的設計工作必須列示詳細的系統組件、結構、特徵的規格。細部設計的部分，可分別針對決策支援系統的各個子系統作出。對一些可在市面購置，可能滿足系統規格的軟體也應予評估。假使有軟體可滿足規格需求，可考慮購置，以節省建構系統的時間。

5.建構：依據設計哲學及可用的工具，系統的建制並沒有一定必須遵循的方式。因為系統建制是在技術層面上將設計實際操作化，所以必須忠實地反應設計的需求，並不斷被測試及改進。

6.實施: 這個階段應包括六個工作項目: (1)測試; (2)評估; (3)展示; (4)指導; (5)訓練; (6)佈署。

7.維護及文件準備: 維護已被實施的系統並對使用者做持續的支援, 而適當的文件有助於系統的使用及維護。

8.調適: 當需求或科技改變時, 系統的發展應回復到前面適當的階段對系統加以調整、修正, 以滿足新的使用者需求或利用新的相關科技。

事實上, 這個決策支援系統發展架構與一般系統設計工程 (systems design engineering) 所提出的生命週期架構極為類似。如 Sage [26] 提出系統設計架構應包含以下七個階段:

1.需求規格判定。

2.初步觀念性設計。

3.邏輯設計及系統架構判定。

4.細部設計及測試。

5.實施。

6.評估及修改。

7.佈署。

在這七個階段中的每一階段, 系統開發人員原則上均須至少從事以下三個步驟的工作:

1.簡明、具體地陳述, 在該階段所判斷出來決策支援系統的需求和目的, 以及滿足決策者需求的實際可行方案。

2.以前一步驟所判定的各種可行方案, 分別進行對系統影響的分析和評估。

3.選擇最可行的方案, 並解釋說明為何選擇該方案。如果該方案並沒有在此階段被實施, 應在後續階段繼續對其進行探討、衡量。

上述的這個生命週期系統發展架構, 有極強的程序意味, 但依據

Sage [26] 所提的意見，一個程序只是在一個實際運作的環境中，對人類判斷行為加以考量後，所從事方法論上的整合。因此，有程序意味的系統發展方法，並不代表就不能將其應用在調適性或反覆性的決策支援系統發展上；吾人應多著重在方法論的內涵，而不須過分拘泥於方法呈現的形式。讀者不難發覺，Turban 與 Sage 所提出的決策支援系統架構實際上有極大重疊。雖然著重和任務階段的分佈有所差異，其內涵其實是極為類似的，不外乎需求分析、觀念設計、系統設計、實施、測試、評估、以及佈署。雖然 Sage 的架構並沒有將「調適」明列為一個階段，但其架構在本質上也是非常注重學習或高層學習 (meta learning) 以及系統對需求的調適。所以，嚴格來講，軟體工程的一些階段性的系統發展方式，大體上在決策支援系統發展上仍有極高的適用性。吾人所應注意的是要能避免一般傳統系統分析與設計方法的思考方式，這個思考方式意圖使系統在設計、建構完成後就能滿足使用者絕大多數或全部的需求，因此不需要做太多後續的修正，以免產生過高的成本。然而，由於決策支援系統所要解決的問題的本質，這種意圖在發展決策支援系統上，不太可能實現。為了能快速地建構一個可操作的系統，並能輕易地修正系統以反應使用者的新需求，決策支援系統的建構必須非常簡易，而且系統本身也必須保有相當的彈性、易於修正。這項事實也顯示了雛型法及母體，在決策支援系統開發上所扮演的重要角色。

二、決策支援系統的彈性需求

針對決策支援系統的彈性而言，吾人可以四個層次來看 [30]：

1. 解答的彈性：賦予使用者一種，以彈性、個人的形式來分析、解決問題的方式。

2. 修改的彈性：提供使用者或系統開發人員輕易修改系統，以處理不同問題的彈性。

3.適應的彈性: 使系統開發人員在需求改變過於顯著，無法以修改現在特定系統滿足需求時，能快速的建立另一個新系統。

4.演進的彈性: 意指當決策支援系統的科技，在本質上有所改變時，決策支援系統、工具及母體均能取得較進步的科技基礎、適當地演進，以增進系統效率與成效。

也由於這些彈性，吾人乃得以解決或至少部分地解決下列決策支援系統發展的問題:

· 使用者及系統開發人員，都無法預先明白指出系統的功能需求。

· 使用者無法具體地描述想要或需要的系統，因此需要有一個先導性的系統，以供其試用、操作並據以提出具體的改進意見。

· 使用者對其工作任務的觀念，及對所面對問題的本質的認知，會隨系統的使用而改變、演進。

· 決策支援系統最後實際的使用，經常是與原先的意圖或規劃有所不同。

· 由決策支援系統所求得，對問題的解決方法或方案往往被主觀意識所決定。

· 對如何使用決策支援系統，不同的使用者可能會有極大的差異。

著眼於以其所擁有的彈性來解決上述的問題，決策支援系統的實際開發過程，通常依循一種演進、成長的型態發展。當決策的環境是多變時，諸多影響決策的因素也會呈現多變的狀態，在這種情況之下，決策支援系統可能永遠無法真正穩定下來。這也就是為何我們常會說，決策支援系統不會有一個最終的系統版本。

以系統實際開發的角度來看，一個系統發展生命週期的方法，在決策支援系統的發展上並非完全無用。只是對決策支援系統而言，在沒有達到一個相當穩定的程度之前，可能必須經歷許多的生命週期的輪迴，而且每一個系統生命週期都可能極為短暫。加以，決策支援系統的整個發展過程，均須有使用者積極地涉入，以判定使用者的真實需求。這些特性造成決策支援系統的開發，必須採取一種反覆式或演進式的方式。如果系統發展人員擁有適當的雛型建立工具或母體，反覆式的設計大致上可產生以下的好處 [24]:

· 較短的系統發展時間。

· 較快速的使用者回饋。

· 使用者對系統的本身、資訊需求，以及能力會有較佳、較具體的認識。

· 較低的成本。

　　總結來說，在設計一個決策支援系統的過程中，以及當一個決策支援系統被建構完成後，系統開發人員與使用者至少應對該系統從事以下的衡量:

· 系統的設計和運作是否合乎邏輯？

· 系統是否能與其運作及組織環境配合？

· 系統是否能支援不同能力、風格及知識的決策者？

· 系統是否能輔助決策者使用及發展自己的能力、風格及知識？

· 系統是否有足夠的彈性，以因應將來新的或不同的需求？

· 系統是否易於做長期的管理？

三、團隊發展與使用者發展

　　本節前文所介紹的系統發展架構，一般而言，需要相當人力與物力的投入，也因此需要相當程度的規劃及組織支援。這種較為正式的發展架構適用於以團隊的形式，來從事決策支援系統的發展及推動。組織中的一個正式的決策支援小組或單位，通常需要同時開發或維護多個系統。在這種情況之下，決策支援系統環境的發展至為關鍵，而其中最為重要的，即屬決策支援系統母體的發展。對於決策支援母體，後續的章節會有較為詳細的介紹，在此先略過不談。本小節將介紹另一種，伴隨終端用戶電腦化而來的決策支援系統發展趨勢。

隨著資訊科技的進步，擁有友善界面、易於使用的微電腦系統，已成為許多人生活、工作、娛樂不可或缺的一部分。在這個趨勢之下，一般人對於電腦科技的知識自然增加，並樂於使用。即使是一些企業的高階主管，也經常不假幕僚之手，自行使用一些如文書處理及試算表的軟體。甚至一些管理者，利用例如 Lotus 1-2-3 或 Excel，建立輔助自己日常決策用的資訊系統，也並非罕見。在這種情況之下，一個基本的問題就是：這種由使用者自行發展的系統有何優缺點？

由使用者自行發展決策支援系統的好處，可以從發展時程、需求判定、實施及成本等四個方面來看 [24]。

1.由開始開發至實際使用在決策上的時間，可以很短。除了使用者可以使用一些自己所熟悉的軟體，快速的開發系統之外，已無須等待專業系統人員的評估和開發。由於組織中的資訊單位，通常有極多等待開發的系統，可能要花三至五年，才能消化完累積待開發的系統。因此，由使用者自行開發決策支援系統，能顯著的縮短等待可用系統的時間。

2.沒有人能比使用者更瞭解自己本身的需求。在使用者自行開發系統的情形下，因為系統開發人員本身即為使用者，相當耗時的需求分析步驟即可省略。如此不但可節省系統開發時間，也較有可能產生一個切實符合使用者決策需求的系統。

3.將系統實施的過程，交由使用者自行負責，可減少系統實施階段的問題。

4.相對於團隊發展來講，系統開發的成本可以顯著的的降低。

當然，使用者自行開發系統不可能沒有缺點，否則所有組織都會要求使用者自行開發決策支援系統。大致上來講，使用者自行開發決策支援系統的風險，主要在於發展出一些品質不良系統的可能性。導致這個結果的原因很多，如缺乏實際系統的開發經驗、忽視、控制、測試、系統文件的要求、使用不合標準的工具設備、產生錯誤的結果、以及資料的喪失等。為了要避免這些風險，組織應實施一些具體的品保規範，以及由資訊中心 (Information Center) 協助和教育訓練使用者。一些可行的作法，如由分析師組成品保小組審查系統、訂定組織管理方針和政策、提供教育訓練、以及對軟硬體規格和技術作適當的規範等。至於系統開發的過程，除了設計前正式的規劃及需求分析可以簡略外，使用者自行發展決策支援系統的過程、大致上遵循前文所描述的步驟，但必須加上一些使用者訓練及協助使用者篩選軟硬體的步驟。至於詳細的步驟，讀者可參閱 [24, 第 284 頁]。

第六節　系統發展環境：發展系統與母體

　　當利用決策支援系統母體發展系統時，首先應對母體的目的及能力有所規劃。Sprague 及 Carlson [30] 建議一個包含四個層次、由上而下分析決策支援系統母體的方式，如圖 13–4 所示。現將這四個分析層次由上而下分別說明於下：

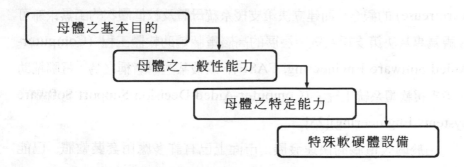

圖13–4　分析決策支援系統母體的方式（資料來源：Sprague & Carlson [30]）

　　1.決策支援系統的母體有兩個基本目的。第一，利用母體可快速、輕易的建立各種特定決策支援系統。第二，母體所擁有的彈性，有助於以反覆設計的方式建立決策支援系統。由這兩個目的來看，決策支援母體應要能建構特定的決策支援系統，以支援半結構或無結構的決策、協助組織各階層的決策者、支援各種決策的各個階段、快速建立及調整系統。因此，當評估一個決策支援系統母體時，應衡量其是否有足夠的調適能力，以快速的反應決策問題的不同、決策環境的改變、使用者的風格，並協助使用者與系統開發人員的溝通和互動。

2.第二個層次分析決策支援系統母體所需的一般性能力，以達成前述的目的，如母體本身應容易使用、能建構非技術人員易於使用的特定決策支援系統、所建構的特定系統應易於修改、以及擁有足夠的對話、資料及模型管理能力等。

3.依據前一層次所需的一般性能力，判定所要達到這些一般性能力所需的特定能力。基本上，母體特定能力的建立，在於滿足三個主要子系統的一般能力需求及系統整合為目標。

4.依據母體的一般及特定能力需求，分析達到這些能力所需的特殊軟硬體設備。

事實上，決策支援系統母體的觀念，可被視為一種軟體再利用 (software reuse) 的觀念。而建立決策支援系統母體及較低層次的工具，亦可被視為專為決策支援系統所發展的高層電腦輔助軟體工程 (Computer-Aided Software Engineering, CASE)，或被某些學者稱之為「電腦輔助決策支援軟體系統工程」(Computer-Aided Decision Support Software Systems Engineering)[23]。

由於個人電腦的快速發展，市面上已有許多應用套裝軟體，已能滿足部分決策支援系統母體的能力要求。例如，微軟的Excel 或 Lotus 1-2-3 都擁有試算、圖形、以及簡單的造模和資料庫功能，因此可被視為具備了一個決策支援系統母體的基本要求。利用巨集指令的功能，這些套裝軟體可運作起來更像一個決策支援系統。然而，將這些整合性套裝軟體的功能分別來看，通常並不十分強大，無法滿足較複雜的決策支援系統需求。在此情形之下，決策支援系統發展人員或許需要將不同的套裝軟體，整合在同一個作業系統環境之下，如微軟視窗，以利用個別軟體某些特別強大的功能，而這種作法就類似所謂的「模組整合系統」(modularly integrated systems)[24]。要建立這種決策支援系統發展環境，需要較強的技術能力，因此很難在一般使用者自行開發系統的情形下達成。除了一些整合型的套裝軟體外，市面上亦可購得一些針對特定商業功能需求，如行銷或財務，所發展的決策支援系統母體。這種母體因為是針對特定功能而設計，一般而言也就較能產生滿足使用特殊需求、為使用者所接受的系統。

　　雖然能購置一個適用的母體，能使決策支援系統的開發變得較為簡易，但是要從眾多的軟體中，篩選出一個最適合的軟體並非易事。加以，由於決策支援系統的本質，在作母體篩選時，通常無法預先清楚知道將來的系統需求，造成更多的困難。此外，資訊科技日新月異，以微電腦的世界尤然。不但軟硬體的生命週期急遽縮短，系統的購置成本也往往以級數的型態降低，導致資訊系統環境的頻繁變動。使問題更加困難的是，衡量決策支援系統母體時，會牽涉到許多不同背景的人員，而這些人員往往基於自己功能或任務的需要，對系統會有不同的衡量標準。例如，財務與行銷的管理會對系統功能有不同的要求，或技術人員、開發人員及使用者會有不同的考量與著重。上述的這些因素，都有可能導致在篩選決策支援系統母體的過程中，一些僵持不下、無法作出抉擇的情況。

第七節　決策支援系統評估

　　在前文介紹決策支援系統發展架構時，作者雖曾不時的提及決策支援系統評估這個議題，但並沒有針對這個議題做深入的探討。然而由於決策支援系統在本質上，與一般管理資訊系統有極大的差異，本節將針對決策支援系統評估作較為深入的介紹。在決策支援系統迄今二十幾年的發展中，已有許多學者專家針對決策支援系統評估這個議題，提出了他們的看法，以下介紹幾個一般的作法或架構。

　　Metersky [20] 提出了一個支援過程的評估方法，認為對決策支援系統的評估至少應包含以下幾項：

1.提供一個有意義的決策品質度量。

2.允許比較不同的決策過程。

3.能被開發人員和使用者所接受。

4.包含對行為和實體環境因素的考量。

5.能適應各種不同方式的使用及任務。

　　Reidel 及 Pitz [23] 認為決策支援系統評估，有三個最主要的構面：

1.對任務的適當性。

2.對使用者的適當性，而使用者又可分為兩類：

　(1)系統實際使用者。

　(2)組織的使用者（系統實際使用者的長官）。

3.對環境的適當性。

表 13-3 列舉了一些衡量這三個構面適當性的評估標的。

　　White 等 [37] 建議了另三個評估決策支援系統的構面：

1.對系統績效目標的演算有效性 (algorithmic effectiveness)。

2.行為、組織及人類的因素。

表 13-3　Reidel 及 Pitz 之系統評估構面的一些例子

（資料來源: 整理自 Reidel & Pitz [23]）

任　　　務	組織使用者	實際使用者	環　　　境
邏輯性	政治性接受度	技能要求	可實行性
決策過程改變	機制限制	精力要求	可靠度
	時間需求	取得方便性	安全性
	人員需求	文件足夠度	發展層次
		訓練及領導	可擴充性
		對結果滿意度	系統相容性
		易於使用	所需經費
		錯誤率	軟硬體需求
		使用者接受度	與現有系統整合度
		可瞭解性	

　　3.支援決策及決策過程品質的足夠性。

　　Keen [12] 專注在以雛型演進形式開發系統，並提出一個「價值分析」(Value Analysis) 的評估方法論。這個方法有三個主要的重點:

　　1.應首先著重在價值衡量，成本次之。

　　2.為了要減少系統的開發風險，雛型法本身應為系統評估的一部分。

　　3.應將決策支援系統開發視為研究發展，而非一般資本投資。

　　依據 Keen 及 Scott-Morton [13] 所提決策支援系統的重要議題及特性，吾人可以從下列八個方向評估決策支援系統:

　　1.決策結果。

　　2.決策過程的改變。

　　3.決策情況觀念 (situation concept) 的改變。

4.程序的改變。

5.傳統成本利益分析。

6.服務衡量。

7.管理者對系統價值的衡量。

8.案例所提供的證據。

Sprague 及 Carlson [30] 則建議從生產力、過程、感受及產品等四個度量構面來評估決策支援系統。

1.生產力度量 (productivity measures)：衡量系統對決策的影響，如做出決策所需的時間及成本、決策的結果品質、實行決策的成本等。

2.過程度量 (process measures)：衡量系統對決策過程的影響，如方案評估數、完成分析數、參予決策人數、使用資料數量、決策每一階段所花的時間、整個決策過程所需時間等。

3.感受度量 (perception measures)：衡量系統對決策者的影響，如對決策過程的控制、系統的有用性、系統的易用性、對決策問題的瞭解、使別人對決策的信服及接受程度等。

4.產品度量 (product measures)：衡量系統技術面的優劣，如系統回應時間、可用時間、當機頻率、開發成本、操作成本、維護成本、教育訓練成本、資料取得成本等。

兩位學者並同時提出了八項衡量上述四個構面的具體方法，作者在此將這些方法簡單介紹於後：

- 事件記錄 (event logging)：將任何決策支援系統可能產生影響的事件加以記錄。當計量的度量無法使用或不存在時，此方法特別適用。

- 態度調查 (attitude survey)：以問卷的方式，調查相關人員對系統本身及系統使用的意見。這類型的調查，在行為科學及心理學研究上經常被使用，但問卷設計需要相當的專業，不良的問卷設計往往會誤導評估。

- 認知測驗 (cognitive testing)：通常用在由理論所推導、需要測試的行為之時。這種由社會心理學所發展出來的方法，可算為調查的一種，但運用較為正式的心理測驗進行。

- 評等與權重 (rating and weighting)：是一種數字性、結構化的評估方法。這種方法需要發展一些系統及其產生影響的評估參數，將這些參數給予評等並賦予權重，最後以所有評等與權重乘積的和作為系統評估分數。這種方法基本上沒有什麼理論基礎，因此雖然簡便，但也可能產生誤導的結果。

- 系統度量 (system measurement)：以衡量系統績效的方式，對系統所產生的影響做定量的 (quantitative) 評估。例如，當評估決策支援系統本身時，可用前述的產品度量做為系統評估的標的。

- 系統分析 (system analysis)：是以正式、定性的 (qualitative) 技術，描述系統各方面所可能產生的影響。主要的方法與一般系統分析與設計所使用的方法雷同。

- 成本／利益分析(cost/benefit analysis)：可以前述系統分析或度量的方法搜集相關資料，但評估必須以貨幣為分析單位進行。這種方法在一般財務及資本投資衡量上早已行之多年，因此通常較易為管理階層所接受。

- 價值分析 (value analysis)：是由 Keen [12] 所提出，並在前文中做過簡介。這個分析方法主要可分為四個步驟：(1)建立系統所必須達到，才能被認為可接受的利益清單；(2)建立為達到上述利益所願意付出的最大成本；(3)開發一個系統雛型；(4)衡量利益及成本。

當然，上述的這些方法可以被合併使用，以產生較正確、較可信的評估。

　　Kumar [14] 調查企業在資訊系統實施後所作的評估。雖然此研究並非針對決策支援系統，其發現和結果對決策支援系統評估仍相當有用。除了系統程式的品質以外，這項研究判定了三組一般性的系統評估標的: (1)資訊; (2)系統; (3)系統影響。表13–4 列示了十六個包含於這三組中的評估標的。

表13–4　Kumar 之系統實施後評估標的
（資料來源: 整理自 Kumar [14]）

資　　訊	系　　統	系統影響
精確性	使用者滿意度	系統利用度
即時、立即性	內部控制	界面友善程度
充足性	計畫時程遵循	使用者本身及工作的衝擊
適用性	文件品質及完整	系統與組織契合
	操作成本節省	
	系統安全及災難保護	
	硬體績效	
	實際績效與規格差異	

以上，作者介紹了一些評估決策支援系統的作法，由於篇幅所限，所作的討論大部分仍局限於觀念上的探討。由於決策支援系統評估，並沒有一個絕對必須遵循的法則，也不存在一個唯一適用的方法，所以作法的選用必須依據實際的情況而定，同時也會被對作法的認同程度所影響。總結來說，從事決策支援系統評估的主要目的，是為了要瞭解及衡量決策支援系統對決策品質及決策過程的衝擊; 畢竟，決策支援系統的目的在於幫助決策者在較短的時間內，以較低的成本，作出較好的決策。同時，系統評估的過程也是一種學習的過程，協助我們學習如何設計一個較為適用的系統。更具體來說，本章至目前為止所探討的議題，不外乎想要能使決策支援系統的建構達到下列三個基本目標:

1.系統真正的能對決策者提供有效的輔助。

2.系統是易於設計、建立、使用及管理。

3.系統能與其他現有和將來可能會有的相關系統相容。

第八節　方法論的分類

在前面章節介紹決策支援系統發展架構及方法時，作者除了對兩個架構有較詳細的介紹之外，並沒有對其他主要的架構或方法有所討論。雖然，多數學者贊同應以一種演進或調適的方式發展決策支援系統。但經由對決策支援系統方法論的回顧，吾人可察覺學者所提出的各種方法論，有許多本質上、觀念上及結構上的差異。本節以 Arinze [4] 的分析架構為藍本，對一些具代表性的決策支援系統發展方法，做一比對並加以整合。

Arinze [4] 認為，分析決策支援系統發展方法論的不同，可以分三個方面來看。第一，以「典範」(paradigm) 來看，典範在這裡指的是一個方法論所引用的模型基礎。這個基礎不但賦予一個方法論所能利用的、正式的表達方式，同時也提供了一些處理問題、分析問題的具體作法。依據這個構面，決策支援系統發展方法可以被分為四種：決策驅動 (decision-driven)、程序驅動 (process-driven)、資料驅動 (data-driven)、以及系統方法論 (systemic methodologies)。第二，以「結構」(structure) 來看，可以分辨系統發展方法論，是以階段式 (stage) 抑或情境式 (contingency) 的方式進行。第三，以「定位」(orientation) 來看，可以分析是否系統的發展，是強調早期就利用規範性的模式指引系統發展，還是逐步的從描述性的模式慢慢演變至規範性的模式。

以上述三個構面為基礎，Arinze 回顧十個主要的方法論後發現，就典範而言，四種典範均有學者採用，但多數集中在決策驅動及程序驅動兩種。就結構而言，大多學者建議以階段性的方式發展系統，但也有兩個方法採取以情境分析為系統發展的架構。就定位而言，除了絕大部分以決策驅動為典範的方法，採取規範性的定位外，其他均為描述性的方法，在表 13-5 中，作者僅以典範為主列舉四個最具代表性的方法，至於其他的方法，讀者可參考原文。

表 13-5　決策支援系統發展方法分類

方法來源	典　範	結　構	定　位
Sprague 及 Carlson [30]	程序驅動	階段性	描述性
Stabell [32]	決策驅動	階段性	規範性
Ariav 及 Ginzberg [3]	系統方法	情境式	描述性
Menkus [19]	資料驅動	階段性	描述性

由表 13-5 可知，作者在前文中所介紹 Sprague 及 Carlson [30] 的四階段決策支援系統發展架構，屬於程序驅動、階段性及描述性的系統發展方法。這個發展方法在分析上，是以 ROMC 模式為主軸，並強調具象表示為其最重要的元素。其他如 Keen [12] 的價值分析架構，亦屬這一類型的決策支援系統發展方法。

表 13-5 所顯示的第二類型的方法為決策驅動、階段性及規範性的發展方法，而這類型的方法可以 Stabell [32] 作代表。Stabell 覺得，大多學者認為在「決策支援系統」這個名詞中，「支援」才是決策支援系統的主題，因此這個名詞中的「決策」二字，並沒有受到應得的重視。雖然支援系統的觀念非常重要，但是某一個決策支援系統的獨特使用範圍，應是被一個特定決策所規範。加以，決策本身應對為何及如何建立決策支援系統，以及系統所應包含的功能，都有所提示與指引，因此「決策」應是決策支援系統發展的重點。從一個規範性的角度來看，決策支

援系統應有改變現有決策過程，增進決策有效性的功能。為了達到這個目的，Stabell 建議了一個包含八個步驟的決策導向的決策支援系統發展過程：(1)決策情況選擇；(2)資料搜集；(3)描述性及規範性造模；(4)診斷及列明決策過程的改變；(5)系統功能規格；(6)設計及建立系統：(7)系統實行；(8)監控及評估。在這個系統發展方法中，「決策研究」(decision research) 扮演了一個主要的角色，其包含下列三個步驟：(1)利用面談、觀察、問卷、歷史記錄等，搜集目前決策制定所用的技術；(2)建立一個對目前決策過程的清楚描繪；(3)提出如何從事決策的規範。

　　第三類型的方法強調決策支援系統的系統面的議題，以 Ariav 及 Ginzberg [3] 的方法為代表。這個方法強調必須同時考量五個系統面的議題：環境、角色、決策支援系統組件、組件的安排、及所需的資源。系統的設計則依據對環境及角色的探究，分析決策支援系統所需的組件及相對應的安排。從這個觀點來看，這個方法係以系統外部的情境為基礎，建立系統內部所需的組件及安排。這個系統發展的方法較屬觀念層次的探討，對實際應如何從事需求分析並無詳細的指引。

　　第四類型的系統發展方法較為獨特，認為決策支援系統是一種具有專門性、高階設計的資訊擷取系統 (information retrieval systems) [19]。從這個觀點來看，決策支援系統的成敗，取決於是否能正確的判定決策者的資訊需求。這個方法首先應產生一個邏輯的資訊分析結構 (logical information analysis structure)，然後根據這個結構篩選資訊來源、搜集資訊、決定資料存取機制等。由於對決策過程沒有任何的注重，這個系統發展方法與其他的方法有極大的差異。

　　由以上對文獻簡短的討論，讀者應可發現單單一個決策支援系統的開發，學者專家之間就有許多不同的意見及看法。這種對決策支援系統開發的眾說紛紜，對一個想要從事決策支援系統相關工作或研究的人來說，毋寧是一個令人困擾的情況。當然這也明白顯示了，單從系統開發的角度來看，決策支援系統的開發就是一件極具挑戰性的工作，遑論其他前面章節所討論的技術性，以及相關決策過程的細節。如果讀者想對各種決策支援系統發展的方法論，做進一步的瞭解，及參考一個較具整體性的系統發展情境模式，可參閱 [4]。

研討習題

1. 討論學者專家對決策支援系統的定義會有爭議的原因。
2. 依據本章的討論，描述一個理想的決策支援系統。
3. 討論如何發掘及判定決策支援系統的設計需求。
4. 描述發展決策支援系統的一些相關主要角色。
5. 比較發展決策支援系統與發展一般管理資訊系統，在方法論上的異同。
6. 比較團隊發展與使用者自行發展決策支援系統的異同。
7. 討論母體在發展決策支援系統上所扮演的角色。
8. 試提出一個評估決策支援系統的一般性架構。

─參考文獻─

1. Alter, S. L., *Decision Support Systems, Current Practice and Continuing Challenges,* Reading, MA: Addison-Wesley, 1980.

2. Anthony, R. N., *Planning and Control Systems: A Framework of Analysis,* Boston, MA: Harvard University, 1965.

3. Ariav, G., & M. J. Ginzberg, " DSS Design: A Systemic View of Decision Support," *Communications of ACM,* 28, 10, 1985, pp. 1045–1053.

4. Arinze, B., "A Contingency Model of DSS Development Methodology," *Journal of MIS,* 8, 1, 1991, pp.149–166.

5. Bonczek, R. H., C. W. Holsapple, and A. B. Whinston, "The Evolving Roles of Models in Decision Support Systems," *Decision Sciences,* 11, 2, 1980, pp.339–356.

6. Davis G. B., " Strategies for Information Requirements Determination," *IBM Systems Journal,* 21, 1, 1982, pp.4–30.

7. Ginzberg, M. J., & E. A. Stohr, "Decision Support Systems: Issues and Perspectives," in M. J. Ginzberg, W. Reitman, and E. A. Stohr (eds.), *Decision Support Systems,* Amsterdam, North-Holland, 1982, pp.9–31.

8. Gorry, G. A., & M. S. Scott-Morton, "A Framework for Management Information Systems," *Sloan Management Review,* 13, 1, 1971, pp.55–70.

9. Henderson, J. C., & R. S. Ingragham, "Prototyping for DSS: A Critical Appraisal," in M. J. Ginzberg, et al. (eds.), *Decision*

Support Systems, New York: North-Holland, 1982.

10. Hurst, E. G., D. N. Ness, T. J. Gambino, and T. H. Johnson, "Growing DSS: A Flexible Evolutionary Approach," in J.L. Bennett (ed.), *Building Decision Support Systems,* Reading, MA: Addison-Wesley, 1982.

11. Keen, P. G. W., "Adaptive Design for Decision Support Systems," *Data Base,* 12, Fall 1980.

12. Keen, P. G. W., "Value Analysis: Justifying Decision Support Systems," *MIS Quarterly,* 5, 1, 1981, pp.1–16.

13. Keen, P. G. W., & M. S. Scott-Morton, *Decision Support Systems: An Organizational Perspective,* Reading, MA: Addison-Wesley, 1978.

14. Kumar, K., "Post Implementation Evaluation of Computer-Based Information Systems: Current Practices," *Communications of ACM,* 33, 2, 1990, pp.203–212.

15. Little, J. D. C., "Models and Managers: The Concept of a Decision Calculus," *Management Science,* 16, 8, 1970, B466–B485.

16. McLeod, R., J. W. Jones, and J. L. Poitevent, "Executives, Perceptions of Their Information Sources," in P. Gray (ed.), *Decision Support and Executive Information Systems,* Englewood Cliffs, N.J.: Prentice-Hall, Inc., 1994, pp.108–122.

17. McLeod, R., J. W. Jones, and J. L. Poitevent, "How Can Executives Improve Their Decision Support Systems?" in P. Gray (ed.), *Decision Support and Executive Information Systems,* Englewood Cliffs, N.J.: Prentice-Hall, Inc., 1994, pp.123–133.

18. Meador, C. L., et al., "Setting Priorities for DSS Development," *MIS Quarterly,* June, 1984.

19. Menkus, B., "Practical Considerations in Decision Support System Design," *Journal of Systems Management,* June, 1983, pp.32–33.

20. Metersky, M. L., "A C2 Process and an Approach to Design and Evaluation," *IEEE Transactions on System, Man and Cybernetics,* 16, 6, 1986, pp.880–889.

21. Mintzberg, H., "The Manager's Job: Folklore and Fact," *Harvard Business Review,* 53, 4, 1975, p.52.

22. Moore, J. H., & M. G. Chang, "Meta-Design Considerations in Building DSS," in JL. Bennet (ed.), *Building Decision Support Systems,* Reading, MA: Addison-Wesley, 1983.

23. Reidel, S. L., & G. F. Pitz, "Utilization-Oriented Evaluation of Decision Support Systems," *IEEE Transactions on System, Man and Cybernetics,* 16, 6, 1986, pp.980–996.

24. Rockart, J. F., & D. W. DeLong, *Executive Support Systems: The Emergence of Top Management Computer Use,* Homewood, IL: Dow Jones-Irwin, 1988.

25. Sage, A. P., *Decision Support Systems Engineering,* New York: John Wiley & Sons, 1991.

26. Sage, A. P., "A Methodological Framework for Systemic Design and Evaluation of Computer Aids for Planning and Decision Support," *Computers and Electronic Engineering,* 8, 2, 1982, pp.87–102.

27. Simon, H. A., *The New Science of Management Decisions,* Rev. ed., Englewood Cliffs, N.J.: Prentice-Hall, Inc., 1977.

28. Silver, M. S., *Systems That Support Decision Makers: Description and Analysis,* Chichester, UK: John Wiley & Sons, 1991.

29. Sprague, R. H., "A Framework for the Development of Decision

Support Systems," *MIS Quarterly,* 4, 4, 1980, pp.1–26.

30. Sprague, Jr., R. H., and E. D. Carlson, *Building Effective Decision Support Systems,* Englewood Cliffs, N.J.: Prentice-Hall, Inc., 1982.

31. Stabell, C. B., "Towards a Theory of Decision Support," in P. Gray (ed.), *Decision Support and Executive Information Systems,* Englewood Cliffs, N.J.: Prentice-Hall, Inc., 1994, pp.45–57.

32. Stabell, C. B., "A Decision-Oriented Approach to Building DSS," in J.L. Bennet (ed.), *Decision Support System,* Reading, MA: Addison-Wesley, 1983.

33. Taggart, W. M., & M. O. Thorpe, "A Survey of Information Requirements Analysis Techniques," *Computing Survey,* 9, 4, 1977, pp. 273–290.

34. Turban, E., *Decision Support and Expert Systems: Management Support Systems,* 4th ed., N.J.: Prentice-Hall, Inc., 1995.

35. Turban, E., & P. R. Witkin, "Integrating Expert Systems and Decision Support Systems," *MIS Quarterly,* 10, 2, 1986, pp.121–136.

36. Valusek, J. R., "Adaptive Design of DSSs: A User Perspective," in P. Gray (ed.), *Decision Support and Executive Information Systems,* Englewood Cliffs, N.J.: Prentice-Hall, Inc., 1994.

37. White, C. C., A. P. Sage, S. Dozono, and W.T. Scherer, "Performance Evaluation of a Decision Support Systems," *Large Scale Systems,* 6, 1, 1984, pp.39–48.

第十四章　高階主管資訊系統

概　要

　　高階主管的資訊需求與運作方式，與一般中低階管理人員相當的不同。因此，一般決策支援系統對高階主管而言並不適用，需要發展針對高階主管需求的資訊系統，以有效地輔助其工作任務的達成。本章即介紹針對高階主管資訊及決策需求，所發展的高階主管資訊系統。本章主要的內容包括高階主管資訊系統的觀念、特性、需求分析、發展架構、關鍵成功因素及限制。

第一節　緒論

　　前一章已約略提過，管理者的資訊來源與需求，很難以建立在會計系統之上的管理資訊系統得到滿足。管理者通常花費相當大的一部分時間在言語溝通上，並以此為資訊來源的主要管道。例如，Mintzberg [16] 研究美國的管理者發現，一般管理者大約花費 70% 的時間在會議上，而 Wainwright 及 Francis [23] 則以英國為例，發現管理者大約花費 53% 的時間在會議上。一些較為近期，針對高階主管 (executives) 對其資訊來源認知的研究顯示，高階主管較倚賴一些非正式的資訊來源，且喜好經由言語媒體取得資訊。其所取得的資訊量，由內部所產生的大約為外部所產生的兩倍，而這些資訊大多數不是取得自電腦相關的媒體 [11]。雖然高階主管的認知與實際的狀況有些出入 [12]，但大體上來說，上述的觀察仍多少反應了高階主管資訊來源的現實狀況。這些觀察卻也可能造成一些系統發展人員認為，高階主管並不需要「資訊」，並將日常工作的時間用在人際溝通而非數字分析之上。而當主管真的需要某項資訊時，他們通常會求助於幕僚，而非電腦。這種觀念往往導致一些人認為，提供高階主管一個專用的資訊系統是不必要的。另外，也有人會認為高階主管僅止於審視資訊，主要注重在對組織現況的瞭解，但其本身從來不會是資訊的來源，因此提供高階主管使用的資訊系統設計應著重在組織現況的報導。雖然瞭解現在的企業狀況及競爭情勢，對高階主管考核過去及規劃未來非常重要，但沒有針對高階主管真正需要的資訊而產生出來的報表，只會造成高階主管收到更多無用的報表，而無法對高階主管的工作提供實質的助益。

　　以資訊的類別來看，高階主管使用各種資訊的百分比如下 [8]：

資訊類別	使用百分比
銷售	85
預算及預測	83
市場趨勢	37
外部資訊	35
經濟資料	35
競爭者活動	30
其他	30

由上表可知，高階主管對資訊類別的需求，除了銷售及預算以外，其他的資訊通常無法自傳統的管理資訊系統中擷取。由於高階主管的特殊資訊需求，以及管理資訊系統在這方面的無能，為高階主管建構一個專用、能輕易擷取所需資訊的系統似乎是必要的。

　　此外，高階主管的工作是多層面的，經常必須扮演不同的角色，有時需要靠直覺，有時又需要具體、量化的資訊來運作。 Mintzberg [14]將管理者的角色分為三大類共十種：

　　1.人際角色 (Interpersonal roles)。

　　　・代表人物 (figurehead)。

　　　・領袖 (leader)。

　　　・說客 (liaison)。

　　2.資訊角色 (Informational roles)。

　　　・監控者 (monitor)。

　　　・傳播者 (disseminator)。

　　　・發言人 (spokesman)。

　　3.決策角色 (Decision roles)。

　　　・創業家 (entrepreneur)。

　　　・混亂處理者 (disturbance handler)。

- 資源分配者 (resource allocator)。
- 協商者 (negotiator)。

由高階主管可能必須扮演這麼多不同的角色來看，要能滿足高階主管在日常運作上的資訊需求，並不是一件容易的事。由以上的這些事實，讀者應可清楚的瞭解到，要以電腦資訊系統滿足高階主管資訊需求的困難與挑戰。

同時，管理者亦會有不同的管理風格，有些管理者運作在極快速的步調上，其工作可以簡短、多樣、間斷來加以形容，但卻又喜好實際的行動，而不愛從事單純反射性的活動。工作上的壓力，亦經常導致管理者採取一些沒有經過深思熟慮的行動；他們經常安排超出自己所能負荷的工作，並對每一項刺激快速的反應，尋求具體的作法，避免抽象的觀念，卻又避免作出冒進的決策 [15]。但也有學者觀察到，一些高階主管會深入的利用企業的資料庫。這些高階主管認為，能自行操控、瀏覽資料是高階主管的一大優勢，因為許多重要問題的解決方案都可以從問題的細節中得到，並且善於利用資訊系統，不但能幫助高階主管問該問的問題，也可以使其瞭解到什麼是錯誤的作法 [19]。面對這些不同管理風格的高階主管，要誘導其使用資訊系統可能就必須用到不同的手段。當然，要建構一個資訊系統來協助高階主管所有可能扮演的角色，是一件難以企及的目標。事實上，高階主管有一項主要的功能就是監控企業的營運，以發現問題及機會。對這項功能而言，資訊系統應可扮演一個極重要的角色。而從目前協助高階主管的資訊系統的發展趨勢來看，這似乎是一個為大家所認同的方向。

有學者認為高階主管是否能慣於使用電腦，取決於管理風格及個人好惡 [9]。雖然資訊科技進步，人們對電腦的接觸及瞭解在教育的早期階段也就已經開始，但對於左腦較為發達的人（直覺傾向），電腦仍不會為這些人所喜好。或許在資訊科技這麼發達的現在及將來，右腦較

為發達的人仍將為高階主管的人選。就算 Deardon [4, 5] 覺得電腦不
會對高階主管的管理工作產生重大的衝擊，從目前的情況來看這是有相
當的真實性，但以現在資訊科技進步的速度，各種個人電腦、網路、及
網路資源的快速發展，相信在不久的將來，資訊科技將會對高階主管的
工作產生顯著的影響，而個人工作站也將會是高階主管桌上不可或缺的
管理利器之一。本章主要介紹一項近期發展快速、對高階主管的工作可
能產生相當衝擊的新興資訊科技 ──「高階主管資訊系統」(Executive
Information Systems)。

第二節　觀念及系統特性

有了建構高階主管專用的資訊系統的想法之後，第二步則應要瞭
解高階主管資訊系統的觀念，並希望能對其下一個清楚的定義。首先，
「高階主管資訊系統」可被定義如下 [20]:

> 一個高階主管資訊系統，是提供高階主管資訊需求的電腦系統。
> 它必須能快速的擷取即時的資料，並能直接的提供管理報表。這
> 個系統必須易於使用、支援圖形顯示、提供例外報告、以及挖掘
> (drill down) 詳細資料的能力。它亦必須能輕易的與一些線上資
> 料服務及電子郵件系統連結。

Rockart 及 DeLong [20] 所提議的「高階主管支援系統」(Executive
Support Systems) 包含較多的系統功能，如通訊、辦公室自動化、分析
支援等，但單就以上的定義而言，本書並沒有必要在這裡將兩者作仔細
的區分。大體上來說，高階主管資訊系統主要是要輔助高階主管發覺營
運上的問題及機會，而非分析、衡量決策方案。因此，這種系統強調強

大的資料檢索功能以及友善的使用者界面，但僅具有最基礎的造模分析能力。

整合一些學者專家對高階主管資訊系統特性的研討，高階主管資訊系統的特性可被彙整如下 [2, 7, 10, 26]:

- 針對個別高階主管所設計。
- 提供跨功能的支援。
- 能擷取、篩選、壓縮以及追蹤關鍵資料。
- 提供線上的現況資料擷取、趨勢分析、例外報告以及資料挖掘。
- 擷取及整合多樣的內外部資料。
- 具有友善的界面，不需要或只需要最低限度的訓練就能使用。
- 使高階主管能直接使用系統，不需要幕僚的協助。
- 能顯示圖形、表格、以及文字。

雖然，前一節描述了高階主管工作的複雜性，由以上的這些特性來看，以現在的資訊科技水準，技術層面的問題應該不難克服，重要的是如何提供高階主管真正想要的資訊，並以適當的形式將這些資訊加以展示。

第三節　與其他系統的比較

在對高階主管資訊系統的特性，有了初步的瞭解之後，另一個重要的問題是：高階主管資訊系統與管理資訊系統，或與前一章所介紹的決策支援系統，有何重大的不同。表 14–1 針對一些相關的構面將這三個系統作一簡單的比對。

由表 14–1 讀者可輕易的瞭解到這三種資訊系統的顯著差異性。雖然高階主管大多使用資訊系統所產生的報告監控企業營運，卻很少利用資訊系統從事分析的工作。縱使這些資訊以其原始的型態可以自管理資訊系統中擷取，但一般管理資訊系統仍無法將高階主管所需的資訊，以

表 14-1　高階主管資訊系統、決策支援系統及管理資訊系統之比較

構　　面	高階主管資訊系統	決策支援系統	管理資訊系統
目的	內外部監控	特定決策輔助	內部監控
使用者	高階主管	專業經理及分析師	各階層管理人員
主要功能	整合資訊、發現問題	輔助決策分析制定	彙整資訊
資訊類別	內外部資訊	針對決策所需	營運彙整
資訊處理	發現問題	提供特定決策所需	交易記錄
主要輸出	預定形式報告、指標	決策分析、方案	固定報表
造模能力	基本功能	主要功能	通常沒有
時間取向	過去、現在	現在、未來	過去
適應性	針對個別主管	可依決策者調適	固定
界面友善	非常重要	重要	不重要

一種對其具有意義的方式呈現。事實上，管理資訊系統與高階主管資訊系統，在許多的構面上都極為類似的。例如，兩種系統主要都是以監控企業營運為目的，也大都利用一些預先設定的報告格式等 [13]。但單以管理資訊系統所產生的資訊提供高階主管使用，往往無法滿足高階主管的要求。如果直接將管理資訊系統的資訊提供給高階主管，很容易因這些資訊中包含太多與高階主管工作無關的資訊，造成高階主管無法篩選出對其真正重要的資訊。再者，由於管理資訊系統必須處理、儲存大量的資訊，不可能將所有的歷史記錄通通上線，造成無法即時提供歷史資料，協助高階主管從事研判趨勢及預測未來的功能。此外，管理資訊系統所能提出的報告，多以會計資料為基礎，因此其所能提出的報告僅能衡量企業過去的營運是否良好，而無法協助高階主管專注在導致企業成功的原因之上 [7]。這也就是為何在本章後續介紹高階主管資訊系統開發時，會將關鍵成功因素分析視為一個主要議題的原因。

至於高階主管資訊系統與決策支援系統的差異，我們可以整個決策的循環來看。一個決策從開始到最後大致可分為下列五個階段：

　1.發現問題或機會，提出決策需求。（決策控制）

　2.從事決策分析，提出方案。（決策管理）

　3.審查、選擇、核准方案。（決策控制）

　4.執行方案。（決策管理）

　5.評估、監控方案執行成果。（決策控制）

這五個階段又可被區分為決策控制及決策管理兩種性質，如括弧中所示。一般高階主管所扮演的角色多為決策控制，而一般中低階管理人員則主要專注在決策管理上。由以上的這個模式來看，高階主管資訊系統主要應協助決策的控制，而決策支援系統主要應輔助決策的管理。由於決策方案的審查、選擇、核准，通常經由部屬在會議中對高階主管做簡報後完成，以及方案實際的執行與資訊系統並無直接的關聯，高階主管資訊系統應專注在第一及第五階段的輔助，而決策支援系統則對第三階段提供支援。事實上，這個模式的第一及第五階段是一體的兩面，經由

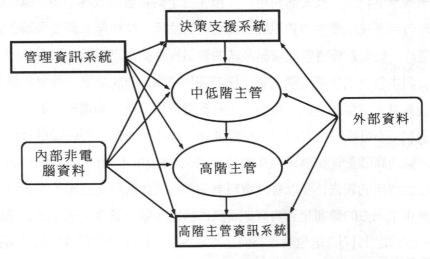

圖 14-1　高階主管資訊系統與其他兩系統之關聯

對以前決策執行結果的評估，高階主管極可能會發現新的問題或機會，因而啟動另一個決策的循環。由這個簡單的決策週期模式，讀者應可更進一步的瞭解高階主管資訊系統及決策支援系統，在決策支援上所扮演的不同角色。本節最後以三種不同的系統為主軸，以圖 14–1 顯示這三種系統之間的關聯。

第四節　推動高階主管發展的因素

在探討高階主管資訊系統的角色及特性之後，一個基本的問題是：到底是什麼因素，導致高階主管資訊系統受到產學界的關注並快速的發展？這問題可從高階主管所受到，從企業內部及外部來的壓力來看。這些壓力以其對高階主管所產生影響的重要性，依序排列於表 14–2。

表 14–2　導致高階主管資訊系統需求的壓力
（資料來源：Watson, et al. [26]）

外部需求壓力	內部需求壓力
愈來愈競爭的環境	即時資訊
快速變遷的外部環境	改進通訊
需要以較積極主動的方式面對外部環境	作業性資料
需要從外部資料庫擷取資訊	不同企業單位現況更新的資訊
愈來愈多的政府管制	增進有效性
	判定歷史趨勢
	增進效率
	使用企業資料庫
	較精確的資訊

Watson 等 [27] 近期的實證研究，則顯示了以下推動高階主管資訊系統的主要因素:

- 提供快速、簡易的資訊取得。
- 增進高階主管的效率及成效。
- 監控組織績效。
- 改進通訊。
- 從不相容的來源萃取及整合資料。
- 改變高階主管對組織的思考模式。
- 競爭資訊。
- 監視外部環境。
- 縮減員額。

此外亦有一些學者建議，高階主管使用資訊系統是為了要 [10]:

- 解決特定決策或控制上的問題。
- 提昇高階主管自身的工作效率。
- 襄助組織的變革。
- 「給部屬一個訊息」，以展示組織使用資訊科技的決心。
- 取得使用電腦的能力與素養。

雖然，學者專家對高階主管資訊系統背後的推動因素，有些許不同的看法，但主要的推動因素不外乎達成快速簡易的資訊取得、提昇主管的工作效率、以及有效地監控企業內外部環境等。當然，因為高階主管花費大部分的時間在監控企業內部狀況，以及外界經濟與競爭的環境之上，為了使提供給他們的資料產生策略上的應用價值，這些資料不但應具有比較性，同時也應可作為將來從事決策制定的基礎 [7]。

從規範性的角度來看，大多數高階主管資訊系統的投資，皆著眼於經由較佳的系統界面，將攸關的資訊以適當的顯示形式，以能提供高階主管真正需要的資訊 [13]。高階主管資訊系統可扮演一個資訊匯集、標準化、整合的角色，免除高階主管必須檢視及閱讀大量不同形式資訊的負擔。對一些營運範圍龐雜、擁有許多控股公司、必須由許多不同資訊系統擷取資訊的企業而言，這種資訊系統能力也就顯得分外有用。縱使傳統的管理資訊系統能扮演一個類似的角色，高階主管使用者的地位往往能帶來發展資訊系統所需要的準則和規範。此外，對一些處於較為動態環境的企業，高階主管資訊系統也可促成高階主管對企業營運，較為頻繁、即時的參予及監控。

從另一方面來講，成功的發展高階主管資訊系統，可能會對一個組織其他資訊科技的推動和發展產生助益。一個成功的高階主管資訊系統，很可能為資訊部門建立良好的聲譽，以及帶來高階主管對一般資訊科技的信心和支持。同時，高階主管資訊系統也可經由綜效的產生，使高階主管樂於使用其他的資訊科技，如電子郵件、電子佈告欄、試算表等，導致一個較為整體性的高階主管支援系統的產生 [20]。

第五節　資訊需求分析與決定

本章及前一章都對管理人員的工作性質及資訊需求，做了一些探討。而由本章至目前的介紹，讀者也可以瞭解高階主管的資訊需求，與中低階管理者的資訊需求有相當的差距，這也造成以資訊系統輔助高階主管工作的不同要求。原則上，前一章所介紹的四種決定資訊需求的策略，對開發高階主管資訊系統而言仍可沿用，但會有不同的成效。例如，高階主管的工作性質，較一般中低階管理者的工作更不具結構性，很難以直接詢問的方式，要求高階主管具體地描述其資訊需求。同時，高階主管的時間有限，一般的資訊系統管理人員或分析師，很難能有足夠的時間與其主管詳細地探討有關的資訊需求。資訊人員對高階主管工作性質的不瞭解，也常導致高階主管不願花費時間在這上面，更造成直接詢問的無效性。另外，在開發一個特定的高階主管資訊系統之前，通常沒有一個相類似的系統可供作新系統的基本藍圖。在這種情形之下，想以現有的系統導出需求是不可行的。而建構系統雛型供高階主管試用，以發現高階主管的需求的策略，對第一個系統雛型而言也不可能，縱使這個策略對後續系統的演進，以及對系統新需求的發現是很重要的。所剩下唯一以分析現在使用資訊的對象系統 (object system)，合成出資訊需求的策略，或許是一個最合邏輯、可行的策略。進行這種策略的方法很多，但最重要的應屬關鍵成功因素分析。關鍵成功因素對企業經營的成敗有關鍵性的影響，這些因素如果能達到一定程度的績效，對確保企業的競爭能力會有極顯著的貢獻。而事實上，高階主管資訊系統就應提供高階主管這些關鍵成功因素的相關資訊。

以一個較為廣義的定義而言，關鍵成功因素可以被分為：產業、企業、工作單位及個別主管，四個層次來探討 [25]。

1.產業層次的關鍵成功因素，對所有在同一個產業的企業而言都是一樣，如產業市場大小或政府法規管制。

2.企業層次的關鍵成功因素，為一般文獻中所著重探討的層次。這一層次的關鍵成功因素，往往決定某一企業在其所屬產業中的競爭能力，如市場佔有率及生產成本。

3.工作單位層次的關鍵成功因素，決定一個事業部門、功能部門、或工作任務小組等工作單位在組織中的績效，如員工素質及專業能力。

4.個別主管層次的關鍵成功因素，會對高階主管是否能有效的運作、執行其任務會有顯著的影響。

針對不同層次的關鍵成功因素，分析及決定資訊需求的方法與策略也應有所不同。對某一企業的所有高階主管而言，產業及企業層次的關鍵成功因素應該相同。因此，決定這兩個層次的關鍵成功因素之資訊需求，應以較正式、集體決定的方式進行，如舉辦正式的關鍵成功因素會談。而對較低的兩個層次而言，直接詢問及分析對象系統特性的方式都是可行的。雖然，高階主管原則上都應能取得與任何層次相關的資訊，但由於高階主管的部門及功能會有所不同，較低兩個層次的關鍵成功因素，往往會決定個別高階主管資訊系統所能取得的資訊及顯示形式。

在對關鍵成功因素分析有了初步的瞭解之後，吾人可進一步的由兩個構面來探討如何衡量高階主管資訊系統資訊的需求 [25]：第一個構面顯示所用的方法是否會與高階主管直接接觸；第二構面顯示所用的方法是否與電腦系統相關。由這兩個構面交叉來看，共可有四類型的資訊需求衡量方法，分別探討於下。

- 直接並與電腦系統無關。這類型的方法包括參予策略規劃會議、舉行正式的關鍵成功因素會談、非正式的會談、以及追蹤高階主管在工作上的活動等。直接與高階主管接觸，通常可以取得較為正確的第一手資料，且可經由直接接觸，增進高階主管對系統的瞭解及參予。但這同時也會花費高階主管較多的時間，較不易取得合作。
- 直接並與電腦系統有關。一般支援群體活動的系統，均可用來輔助高階主管的資訊需求。對這一類的系統，下一章將會有較詳盡的介紹。
- 間接並與電腦系統無關。除了直接與高階主管接觸之外，還有一些其他可取得高階主管資訊需求的有用管道，如與高階主管的幕僚討論、檢視非電腦產生的資訊及報表、參予相關的會議等。這些資訊管道不需要高階主管針對資訊系統需求另行撥出時間會談，因此可節省高階主管寶貴的時間。加以，一些幕僚不但對高階主管經常提出的資訊需求相當清楚，而且這些幕僚對這些資訊的來源，也可能會比高階主管本人來得清楚。因此，雖然沒有直接與高階主管討論其資訊需求，這些取得資訊需求的管道還是會有相當的價值。
- 間接並與電腦系統相關。最後這一類的方法，除了檢視呈送高階主管的電腦報表之外，在已有一個不論是雛型或實際系統供高階主管使用的情形下，一些軟體或高階主管資訊系統本身，可以追蹤、記錄系統的使用。這些記錄可以用來判定高階主管使用系統的型態及偏好，進而可被用來作為修改系統的指引。

由前文對高階主管資訊需求的討論，讀者應可瞭解在建構一個高階主管資訊系統時，單單決定高階主管資訊需求的這一項任務，就極為複雜且具挑戰性，必須同時採取多種不同的資訊需求分析策略及方法。面對這樣的一個情況，如果高階主管資訊系統發展人員能瞭解哪一種方法，在哪一種情況下較為有效，將對其在系統發展實務上有相當的助益。Watson 及 Frolick [24] 對高階主管資訊需求決定方法，作了一個至目前為止可說是最為周延的實徵研究。兩位學者判定了十六種實務上常用的方法，並對這些方法的使用頻率及有效性，做了一個深入的調查。作者將該研究結果以不同的度量列示於表 14–3。

由表 14–3 吾人可以得知，不論是對建構先導或後續系統而言，與高階主管討論、高階主管資訊系統規劃會議、以及與幕僚人員討論，都是經常被使用的資訊需求決定方法，且相當的有效。然而一些與策略相關的方法，如參予規劃會議、策略企業目標方法、檢視策略計畫等，雖然對判定高階主管資訊需求非常的有效，但被使用的頻率並不高。這或許是因為企業策略本身的機密性與敏感性，因此並不適宜被層級不夠的人員得知、參予。即便是前文所強調的關鍵成功因素會談，雖然相當的有效，但被使用的頻率也相對的偏低。這些結果顯示，縱使一些方法對判定高階主管資訊需求相當的有用，在實務上卻沒有被廣泛的使用。這個現象的產生，牽涉到高階主管的時間限制、其對資訊系統的態度、及一些議題及會議的敏感性等的問題。這些結果也顯示了高階主管本人，並非是取得其資訊需求唯一可信賴、有效的管道；除了直接與高階主管溝通討論之外，系統開發人員應要善用其他、非直接的方法取得所需要的資訊。例如，與高階主管的幕僚討論其主管日常所看、所要求的資訊，通常是一個相當有效的方法。這個方法不但不會佔用高階主管的時間，而且也可藉此機會與其幕僚建立一個良好的關係，有助於系統後續的發展及演進。

表 14-3　高階主管資訊需求決定方法的使用頻率及有效性
（資料來源：修改自 Watson & Frolick [24]）

方　　法	建立最初系統		後續演進系統	
	使用頻率	有效性	使用頻率	有效性
與高階主管討論	中	高	高	中
高階主管資訊系統規劃會議	中	中	高	高
檢視電腦產生資訊	中	中	低	中
與幕僚人員討論	中	中	高	高
高階主管主動提供資訊	中	中	中	高
檢視其他組織的系統	中	中	低	中
檢視非電腦產生資訊	中	中	中	高
關鍵成功因素會談	低	中	低	高
參予策略規劃會議	低	高	低	高
策略企業目標方法	低	高	中	高
參予會議	低	高	中	高
資訊系統人員獨自作業	低	中	低	低
檢視策略計畫	低	高	低	高
追蹤高階主管活動	低	中	低	中
軟體追蹤記錄系統使用	無	不適用	低	中
正式的修改要求	無	不適用	低	中

除了分析和決定高階主管資訊需求的方法之外，系統發展相關人員必須要克服三個阻礙高階主管資訊系統使用的基本資訊問題 [3]：

- 高階主管資訊系統在正式被使用之後，仍無法或過晚提供高階主管認為關鍵的資料。
- 資料無法作跨越功能或策略領域的連結。
- 資料能輔助問題的診斷，但無法協助問題的解決。

為了解決上述的問題，學者提出一個確保正確的策略性資訊，並能為高階主管資訊系統所使用的過程 [3]：

1. 判定關鍵成功因素及利益相關人員的期望。
2. 記錄需要監控的績效度量。
3. 決定高階主管資訊系統報告的形式和頻率。
4. 列示資訊流及這些資訊能如何被使用。

第六節　系統的發展架構

一個較為完整的高階主管資訊系統發展架構，至少應包含系統發展結構、發展過程及人機對話等三方面的相關議題。架構的結構面應涵蓋一些高階主管資訊系統發展的主要元素，以及這些元素之間的互動關係。這些元素可包括高階主管、功能部門人員、資訊系統人員、系統供應商、資料及資訊科技等，而互動關係可包括內外部壓力、人際互動及資料流等 [26]。高階主管資訊系統的發展與前一章所介紹的決策支援系統相似，多以雛型法及反覆設計的方式開發。但因高階主管的資訊需求更為多變、更具高度的不確定性，可能造成系統發展結構面元素的頻繁變動。在這種情況之下，對系統發展過程動態的瞭解，往往能決定一個高階主管資訊系統開發的成功與否。對高階主管資訊系統來說，因為使用者通常為企業的高階主管們，掌控人機互動的對話管理也就更形重要。

這方面的議題通常包括使用系統所需的知識、如何指引系統的運作、以及如何適當的顯示系統輸出等。依據學者所提出的架構 [26]，本書將高階主管資訊系統的一些主要元素分別簡介於後。

一、結構面：人員

- 系統倡議者 (EIS initiator)：為企業中提議建立高階主管資訊系統的人員，這些人員主要為企業之高階主管，如執行長、總裁及副總裁等，但也有部分企業是由資訊系統相關人員作出建構系統的提議。
- 高階主管贊助者(executive sponsor)：有三個主要的責任：(1)提出建構系統的要求；(2)監管系統的發展，以及提供應用系統的指引與回饋；(3)傳遞對系統強烈和持續興趣的訊息，給與系統有利害關係的人員 [20]。這個角色通常也是由執行長、總裁或副總裁等所扮演。因為有許多高階主管資訊系統，著重在提供與特定功能相關的資訊，所以有許多的系統贊助者是由企業副總裁層級的人員所扮演。
- 作業贊助者：管理日常高階主管資訊系統的發展事宜，通常由一個本身有興趣使用系統的高階主管，或資訊部門主管、專案計畫經理來擔任。這個角色必須同時與高階主管、幕僚、功能部門人員、資訊系統人員、及可能的系統供應商共同運作，以發展出有效的高階主管資訊系統。
- 系統開發及支援人員：須由不同功能背景及技術專業的人員所組成，期能與企業中不同背景、不同層級的人員溝通與協調。這類人員的主要能力需求有：能有效的與高階主管建立密切的工作關係、有充足的商業知識、以及有良好的人際關係與溝通能力。技術能力雖然也很重要，但並不如前述的三項特性來得關鍵。
- 系統使用者：包括高階主管贊助者、作業贊助者及高階主管的幕僚。為了要有較佳系統成功的機會，高階主管資訊系統的使用者必須被清楚的判定，以求得正確的資訊需求。在一開始推動高階主管資訊系統時，系統的使用者的人數可能只限於極少數，但如果系統能真正顯示其對高階主管在工作上的助益，系統的使用者很可能日漸增多。

· 功能領域人員：為取得高階主管資訊系統相關資料的重要來源之一，因此一個有效的高階主管系統發展策略，必須要能得到這些人員的合作與支持。事實上，在建構一個高階主管資訊系統之前，多數與某些功能相關的資訊已被功能部門所搜集，因此如能得到功能部門人員的協助，就可輕易的判定許多資料的正確來源。但由於功能部門的人員常會感到自己的角色會被資訊系統所取代，而不願與系統發展人員合作。此外，也會有一些功能部門的管理者覺得，資訊系統的建立會使高階主管過於容易、清楚地檢視其部門運作的情形，導致抗拒高階主管資訊系統的心態 [20]。如何克服類似這種抗拒的行為或心態，為有效地建構高階主管資訊系統的重要課題之一。

· 資訊系統人員：雖然通常並不主導高階主管資訊系統的發展，這些人員的合作及支援卻也是極為關鍵。對於一些技術層面的問題，如軟硬體的選擇和組裝、系統的維護、存取系統資料檔案、以及解決技術上的問題，都需資訊系統人員專業知識的輔助。通常，如果一個企業的高階主管對其資訊系統人員有較強的信心，也會對高階主管資訊系統的開發產生較強、持續的興趣和信心。

二、結構面：資料

· 內部資料：一般可由企業的交易處理系統、管理資訊系統及一些功能應用系統的資料庫取得，這些資料大多屬於硬性的 (hard) 數據資料。由於資料不同的報告及更新週期、資料庫相容性的問題及功能部門對資料所有權的意識，要將這些資料應用在高階主管資訊系統上，有時並不是非常的容易。同時，高階主管資訊系統也需要一些較為柔性的 (soft) 資料，以提供高階主管較為豐富的資訊，這些資料可能必須從人類行為中擷取，而非來自數據資料庫。因此，搜集、分析、儲存內部資料以供高階主管資訊系統使用，會需要相當的人力與物力。

- 外部資料：通常也包含硬性和柔性的資料，可由一些外部資料庫、商業刊物、即時新聞及股市資訊等來源取得。

三、發展過程

- 內外部壓力所能導致高階主管資訊系統的發展，已在前文中探討過，在此不再詳加說明。

- 成本利益分析對高階主管資訊系統而言，並不容易。主要的困難在於一些利益非常難以具體衡量，尤其是在系統還沒有被高階主管實際使用之前。這個困難導致企業無法在實際建構系統之前，就能對系統的成本和利益做一個客觀的衡量與比較，因而往往依據直覺來評斷高階主管資訊系統的利益。事實上，這個問題並非高階主管資訊系統所獨有，一般資訊科技投資經常都會遭遇到相類似的問題。

- 雖然高階主管資訊系統的利益難以被具體地衡量，但多數的企業在進行建構高階主管資訊系統之前，會估計系統的軟硬體和人力成本。較為少數的企業，甚至也會對教育訓練成本加以評估，縱使這項成本對整體系統發展計畫來說並不顯著。依據一些美國企業的經驗，高階主管資訊系統的發展及年度作業，平均而言均需花費數十萬美元的成本 [26]。因此，高階主管資訊系統可說是相當的昂貴，並非一些小型、沒有太多財務資源的企業所能負擔。

- 如同一般的決策支援系統，快速的建構一個最初的系統版本以供高階主管試用，較能具體地判斷主管的資訊及系統需求，這對開發高階主管資訊系統的成功與否至為關鍵。而這個要求也造成多數企業，以反覆設計及雛型法來開發高階主管資訊系統。在這種系統發展方式之下，因使用者對高階主管資訊系統的日漸熟悉，在系統後續的演進版本中，通常會提供新增的能力及資訊。對高階主管資訊系統而言，擷取、顯示資訊的螢幕格式多為預先設定，造成消除、修改、新增顯示螢幕的工作成為支援高階主管資訊系統人員，在系統演進過程中的主要任務之一。

- 高階主管資訊系統可架設在不同的硬體架構之上，例如與其他系統分享的大型主機、專用的大型主機、個人電腦網路及主從式網路架構等，都可作為高階主管資訊系統的硬體架構。

- 高階主管資訊系統的軟體，可由企業自行開發或由市場上購置。自行開發高階主管資訊系統並不單純，往往費時費力卻得不到好的效果。如果能由市場上購得適用於開發高階主管資訊系統的工具或軟體，對系統開發所需的時間和成本都可顯著地減少。現在已有不少軟體公司，提供口碑不錯的套裝軟體，如 Comshare 的 Commander EIS、Pilot 的 Command Center、EXECUCOM 的 Executive Edge 等。

- 一個有效的高階主管資訊系統，應要能從不同的來源和層次擷取主管所需的資訊。一些和高階主管日常工作有關的資訊，可包括不同層次的產業資訊、企業整體營運資訊、工作單位資訊等。單看企業內部資訊，這些資訊就可來自不同的相關企業、事業部、功能單位及一些特定部門。依據調查，高階主管資訊系統通常提供有關策略企業單位、功能領域、重要績效指標、產品及區域的資訊 [26]。

- 有效取得企業的現況資料，為高階主管資訊系統最主要的系統功能。一些其他系統經常提供的功能有電子郵件、擷取外部資料和新聞、文書處理、試算表、電子檔案管理等。

四、對話與互動管理

在理想的狀況下，高階主管能直接使用高階主管資訊系統，而不須假手幕僚，因此人機之間的互動和對話，也就顯得分外重要。為了能讓高階主管接受並親自使用系統，操作系統所需的資訊科技知識，就必須維持在一個最低的限度。為了達到這個目標，高階主管資訊系統應要能針對使用情況，提供適當的線上輔助，以及盡量利用選單和關鍵字查詢等功能，減少鍵盤輸入的要求。基本上，高階主管資訊系統的對話管理，可分為「知識庫」 (knowledge base)、「行動語言」(action languages)、及「表示語言」(presentation languages) 三方面來探討。

- 知識庫相關的議題，主要環繞在使用系統所需要的知識之上。由於高階主管的特性，使用系統的教育訓練應以一對一的形式為之，而且所需的訓練時間應盡可能的短。如非必要，高階主管應不須任何操作手冊或文件，就可從容的使用系統。如果有一些必須記憶的重要操作指示，應將其彙整於單頁或少數幾頁的說明文件之中。

- 行動語言意指使系統依使用者的意思運作的方式。高階主管資訊系統應盡可能地建構友善的界面，避免由鍵盤輸入指令的要求，並以滑鼠或觸控螢幕來控制系統的運作。一般資訊系統多少難免需要操作鍵盤，但只是要求一些簡單的輸入，也不應導致高階主管強烈的抗拒。此外，系統的回應時間也應盡可能的迅速，一般應以不超過數秒鐘為度，以免造成使用者注意力的轉移。

- 表示語言意指系統可支援顯示資訊的格式。一般而言，大多高階主管資訊系統不但能以圖形、表格及文字等不同的形式顯示資訊，而且可以彩色螢幕來增強資訊顯示的功效。

第七節 系統的關鍵成功因素

前一節對發展高階主管資訊系統的重要考量事項作了一些介紹，本節將研討發展高階主管資訊系統的關鍵成功因素。文獻中對這個主題也多有探討，作者將一些學者所提出的關鍵成功因素彙整於後。

- 如同一般的資訊系統需要高階管理的支持，高階主管資訊系統也需要一個對這類系統有相當認識的高階主管的支持。換句話說，系統需要前一節所提的高階主管資訊系統的贊助者。這個高階主管最好自己本身有極高的意願，在高階主管資訊系統被發展出來後運用這個系統，因而願意投入相當的時間和精力在系統的發展計畫上。同時，這個主管的階級也必須足夠的高，以能有效的影響組織資源的分配及其同儕的決策 [1, 6]。

- 由於高階主管的時間有限，系統發展就需要一個能從使用者的觀點，處理系統發展的相關細節及日常問題作業的贊助者 [6]。

- 高階主管資訊系統必須能清楚的展示，對解決高階主管的資訊問題的價值，以及輔助組織達成企業目標的能力 [6]。如果高階主管資訊系統能顯示，除了資訊科技以外，沒有其他的作法能達到類似的成效，在這種情形之下，所發展出來的系統也就容易被接受和使用，這也會對系統的後續發展及演進產生相當的助益。

- 組織必須提供適當的資訊系統資源，其中尤以資訊系統人員的素質最為重要，特別是負責系統專案的管理人員。專業管理人員不但必須具備充足的科技、商業知識，同時也必須要有與高階主管有效溝通的能力 [6]。

- 在發展高階主管資訊系統時，選用適當的科技往往會影響一個系統的成敗。這方面問題的產生，主要是由於高階主管多樣的工作風格

及環境 [6]。在能包容高階主管多樣性的前提之下，科技的使用必須將系統的操作維持在一個相當簡易的程度，以配合高階主管對資訊科技的知識與技能 [1]。在資訊科技的快速進步之下，隨著高階主管資訊系統軟體市場的發展，由科技方面所產生的問題應會逐漸削減 [3]。此外，組織應善用其管理資訊系統人員在科技方面的專才，以利高階主管資訊系統的發展 [1]。

· 如同發展一般的決策支援系統，發展高階主管資訊系統無法冀望在規劃設計階段之後，就將系統及資訊需求確定。因此，利用雛型法從事系統反覆設計和演進，也就顯得極為關鍵。而最初的雛型應選擇一個小但顯著的應用範圍來發展以作為示範，期能激起高階主管的興趣 [1]。

· 能夠可靠、正確的擷取高階主管所需的資訊，是建構高階主管資訊系統最為主要的課題 [6]。從不同的部門，在可能不相容或不同格式的資料庫中，取得、彙整、管理相關資料，可能是發展高階主管資訊系統最為困難、費時的工作。除了要瞭解高階主管的資訊需求以外，資訊系統人員也必須知道相關資料之所在、來源，以及擷取這些資料的適當方法 [1]。一些學者認為，高階主管資訊系統發展的失敗往往主要是由於系統無法提供高階主管所需的資訊 [3]。

· 由於高階主管資訊系統會改變組織中的資訊流程，而資訊流程的改變，可能進而導致組織成員權力的移轉。這種政治因素所造成對高階主管資訊系統的抗拒，可導致系統發展的失敗 [6]。為了要克服組織成員的抗拒，系統的相關贊助者及發展人員，不但必須善盡言責，也必須和會與系統導入產生利害關係的團體、單位、人員，做適切的溝通及提供教育訓練 [1]。

· 一個成功的高階主管資訊系統所產生的示範效果，往往會誘使其他的高階主管提出類似的系統需求 [6]。在這種情形下，系統的擴散和演進就必須被有效地管理與控制。對高階主管資訊系統的未來和成長，資訊部門的管理人員應要有所展望；在一個大型的企業之中，高階主管資訊系統的使用者，很可能在短期之內由一兩個成長為數十個。因此，建立一個適當的資訊科技基礎建設，將對高階主管資訊系統的成長極有助益。同時，資訊系統人員也不應將高階主管資訊系統視為完全為高階主管所開發；類似的系統可以成為一個為各階層管理人員及知識工作者所利用的管理工具 [1]。

雖然，高階主管資訊系統能提供組織高層管理人員一項有力的管控利器，但也會因這種系統本身以及使用者的特性，衍生出一些限制、負面影響及特殊議題。本章的最後分別針對這些問題做一些概略性的探討。

第八節　高階主管資訊系統的限制與影響

一、高階主管資訊系統的技術限制

高階主管資訊系統的技術限制，可從資料輸入、處理及輸出三方面來探討 [13]。首先，高階主管資訊系統之目的，在於滿足高階主管的特定資訊需求，而一般人認為高階主管所需的資訊，有相當大的一部分是來自企業外部。然而事實上，一般高階主管資訊系統所使用的資訊，通常僅有一小部分是來自企業外部，這可能是由於擷取外部資料的技術限制。利用資訊科技擷取外部資料的困難，在一般發展管理資訊系統時就已顯現，這種情況對高階主管資訊系統也不例外。此外，高階主管資訊系統的資料來源，通常也不具備足夠的彈性。從其對原始資料產生系統的限制來看，高階主管資訊系統可能會阻礙一些修正其資料來源系統的工作。從資料來源系統對高階主管資訊系統所可能產生的限制來看，資料來源系統的無彈性，也會侷限高階主管資訊系統所能使用的資訊。在一些情況之下，當一個系統雛型已被建立，使用者卻發現系統僅能提供有限的資料，而這些可提供的資料卻缺乏足夠的深度以供高階主管使用[17]。依據調查，高階主管資訊系統的年度人員成本，常比系統開發的人員成本還高[26]。這個現象或許是顯示了高階主管資訊系統在組織中的擴散和成長，但這也極有可能是反應了高階主管資訊系統的欠缺彈性，造成需要大量的人力才能修改和新增系統功能。

　　從資料處理方面來看，高階主管資訊系統的使用，仍常常侷限在以傳統管理資訊系統的方式擷取資料、產生現況和例外報告以及顯示圖形。換句話說，高階主管資訊系統的報告形式大多是預先設定，而且系統也沒有提供較為複雜的分析工具。雖然，高階主管常缺乏分析資料的時間、技能及意願，但提供高階主管一些未經分析的詳細資料，可能導致高階主管作出未經深思熟慮、品質不良的決策。

　　從輸出方面來看，高階主管資訊系統在資料顯示及傳送上，也會遭遇到一些限制與困難。例如，系統的資料顯示和輸出格式通常是預設的，一些資料格式或內容的異動就會造成系統修正，或甚至重新設計的要求。另外，高階主管資訊系統通常使用大量彩色及圖文混雜的方式來顯示資訊，這種資訊也可能限制了高階主管經由電子媒體，與其他人員分享、探討資訊的能力。當然，對一些採用先進資訊和網路科技的企業，這種限制可能產生的影響較小，但對許多企業而言，這仍會是一個相當主要的限制。

　　由於以上這些可能產生的限制，一些企業的高階主管資訊系統，事實上可能只是一個傳送標準報表給高階主管的機制而已。然而這些偏向技術層面的限制，可經由較好的系統開發工具、較易取得的外部資料庫、較佳的資訊系統基礎建設等，加以克服。隨著科技的進步以及吾人對高階主管資訊系統瞭解的增加，相信在可預見的將來，技術方面的問題將不會對高階主管資訊系統的發展，造成無法克服的重大限制。

二、高階主管資訊系統的負面影響

前一節所討論有關技術方面的限制，與高階主管資訊系統對組織可能產生的負面影響相較，較易克服。這些負面的影響包括：(1)對管理時程及時間取向的不良影響；(2)喪失管理程序的同步性；(3)產生組織調適的不穩定性 [13]。

首先，高階主管資訊系統可能會因其所能提供的資訊的限制，造成高階主管過於專注在企業一些可經由系統提供的資訊所評估的績效構面上。因為高階主管資訊系統所能提供的資訊並非完美，花費高階主管和其幕僚過多時間在這些資訊上，對組織管理的議事時程可能會產生一些偏差。加以，由於系統能頻繁地提供較為詳細的資訊，高階主管的運作、決策、取得回饋的週期也會因此而縮短，造成高階主管較為積極的涉入一些短期、低階的事務上。更重要的，較低階的管理人員，可能因為瞭解其長官會以系統監控某些特定、短期的績效指標，因而犧牲其他長期的績效，專注在增進短期的績效指標之上。這對組織的整體、長期利益而言，是一個非常不利的情況。

高階主管資訊系統所能提供的即時現況報導及查詢功能，對許多管理者是非常有價值的。但是這種資訊的即時性，對組織的運作而言，並不一定會產生正面的效應。一般組織的運作，倚賴資訊系統所產生的定期報表甚多。這種定期產生報告的程序，事實上有助於整個組織的管理過程進入診斷問題、行動方案階段的同步化。相反的，高階主管資訊系統的導入，可能摧毀原有的報告週期，造成管理程序同步化的喪失。當然，如果高階主管資訊系統，以一般管理資訊系統為其主要的資訊來源，其所提供新資訊的時程，應要能配合管理資訊系統的更新週期。這項要求可能也就是導致許多高階主管資訊系統，仍定期地產生一些標準報表的部分原因。

　　最後，因為在某些外部環境變動及內部回饋、調整的情況下，管理系統可能會顯示出一些不定或混亂的行為。高階主管資訊系統的導入，或許也會因其所提供資訊的頻率和詳細程度，導致高階主管對資訊作出頻繁、過度的反應，造成組織的不穩定性。

三、高階主管資訊系統與組織變革

　　前文中提到高階主管資訊系統的導入，可能會造成組織在某些構面和作法上的不穩定。但對一個身處急遽變動環境的企業而言，高階主管資訊系統卻也可能幫助企業面對動態的環境，甚至導引企業的組織變革。例如，高階主管資訊系統可有助於下列三種工作的整合 [22]:

　　1.垂直的整合: 個別組織成員可擔負以前由其上司、下屬或幕僚所從事的工作。

　　2.水平的整合: 個別組織成員可擔負以前由其同僚所從事的工作。

　　3.同心的整合: 個別組織成員可擔負新增的工作或責任。

　　這些可能的工作整合可縮減組織的編制、促進決策的分權化、增加員工的權力、以及提昇工作的豐富化。高階主管可以高階主管資訊系統所提供的監控能力，增加所能直接管制的人員 (span of control)。對一個較大型企業的高階主管而言，其所接觸的資料不是經由其他人員，就是由資訊系統所提供。在這種情況之下，高階主管可利用系統跨越中階管理人員，取得未經中階管理人員過濾、篩選過的資訊，提昇監控企業營運的能力。

研討習題

1. 討論高階主管資訊系統的特性。

2. 比較高階主管資訊系統、決策支援系統及管理資訊系統。

3. 討論推動高階主管資訊系統發展的主要因素。

4. 討論分析高階主管資訊系統資訊需求的方法。

5. 描述發展高階主管資訊系統的主要角色及考量因素。

6. 討論發展高階主管資訊系統的關鍵成功因素。

7. 是否高階主管資訊系統的使用會產生任何負面的影響？

──參考文獻──

1. Barrow, C., "Implementing an Executive Information System: Seven Steps for Success," *Journal of Information Systems Management*, Spring, 1990, pp.41–46.

2. Burkan, W. C., "Making EIS Work," in P. Gray (ed.), *Decision support and Executive Information Systems*, Englewood Cliffs, N.J.: Prentice-Hall, Inc., 1994.

3. Crockett, F., "Revitalizing Executive Information Systems," *Sloan Management Review*, Summer 1992, pp.39–47.

4. Deardon, J., "MIS is a Mirage," *Harvard Business Review*, Jan.–Feb., 1972, pp.90–99.

5. Deardon, J., "Will the Computer Change the Job of Top Management," *Sloan Management Review*, Fall 1983, pp.57–60.

6. DeLong, D. W., & J. F. Rockart, "Identifying the Attributes of Successful Executive Support Systems Implementation," in J. Fedorowicz (ed.), *DSS-96 Transactions*, Washington DC: The Institute of Management Sciences, 1986.

7. Friend, D., "Executive Information Systems: Successes, Failures, Insights, and Misconceptions," in P. Gray (ed.), *Decision Support and Executive Information Systems*, Englewood Cliffs, N.J.: Prentice-Hall, Inc., 1994, pp.305–312.

8. Holtham, C., "What Top Managers Want from EIS in the 1990s," in C. Holtham (ed.), *Executive Information Systems and Decision Support*, London, Chapman & Hall, 1992.

9. Kanter, J., "Information Literacy for the CEO," in C. Holtham (ed.), *Executive Information Systems and Decision Support*, London, Chapman & Hall, 1992.

10. Mallach, E. G., *Understanding Decision Support Systems and Expert Systems*, Burr Ridge, IL: Irwin, 1994.

11. McLeod, R., J. W. Jones, & J. L. Poitevent, "Executives' Perceptions of Their Information Sources," in P. Gray (ed.), *Decision Support and Executive Information Systems*, Englewood Cliffs, N.J.: Prentice-Hall, Inc., 1994, pp.108–122.

12. McLeod, R., J. W. Jones, and J. L. Poitevent, "How Can Executives Improve Their Decision Support Systems?" in P. Gray (ed.), *Decision Support and Executive Information Systems*, Englewood Cliffs, N.J.: Prentice-Hall, Inc., 1994, pp.123–133.

13. Millet, I., & C. H. Mawhinney, "Executive Information Systems: A Critical Perspective," *Information & Management*, 23, 1992, pp. 83–92.

14. Mintzberg, H., *Mintzberg on Management*, New York, The Free Press, 1989.

15. Mintzberg, H., "The Manager's Job: Folklore and Fact," *Harvard Business Review*, 53, 4, 1975, pp.49–62.

16. Mintzberg, H., *The Nature of Managerial Work*, New York, Harper & Row, 1973.

17. O'Brien, R. C., "Brief Case: EIS and Strategic Control," *Long Range Planning*, 24, 5, 1991, pp.125–127.

18. Rainer, R. K., & H. J. Watson, "What Does It Take for Successful Executive Information Systems?" *Decision Support Systems*, 14,

1995, pp.147–156.

19. Rockart, J. F., "The CEO Goes on Line," *Harvard Business Review*, Jan.–Feb. 1982, pp.82–88.

20. Rochart, J. F., & D. W. DeLong, *Executive Support Systems*, Homewood, IL: Dow Jones-Irwin, 1988.

21. Turban, E., *Decision Support and Expert Systems: Management Support Systems*, Fourth Edition, N.J.: Prentice-Hall, Inc., 1995.

22. Volonino, L., H. J. Watson, and S. Robinson, "Using EIS to Respond to Dynamic Business Conditions," *Decision Support Systems*, 14, 1995, pp.105–116.

23. Wainwright, J., & A. Francis, *Office Automation, Organization and the Nature of Work*, Aldershot, Gower, 1984.

24. Watson, H. J., & Mark N. Frolick, "Determining Information Requirements for an EIS," *MIS Quarterly*, Sept., 1993, pp.255–269.

25. Watson, H. J., & Mark N. Frolick, "Executive Information Systems: Determining Information Requirements," *Journal of Information Systems Management*, 9, 2, 1992, pp.37–43.

26. Watson, H. J., R. K. Rainer, Jr., and C. E. Koh, "Executive Information Systems: A Framework for Development and a Survey of Current Practices," *MIS Quarterly*, 15, 1, 1991, pp.13–30.

27. Watson, H. J., R. T. Watson, S. Singh, and D. Holmes, "Development Practice for Executive Information Systems: Findings of a Field Study," *Decision Support Systems*, 14, 1995, pp.171–184.

第十五章　群體決策支援系統

概　要

　　早期決策支援系統的發展，主要著重在個人決策支援系統之上。到了八○年代初期，一些學者認為決策支援系統的應用，不應侷限在個人的決策支援之上，而應將決策支援科技的應用提昇至群體決策層次。本章首先介紹群體決策的相關技術，以及群體決策支援系統的目的、層次及種類。後續章節則討論群體決策支援系統的發展方式，以及確保系統發展成功的關鍵因素。

第一節　緒論

　　原始的決策支援系統的觀念，被闡述為一種人類智慧、資訊科技及軟體的有效組合，經由這些組合元素之間的緊密互動，一些複雜的問題得以解決 [9]。這種觀念，並沒有限定涉及決策支援系統的人類智慧必須來自個人，反而似乎隱喻著群體決策的過程和品質也可因資訊科技而受惠。然而，早期決策支援系統的發展，幾乎完全著重在個人使用的決策支援系統之上。到了八○年代初期，一些學者認為決策支援系統的發展，應對群體決策的支援有所關注 [4, 17, 25]。面對愈來愈多耗時甚長、需要大量資訊和溝通的會議，許多決策者覺得會議已佔用太多其從事其他重要工作的時間，因而排斥參加會議。但群體決策會議對組織運作、發展，也有其必要性，這種情況也就對決策者形成一個相當困擾的局面。當然，一個很明顯可以解決這個困境的辦法就是：加快決策制定的過程，但並不會因決策過程的加快而降低決策的品質。換句話說，也就是組織必須要增進會議的生產力，這也就形成了發展支援群體決策科技的動機 [12]。

　　「群體決策支援系統」這個名詞，第一次出現在一九八○年的「國際決策支援系統會議」中。爾後，群體決策支援系統就成為許多學者所專注的研究課題，並有許多美國大學研究機構陸續進行這類系統的研究、開發。群體決策支援系統發展的演進非常快速，其進程大致如表 15–1 [7, 8]。

　　由表 15–1 群體決策支援系統的演進過程，吾人可以看出在大部分的八○年代，群體決策支援系統仍處於實驗的階段。但目前在美國，已有許多群體決策支援系統在市場上行銷。這種發展的趨勢，可歸因於吾人已能瞭解 [8]:

表 15-1　群體決策支援系統的發展

1982–85	群體決策支援系統的調查報告及研究議題
1981–83	起初描述群體決策支援系統的論文
1982–86	起初的實驗及實驗結果
1987–	於大學建立進步的系統設施
1988–	商用的群體決策支援軟硬體開始出現

・如何有效的使用這類的系統。

・如何設計這類系統，以使人們(特別是中年的管理人員)不須太多的訓練就能使用。

依據吾人至目前所得的經驗，一個設計良好的群體決策支援系統，的確能增進組織內群體決策過程的效率和成效。支援群體決策的重要性，可由 Kraemer 及 King [18] 對群體活動的評論中看出：「群體活動是經濟上必要的，是有效率的生產方法，同時也能增進民主價值 (democratic values)。」

第二節　群體決策

在探討群體決策支援系統之前，吾人應對群體決策的特性和相關問題有所瞭解。群體決策基本上可由四個方面來探討。

首先，「群體」指的是兩個或兩個以上的個人，為達成某些目標或完成某項工作而作的組合。這個組合，並不一定要形成一個正式的組織，而群體的存在也可僅為暫時性的。群體的成員可處於不同的地域，其間的互動可為同時進行，或於不同的時點分別進行。

其次，雖然一般組織多採階層式的管理結構，其中決策制定的過程卻經常是一種共享程序 (shared process)。在一般組織的日常運作之中，面對面的溝通和參予會議是管理人員最常從事的活動，而會議本身往往是一些管理人員，對某些問題達成共識、共同分析與評估決策方案的最主要管道。一般群體會議有以下的活動和過程特性 [7]:

- 會議通常由五至二十，有相同或近似組織地位的人員所參予。
- 參予者的知識、意見及判斷會對會議的結果產生的影響。
- 會議的結果，也會被參予者的組成及決策的過程所影響。
- 意見的不同通常由參予者位階的高階、協商或仲裁來解決。

再其次，協同合作的效益早已為人們所體認。以群體方式工作的一些益處有: 增進對問題的瞭解、提高負責任的態度、易於發現錯誤、增加資訊和知識的分享、產生綜效、鼓勵決策參予、提昇對決策的支持和承諾、減少對決策的抗拒、平衡對風險的態度等等。當然，群體過程也會產生一些不佳的後果，如產生群體思考模式 (group thinking)、耗費時間成本、發生不良的群體動態、倚賴他人從事工作、妥協於不良的決策、不完整的任務分析、傾向採取高風險的行動、使用資訊的不適當或不完整等等。

最後，由於以群體的方式工作，可能會產生好與不好的結果，吾人應利用一些技術或方法增進群體工作的效益，並同時減少群體過程所可能產生的不良影響。這些增進群體工作效益的方法，通常以「群體動態」(group dynamics)[24] 或「結構化群體管理技術」(structured group management techniques)[11] 加以標示。這類的技術和方法，一般可逕行簡稱為「群體技術」。對群體決策支援系統而言，兩種最常用、最具代表性的群體技術為「名義群體技術」(Nominal Group Technique)及「達非法」(Delphi Method)[11, 24]. 現將這兩種群體技術分別簡介於後。

一、名義群體技術

「名義群體技術」於六〇年代晚期，由一些學者結合許多領域所發展出來的。這些領域包含社會心理學對決策會議的探討、管理科學對群體判斷的研究、以及以社會學對民眾參予規劃的研究 [2]。「名義群體技術」被發展出來以後，已被廣泛的應用在商業界及政府部門。這項技術被稱之為「名義群體」，是因為群體並不以言語直接互動、從事溝通。基本上，「名義群體技術」包含六個主要的步驟:

1.要求群體成員將意見或資訊個別寫出。

2.要求群體成員輪流依序提出他們的意見或資訊，並於公眾圖板上加以記錄。

3.要求群體成員以預先設定的順序，討論每一項的記錄。

4.要求群體成員以評等投票 (rank-voting) 的方式，顯示其對這些項目優劣的觀感，並將項目等第加總，以決定群體的整體意見。

5.要求群體成員討論投票的結果。

6.進行最後投票。

這項技術看似簡易，卻對群體過程極有助益，其中尤以第二個步驟最為關鍵，這個步驟可產生以下的益處 [11]:

1.增進針對問題的思考。

2.將意見本身與提出意見的特定個人分離，以達到對事不對人的效果。

3.鼓勵經由聽取別人的意見，而產生新的創意。

4.能有效的誘導及分享大量的創意。

5.提供書寫的記錄。

6.有助於平等的參予。

7.將資訊的顯露與資訊的分享分開，有助於工作階段的分離。

8.有助於資訊的顯示。

二、達非法

「達非法」在五〇年代由美國 RAND 公司所發展，被用來管理專家群體決策或建立共識的過程。如同前述的名義群體技術，「達非法」也被廣泛的應用在許多企業及政府部門之中。這項群體技術可被視為一項進步的意見調查方法或溝通程序，並具有三個主要的特性：強調匿名性、提供意見修正的機會、以及提供彙整的回饋。匿名性是以避免面對面溝通達成；多次反覆的意見調查，可提供專家修正其意見的機會；每次意見調查之後，均可將專家意見的統計資料回饋給專家們，使其瞭解整體意見的趨勢。由於這三個特性，這項技術具有同時調查許多專家並建立共識的功能，並且也可以避免群體過程所可能產生的一些問題。此外，一般專家經常為了顏面而堅持己見，上述的這些特性可提供專家修改其意見，而又不失顏面的機會。基本上，「達非法」包含下列六個主要步驟 [11]：

1.定義適用這項技術、需要調查的問題，並設計第一回問卷及指示。

2.決定何人應參予調查，並取得其同意參予。

3.郵寄指示及問卷給參予者，並取得回覆。

4.將第一次調查結果列表、彙整，並設計第二回問卷。

5.郵寄結果彙整資料、回饋訊息及第二回問卷給參予者，並取得回覆。

6.分析第二回的調查結果，並將結果呈報適當的決策者。

當然，調查的次數並不限於兩次，如有必要，第四及第五步驟可以被重複執行。一般而言，在經過四次的調查和意見交換後，專家的意見大多可趨一致。

由於「達非法」不須參予人員進行面對面的會議,許多學者認為這項技術至少在下列五種情況下,可以比面對面的會議產生較佳的結果[11]:

　1.當能貢獻其知識以解決複雜問題的專家們,沒有過往溝通的經驗,以及溝通過程必須加以結構化,以確保參予者對問題的瞭解。

　2.當問題過於龐大,需要很多人提供意見,而調查又無法有效地進行面對面的互動、溝通。

　3.當個別之間歧見過於嚴重,導致溝通過程需要有人居間協調、仲裁。

　4.當個人缺乏時間或相距過遠,而無法進行頻繁的群體會議。

　5.做為一個補助性的預先溝通過程,能有助於後續實際面對面會議的進行。

雖然「達非法」在許多情況之下非常有用,但這項技術的執行卻也有一些限制,如需時較長、成本較高、每次只能專注在一項議題上等等。

第三節　何謂群體決策支援系統

從科技特性的觀點, Huber [12] 認為一個群體決策支援系統應包含一個軟體組合、硬體、語言組件以及一些程序,以輔助一個群體從事決策的活動。DeSanctis 及 Gallupe [4] 則從系統功能面強調,群體決策支援系統應要能以互動的方式,消除群體溝通障礙,提供結構化的決策分析,並有系統地指引討論的型態、時機及內容,以協助決策群體解決一些較無結構性的問題。所以基本上,決策支援系統的組成要素可分為三方面 [23]:

・科技組件。包含電腦軟硬體及通訊設備。

・環境組件。包含涉及的人員,以及人員在時間、空間的位置和對工作任務的熟悉程度。

· 過程組件。支援工作或決策以使前述的組件能適當的運作。

一、群體決策支援系統的基本組成要素

一般探討群體決策支援系統,則將群體決策支援系統的科技,分為硬體、軟體、人員及程序四個基本組成要素來討論 (如 [4])。現針對這四個要素分別介紹於下:

· 硬體。使用群體決策支援系統的一個最起碼的要求,是以整個群體為單位,或以群體個別成員為單位,使用一個電腦系統並顯示資訊。最基本的硬體包括一個電腦主機設備,以及用來顯示資訊的公眾螢幕或個別成員的顯示器。較為複雜的群體決策支援系統則賦予每一群體成員一臺工作站、擁有一個以上的處理器和公眾螢幕、以及具有網路通訊的能力。原則上,一個完備的系統應要有足夠的硬體設備,以充分支援群體成員的獨立以及群體作業、簡化輸入資料的方式、以及提供不同形式和顏色的資料顯示等。

· 軟體。群體決策支援系統的軟體部分,應包含資料庫、模式庫、應用軟體、以及易於使用的界面。除了一些基本的應用軟體,如文書處理,群體決策支援系統最為重要的軟體是一些群體導向的應用軟體,這些軟體被用來傳輸資料、彙整意見或投票結果、以及協助特定群體程序。這部分的軟體也就形成群體決策支援系統,和一般個人決策支援系統不同之主要所在。

· 人員。涉及群體決策支援系統使用的人員,除了群體成員以外,還有群體協助者。雖然協助者可襄助系統軟硬體的操作,但隨著組織對系統的熟悉,協助者的角色可逐漸淡出,僅當使用者遭遇困難時才提供協助。

· 程序。群體決策支援系統的程序,可包含系統使用的程序、群體溝

通的程序、及會議進行的程序等。系統使用程序為最基本程序，用
以幫助決策群體有效地使用系統的軟硬體。群體溝通程序及會議進
行程序，則利用一些群體技術，以協助決策過程的進行和結果的取
得。

圖 15-1 描繪一個基本的群體決策支援系統架構。

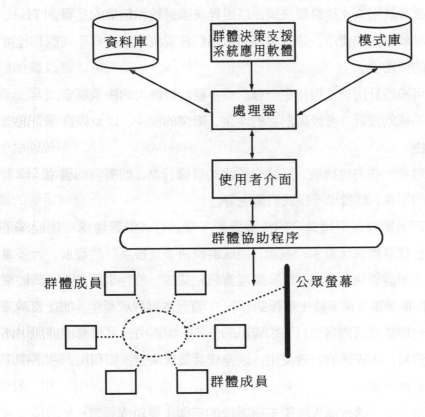

圖 15-1　群體決策支援系統的基本架構

（資料來源：修改自 DeSanctis & Gallupe [4]）

二、群體決策支援系統的特性

群體決策支援系統並不一定要被用來輔助作出最終的決定；它經常

被用來產生、評估一些提交給更高管理階層參考的可行方案。但是，這類系統的主要的目的，仍是要支援群體決策過程，以求得一個決策結果的產生。群體決策支援系統有以下的主要特性 [4, 24]:

- 具有特定目的、特別設計出來的資訊系統，而不僅是現存資訊系統組件的重新組合。
- 被設計用來支援群體決策，以提昇決策過程和結果的品質。
- 易於學習和使用，並能包容對電腦科技及決策支援有不同認知程度的使用者。
- 可被設計用來支援特定一種，或多種群體層次的決策制定。
- 系統的設計，可鼓勵創意的產生、衝突的解決、以及表達意見的自由。
- 包含一些內建機制，以減少負面的群體行為，如衝突的發生、溝通的不良、群體思考模式的產生等。

因為需要以群體為之的決策過於多樣，吾人很難建構一個能滿足各種各樣群體決策需求的系統，造成群體決策支援系統的發展，大多專注在支援群體決策會議，以及處理資訊相關的一般性事務之上。具體來說，群體決策支援系統主要輔助 [7]: (1)資訊的擷取或產生，如從資料庫或其他群體成員取得資料; (2)資訊的分享，如經由公眾螢幕或通訊網路顯示資料; (3)資訊的有效使用，以達成共識或決定，如利用一些造模工具或群體技術。

基本上，傳統個人決策支援系統的三個主要組成要素: 模式庫、資料庫及人機界面，仍是構成群體決策支援系統的主要組件。但當以資訊科技支援群體決策時，系統難免產生一些新增的需求，這些需求有:

1. 支援群體溝通的通訊科技。
2. 增強的模式庫以提供一些投票、排序、評等的工具，以建立共識。
3. 提供較為可靠的系統，以降低當機的可能性。

4.擴大、延伸的實體設備，以支援群體決策會議。

5.使用系統前需要更多的前置準備工作。

除了上述的新增需求之外，經常會有一個「群體協助者」(group facilitator) 或「系統駕馭者」(chauffeur) 幫助及協調會議成員使用系統。群體協助者通常能協助決策群體使用系統、指導決策模型的使用、協調群體的活動、以及記錄群體的作業過程等。這個角色的出現，也就形成表15-2 所示的三種群體決策支援系統的使用型態。

表15-2　三種決策支援系統使用型態(資料來源:Gray & Nunamaker [8])

被駕馭的	支援的	互動的
僅協助者可輸入資訊	所有成員可輸入資訊	所有成員可輸入資訊
公眾螢幕提供群體記憶	公眾螢幕提供群體記憶	經由工作站存取群體記憶
言語溝通為主	言語及電子溝通	電子溝通為主

第四節　系統的目的、層次與類型

群體決策支援系統的主要目的，當然是要增進決策過程的效率及提昇決策結果的品質。然而，決策最後的結果，往往被決策的過程所影響或甚至決定。因此，經由支援決策群體對資訊、創意、意見及偏好的分享，群體決策支援系統提供了一個改進群體決策過程的基礎。這個觀念可由以下的公式清楚看出 [11]：

$$實際有效性 ＝ 潛在有效性 － 過程損失 ＋ 過程利得$$

上式所意圖表達的是：給定由群體成員的投入所決定的潛在有效性，群體過程的實際有效性，隨著過程利得或過程損失的產生而增減。除了可利用上述的群體技術增加過程利得或減少過程損失之外，群體決策支援系統還可以提供以下的過程利得：

- 平行的資訊和意見處理、分享及溝通。在以言語溝通的情況之下，當某人發表意見時，其他人則必須注意傾聽，很難同時進行閱讀及思考。而群體決策支援系統則容許多人或甚至每人同時經由通訊系統「發言」，而且也可在不同的時點對別人的意見提出自己的見解。因此，這項功能不但可顯著地減少每人發言時間的限制，同時也可避免會議被一人或少數幾人主導或佔用大部分的發言時間。

- 容許多位成員同時互動。經由系統所提供的電子媒體，如電子郵件，群體成員可選擇性的或全面性的與其他成員進行溝通、互動。這不但可增進溝通效率，也可以加強私下溝通的私密性。

- 自動記錄所有輸入系統的資訊。在解決複雜問題的過程中，群體成員很難記憶所有討論過的細節，以及別人所提出過的意見。因此，能由系統自動記錄所有會議的過程，將可減輕會議成員不少的心智、精神、抄寫筆記的負擔。當然，這種會議記錄也可成為組織記憶的一部分，作為以後從事相關或類似決策的參考。

- 容許較多的成員參予決策會議，增加投入決策之中的資訊、知識及技能。由於平行資訊處理能減少群體成員貢獻意見的時間限制，利用群體決策支援系統可容許較多的成員參予決策會議。這對整個決策群體的資訊、知識及技能，都會有增進的作用，也因而得以產生較高品質的決策結果。

- 簡易快速的外部資訊取得。利用系統經由網路快速地擷取臨時所需的資料，可避免會議因缺乏資料延誤、停擺、或作出不良的決策。

- 立即顯示彙整意見或投票結果。群體決策支援系統可將群體成員的意見彙整，並快速的顯示在個人或公眾螢幕上，這對決策群體的溝通效率及對議題的專注，都會產生助益。經由系統投票，投票的結果也可立即顯示，減少許多人工作業及分析的麻煩。

- 有效、結構化的規劃及控制會議的進度。群體決策支援系統可輔助會議以較為結構化的方式進行，增進群體成員對議題的專注、減少會議議程的延誤、提昇會議的效率、以及避免不成熟決策的形成。

描述了許多使用群體決策支援系統可能產生的益處，吾人也應瞭解使用這類系統也有可能產生一些問題：

- 溝通緩慢、媒體不夠豐富。通常，一般人以鍵盤輸入資料會較以言語方式表達來得緩慢，對許多人而言，中文輸入更是困難。直接面對面以言語作為溝通的媒介，不但較為快速，也可因語氣或肢體語言的並用，達到表達的豐富化，導致許多人對言語溝通的偏好。因此，在小群體會議的情況之下，單用電子溝通可能會較為不理想。但對較大型的群體會議而言，電子通訊所提供的平行溝通管道，通常可抵銷溝通緩慢的負面影響。仍然，一些極具言語溝通技能的群體成員，可能會覺得無法在新的會議環境中發揮其技能，因而淡出會議的討論。

- 對變革的抗拒。人類經常會對新的事物產生抗拒的心理，對不熟悉的電腦科技也會感到不安、被威脅。縱使系統被設計的非常易於使用、極具親和力，使用者仍難免需要接受一些基本的訓練。加以，許多對電腦科技不瞭解的管理人員，也很難體認這項科技能對決策會議產生的助益。這些因素往往會造成群體決策支援系統，難以被管理決策階層的人員所接受。

- 可能升高衝突。由於群體決策支援系統能讓群體成員以匿名的方式表達意見，某些群體成員可能會對一些意見過於批判，或因以前與其他成員的不快經驗，借題發揮進行人身攻擊。

- 利用科技達成個人目的。也是因為匿名性的關係，某些群體成員可能傳送許多贊成自己意見的訊息至系統，以模擬出有許多人贊成其意見的情況，達成自利的目的。

一、群體決策支援科技的層次

依據群體過程的支援程度，DeSanctis 及 Gallupe [4] 將群體決策支援科技分為三個層次來探討。

層次一：過程支援。這個層次的群體決策支援系統能提供最基本的群體決策過程支援，以消除一般的溝通障礙。對於一般決策支援系統所提供的造模和分析能力，這個層次的系統並沒有支援。一些常見的技術特性如下：

- 群體成員間的電子訊息系統。
- 網路系統連結群體成員的個人電腦、協助者、公眾螢幕、資料庫等。
- 匿名性的支援。
- 經由網路的共同顯示螢幕或公眾螢幕，顯示或彙整意見。
- 主動以系統鼓勵群體成員提供意見或參予投票，以增進參予意願。
- 提供議程的格式及顯示會議的進度，以利會議的組織及進行。

層次二：決策支援。這個層次的群體決策支援系統，能提供一些決策造模和群體決策技術的支援，其主要目的在於減少群體決策過程中所可能發生的不確定性及「雜音」(noise)。所提供常見的模型及技術有規劃和財務模型、決策樹、機率及統計模型、資源分配模型、社會判斷模型等。這層次的系統同時可將一些群體技術自動化，並提供相關的線上輔助和學習。

層次三：次序的規則。這個層次的群體決策支援系統，主要利用資訊科技誘導較佳的群體溝通型態、控制資訊交換的型態、時機及內容、以及提供專家的建議以選擇適當的議事規則。例如，系統軟體可決定群體成員的發言和回應的次序、選擇和建議議事規則的使用、以及輔助撰寫新的議事規則等。

除了上述的三個層次以外，一些學者認為一種「層次四」的群體決策支援系統將會出現，這個層次的系統將包含各種以人工智慧形式出現的「群體成員」[13]。有關人工智慧在決策支援系統上的應用，本書將在第十八章中介紹，在此先不加以討論。

二、群體決策支援科技的類型

DeSanctis 及 Gallupe [4] 又依決策時程的長短及群體成員的時空距離兩個構面，將群體決策支援科技分為四種類型：

1.決策室 (Decision Room) (小群體；面對面)：這類型的系統可被視為傳統會議的電子版本，只適用於小型、不超過二十幾人的會議。使用這類系統的組織，必須設立一個具有特殊設施，能用來支援群體決策的會議室。在會議進行當中，會議成員則坐在一個面對公眾螢幕的馬蹄型的會議桌前。以最簡單的決策室而言，只有一個群體會議的協助者 (facilitator) 能與系統直接互動。而在較一般的決策室中，每一位會議成員都配有一臺終端機用來傳輸電子訊息，同時也可以言語直接進行溝通。公眾螢幕則被用來顯示、分析、彙整會議成員的意見和相關資料。這類系統最主要是用資訊科技來強化會議的正式性，以提昇會議的效率和成效。美國明尼蘇達大學的 SAMM (Software Aided Meeting Management) 系統，及亞利桑那大學的實驗室系統均屬此類系統。

2.區域決策網路 (Local Area Decision Network) (小群體；分散)：這類系統支援較小、分散的決策群體。當一些相關的決策者因地域區隔、時間問題或其他因素，無法進行面對面的會議時，可利用區域或甚至廣域網路系統進行溝通，並制定決策。例如，群體成員可利用電子郵件或電子佈告欄，從事非同步的意見交換，或利用即時文件編輯器，進行同步的溝通。

　　3.立法院式會議 (Legislative Session)（大群體；面對面）：當參予會議的人數過多時，如超過五十或一百人時，一般的決策室將無法容納，因此需要一個較大型的場所以進行會議。雖然每一個會議成員都可利用系統的終端機，但通常必須由兩三個人合用一臺終端機。在使用這類的系統時，只有會議的協助者或主席，才能將訊息傳送至公眾螢幕之上。這類型的會議通常有數個不同的利益團體所組成，因此一般會議成員僅能將訊息傳送給屬於同一團體的成員或團體的主席。這類系統通常可用在一些大型集會，但需要正式程序和規範的情況，如立法院會議及公司股東大會。

　　4.電腦媒介會議 (Computer-Mediated Conference)（大群體；分散）：如果參予決策的人員為數眾多且有地域區隔，則可利用電腦網路科技作為溝通媒介進行群體決策會議。這類系統最基本科技的需求為長程的通訊網路，以及群體決策軟體。利用電腦媒介會議，可消除預先排定議程的需要；參予決策的成員，可將意見傳送至一個集中的資料庫或電子信箱，而其他的成員則可針對其意見提出看法或給予其他意見。經由這樣的意見交換，最後或可對探討的議題達成共識。

　　整合多位學者的意見 [4, 15, 20]，群體決策支援系統可以：群體大小、空間距離、是否面對面溝通、及是否同步溝通四個構面，更加細分為六類，如表 15–3 所示。

　　除了表 15–3 的分類之外，依據系統的提供方式(delivery modes)，群體決策支援系統可分為以下四種 [8]:

　　1.永久裝設於使用者的場所：除非系統會經常被使用，否則這種作法將不敷成本，並經常會因為成本裁減的考量或主導者易人而取消。這種永久裝設的系統多數設立於學校機構，主要作為從事學術研究之用。

　　2.可應使用者要求，臨時裝設於使用者場所的可攜式系統：使用者

表 15-3　群體決策支援系統的六種類型

種　　　類	構面特性	優　缺　點
決策室	小群體 同處一室 面對面溝通 同步溝通	易於同時進行言語和電子溝通 無法支援區隔的群體
區域決策網路	小群體 近距離的區隔 非面對面溝通 同步或非同步溝通	無法進行面對面溝通
廣域決策網路	小群體 遙距的區隔 非面對面溝通 同步或非同步溝通	無法進行面對面溝通 需要較強的通訊能力
立法院式的會議	大群體 同處一室 面對面溝通 同步溝通	可以同時進行言語和電子溝通 較有限的通訊能力 無法支援區隔的群體
電腦媒介會議	較大群體 遙距的區隔 非面對面溝通 同步或非同步溝通	無法進行面對面溝通
遙距電子會議	較大群體 遙距的區隔 面對面溝通 同步溝通	理想的系統 可以同時進行言語和電子溝通

可依需求，向系統供應商租用這種系統及技術人員，而技術人員協助會議的技能則可扮演一個極為重要的角色。

　　3.永久裝設於供應商的場所：使用者可租用系統供應商的場所來進行會議，技術人員通常扮演駕馭系統的角色。在美國，一些學校機構也提供這種服務。

4.營利企業所設計並銷售的設施: IBM 至 1991 年設立了超過五十個群體決策支援系統中心,並將其系統銷售給其他的公司使用。也有一些其他的公司自行發展,並裝設永久的群體決策支援系統設施。

第五節　系統建構

群體決策支援系統雖可被視為一般決策支援系統的延伸,但由於其目的在於支援群體決策,系統發展人員就必須對群體動態,以及相關的群體技術有相當深入的瞭解。而群體決策支援系統所需的軟硬體,又比一般決策支援系統超出甚多,造成財務投資的負擔。因此,組織在進行群體決策支援系統發展之前及之中,都必須投入大量的人力、物力,才有可能建立一個真正能對組織產生助益的系統。例如,在實際進行決策支援系統開發之前,有學者建議組織採取以下的可行性評估行動 [22]:

1.組成一個評估團隊。

2.發展一個詳細的評估計畫。

3.估計應用的大小規模。

4.定義衡量標準及方法。

5.顧客取得策略的評估。

6.資本及作業預算的評估。

7.快速取得軟硬體及一個測試場所的核可。

8.設計跨顯著應用範圍的評估。

在實際進行系統建制時,DeSanctis 等 [6] 以美國明尼蘇達大學的 SAMM 系統為例,提出包含六個步驟的群體決策支援系統發展方式: (1)判定系統特性; (2)決定系統特性間的關係及系統架構; (3)發展初步的螢幕顯示; (4)以結構化的系統模擬演練 (walkthrough) 檢視螢幕顯示; (5)

修正系統特性、架構及螢幕顯示;(6)撰寫程式和測試。當系統可以實際運作後,研究人員必須再對系統進行評估,並視需要進行修正。之後,再由個別和群體使用者測試界面及系統特性。當系統被檢測完畢,可實際使用後,系統人員仍需每季對系統進行一次檢驗,以修正和增強其能力。由上述的發展方式來看,群體決策支援系統應易於修正,並有極強的系統演進的意味。因此,善用雛型法或建構一個適當的系統母體(generator),對群體決策支援系統的發展而言相當重要。以下,就介紹一個以群體決策支援系統母體為主的發展方式。

有學者建議群體決策支援系統的設計,應以情境方式 (contingency approach) 為之,並提出一個包含六種基本組成元素的群體決策支援系統設計方式 [19]:

1.一組可於多數群體活動中發現的一般活動 (generic activities): 除了一些群體過程或動態,群體決策的主要活動就是本章已在前文提及的資訊相關活動: 資訊的產生、擷取、分享及使用,而群體所處理的資訊,又可分為數值 (numeric)、文字(textual)、關係(relational) 等三類 [12]。關係性的資訊主要顯示事件或資料的關連性,如投資與可能產生的結果之間的關係。如果以資訊活動和所處理的資訊,作為一般活動的兩個構面,則可產生十二種情況的組合,而這些組合就可以被用來作為發展支援工具的對象或情境。

2.一個用來建構群體決策支援系統工具模組 (tool modules) 的母體: 有關決策支援系統母體的議題,本書已在〈個人決策支援系統〉一章中討論過,在此不再詳細討論。唯群體決策支援母體必須針對支援群體過程來增強其能力,如通訊及群體決策模型等。

3.一組用來支援一般活動的工具模組: 工具模組主要是用來支援前面所判定的一般群體活動,一些常見的工具可支援資料庫查詢、腦力激盪、結構化討論、模型分析、投票、評等、排序等活動。表 15-4 以

Ventana 公司所發展的 Group Systems V 為例，列示一些系統所提供的群體活動工具。

4.一組用來描述群體工作環境的情況屬性 (situation attributes)。一些重要的情況屬性見於表 15–5。

5.一個群體決策支援系統的整合器 (integrator)，用以針對特定應用的主要情況屬性，選擇及整合所需的工具。

6.一個顧客化的群體決策支援系統，可供特定群體所使用。

表 15–4 Group Systems V 所提供的一些工具

意見產生	意見組織	優先排序	方針發展	組織記憶
腦力激盪	意見分類	投票方式	方針形成	企業分析
議題評論	意見整理	方案衡量	影響判別	群體字典
群體意見大綱	議題分析	問卷調查	影響分析	資料掃描
	群體撰寫			公事包

表 15–5 一些群體工作環境的情況屬性

人員特性	群體結構	問題構面	環境特性	問題階段	結果要求
個人技能	大小	簡單或複雜	溝通結構	規劃形成	品質層級
決策風格	角色	認知需求	規範、標準	分析	創新性
管理風格	職位階級	結構化程度	獎勵制度	決定	可接受性
參予態度	凝聚力	可驗證性	組織文化	評估	過程速度

第六節　關鍵成功因素

DeSanctis 及 Gallupe [3] 分析群體動態相關文獻，彙整出三個對於設計群體決策支援系統的指引：

　　1.群體決策支援系統的主要目的之一，在於鼓勵所有群體成員積極地參予會議。許多對群體的研究均顯示，任何阻礙群體成員自由表達意見的情況，都會妨礙群體決策的有效性。一些典型的情況如：

・同儕或社會壓力。

・覺得其他成員較有能力。

・不敢對高階成員或上司的意見提出質疑。

・原先所提的意見不被重視或認同。

群體決策支援系統所支援的匿名性，以及利用一些群體技術，將討論導向對事不對人的方向，都有助於這些問題的減少或消弭。對於這部分的問題，良好設計的通訊及造模軟體，也就顯得分外重要。

　　2.系統特別應要能包容先前沒有任何經驗一起工作的群體。沒有任何共事經驗的群體成員，往往會因對其他成員和任務的不瞭解，而無法產生對群體的向心力，造成一個缺乏凝聚力的群體。因此，群體決策支援系統應要能在會議進行之前，支援群體成員提出對該群體的功能及目的的期望，並經由溝通和回饋建立共識。以決策室的實體設施而言，群體成員應要能圍坐在半圓形或馬蹄型的會議桌前，並且沒有任何設備會阻礙到任何成員的視線或面對面的溝通。

　　3.因為決策的品質往往會被決策者的能力和知識所影響，如果群體決策支援系統能輔助高階主管，篩選適當的人員參與特定的決策制定，這項功能應極為有用。例如，群體決策支援系統可由人力資源管理系統取得原始資料，然後以特定的模式或篩選標準，選擇出參予決策的適當人選。

　　Buckley 及 Yen [1] 則將群體決策支援系統的關鍵成功因素，分為：設計、實施及管理等三方面來探討。

　　1.設計：(1)增強無結構決策的結構性；(2)視需要，維護會議成員的匿名性; ⑶提供組織的參予、涉入; ⑷建立一個舒適、有生產力的環境。

2.實施: ⑴提供足夠、適當的使用者訓練; ⑵確保高階主管的支持; ⑶提供夠資格的群體協助者; ⑷實行系統測試實驗以確定系統能適當的運作。

3.管理: ⑴系統必須非常可靠; ⑵系統必須依據使用者的回饋和新科技的出現而逐漸的改進; ⑶系統人員必須保持其對系統尖端科技的知識。

第七節　研究議題

群體決策支援系統是一項新興的科技, 在市場行銷的系統並不多。吾人對這類系統的發展及使用所知仍相當有限, 相關的研究結果不但多在學校機構以實驗的方式產生, 也缺乏良好的理論基礎, 造成研究結果的衝突及系統在實際商業應用上的不確定性 [16]。一些學者認為過去的實驗, 主要顯示了以下的研究限制 [14]:

1.多數研究的對象為三至四人的小群體。

2.實驗的對象, 通常為沒有任何使用群體決策支援系統經驗的學生。

3.實驗經常僅局限於一次會議, 無法顯示經由多次使用系統所得的學習效果。

4.實驗群體所要完成的工作, 常與電腦科技配合不良。

5.許多過去的實驗探討整體決策室的影響, 可能將一些不同系統組件的影響混雜在一起。

雖然, 群體決策支援系統過去的研究顯示了相當的限制, 這個領域卻充滿了有趣的研究議題等待人們去發掘、探討。想要將群體決策支援系統的研究議題加以組織, 基本上有兩種方式可以依循: ⑴列示所有研究變數並加以組織; (2)列舉研究主題 [24]。

　　一個採用列示所有研究變數並加以組織的代表性研究, 將群體決策支援系統相關的研究變數分為環境變數、過程變數、及決策結果變數三組, 而決策結果變數又可被分為與工作結果和與群體結果相關的兩類 [21]。表 15-6 至 15-8 分組列舉一些具代表性的變數。表 15-7 所列示的過程變數, 原應包括系統對過程結構的影響, 但在這個概念之下並沒有特定的變數可供衡量, 因而並未將其包含於表中。

表 15-6　群體決策支援系統研究的環境變數

個人因素	情況因素	群體結構	科技支援	工作特性
態度 能力 動機 背景	參予群體原因 群體發展階段 現有關係網路	群體規範 權力關係 階級關係 凝聚力 群體大小	程度 種類 匿名性 協助者	複雜性 工作本質 不確定性

表 15-7　群體決策支援系統研究的群體過程變數

決策特性	溝通特性	人際特性
分析深度 參予程度 共識達成 決策所需時間	釐清的努力 溝通效率 資訊的交換 非言語溝通 工作相關的溝通	合作性 少數主導

表 15-8　群體決策支援系統研究的決策結果變數

工　作　相　關			群體相關
決策特性	決策實行	成員態度	對過程的態度
品質 品質的持續 廣度	成本 容易度 成員的承諾	接受性 瞭解程度 滿意度 信心水準	滿意度 願意再合作

DeSanctis 及 Gallupe [5] 則採用第二種方式將群體決策支援系統的研究主題分為五組：

1.系統設計：人因 (human factors) 設計、資料庫設計、使用者界面設計、與決策支援系統的界面設計及設計方法論。

2.系統使用：使用時機及正確設計的選擇。

3.成功因素：成功性的衡量，以及軟硬體、使用者動機和高層管理支持的影響。

4.系統衝擊：溝通型態、對決策的信心、成本、共識程度及使用者滿意度。

5.系統管理：系統的責任歸屬、規劃的需求、及所需的訓練、維護和其他支援。

由以上的討論，吾人不難感受到，要使群體決策支援系統對一般企業都能產生可靠、具體的利益，從事群體決策支援系統研究、開發的人員仍有一段相當長的路要走。雖然，群體決策支援系統的使用及發展還沒有達到成熟的階段，但隨著科技的進步與愈來愈多的研究成果，或許在不久的將來，群體決策支援系統將會成為許多企業，日常從事群體決策不可或缺的利器。

研討習題

1. 說明何以一些群體技術，如名義群體技術和達非法，對群體決策相當有用？

2. 描述群體決策支援系統之基本組成要素。

3. 相對於個人決策支援系統，群體決策支援系統有哪些新增的需求？

4. 討論群體決策支援系統對群體決策過程所能產生的助益。

5. 描述群體決策支援系統的三個科技層次。

6. 描述群體決策支援系統的四種基本類型。

7. 討論群體決策支援系統發展的關鍵成功因素。

—參考文獻—

1. Buckley, S. R., & D. Yen, "Group Decision Support Systems: Concerns for Success," *The Information Society*, 7, 1990, pp.109–123.

2. Delbecq, A. L., A. H. Van de Ven, and D. H. Gustafson, *Group Techniques for Program Planning*, Glenview, IL: Scott, Foresman & Co, 1975.

3. DeSanctis, G., & R. B. Gallupe, "Group Decision Support Systems," in R. H. Sprague, Jr. and H. J. Watson (eds.), *Decision Support Systems: Putting Theory into Practice*, 3rd ed., 1993, pp. 297–308.

4. DeSanctis, G., & R. B. Gallupe, "A Foundation for the Study of Group Decision Support Systems," *Management Science*, 33, 5, 1987, pp.586–609.

5. DeSanctis, G., & R. B. Gallupe, (undated), "Information System Support for Group Decision Making," Working Paper, Dept. of Management Science, U. of Minnesota.

6. DeSanctis, G., R. T. Watson, and V. Sambamurthy, "Building a Software Environment for GDSS Research," in P. Gray (ed.), *Decision Support and Executive Information Systems*, Englewood Cliffs, N.J.: Prentice-Hall, Inc., 1994.

7. Gray, P., "Group Decision Support Systems," *Decision Support Systems*, 3, 1987, pp.233–242.

8. Gray, P., & J. F. Nunamaker, "Group Decision Support Systems,"

in R. H. Sprague, Jr., & H. J. Watson (eds.), *Decision Support Systems: Putting Theory into Practice*, 3rd ed., 1993, pp.309–326.

9. Gerrity, T. P., "Design of Man-Machine Decision Systems: An Application to Portfolio Management," *Sloan Management Review*, Winter, 1971, p.59.

10. Hackathorn, R. D., & P. G. W. Keen, "Organizational Strategies for Personal Computing in Decision Support Systems," *MIS Quarterly*, 5, 3, 1981, pp.21–27.

11. Huber, G. P., "Group Decision Support Systems as Aids in the Use of Structured Group Management Techniques," in P. Gray (ed.), *Decision Support and Executive Information Systems*, Englewood Cliffs, N.J.: Prentice-Hall, Inc., 1994, pp.211–225.

12. Huber, G. P., "Issues in the Design of Group Decision Support Systems," *MIS Quarterly*, 8, 3, 1984, pp.195–204.

13. Huseman, R. C., & E. W. Miles, "Organizational Communication in the Information Age: Implications of Computer-Based Systems," *Journal of Management*, 14, 2, 1988, pp.181–204.

14. Jarvenpaa, S., V. Rao, and G. Huber, "Computer Support for Meeting of Groups on Unstructured Problems: A Field Experiment," *MIS Quarterly*, 12, 3, 1988, pp.645–666.

15. Jelassi, M. T., & R. A. Beauclair, "An Integrated Framework for Group Decision Support Systems," *Information & Management*, 13, 1987, pp.143–153.

16. Jessup, L. M., & J. Valacich, *Group Support Systems: New Perspectives*, New York: Macmillian, 1993.

17. Keen, P. G. W., "DSS & DP: Powerful Partners," *Office Automa-*

tion: Computerworld, 19, 7A, 1984, pp.13–15.

18. Kraemer, K. L., & J. L. King, "Computer Based Systems for Cooperative Work and Group Decision Making," *ACM Computing Survey*, 20, 2, 1988, pp.115–146.

19. Lewis, L. F., & K. S. Keleman, "Issues in Group Decision Support System (GDSS) Design," *Journal of Information Science*, 14, 1988, pp.347–354.

20. Nour, M. A., & D. Wang, "Group Decision Support Systems: Towards a Conceptual Foundation," *Information & Management*, 23, 1992, pp.55–64.

21. Pinsonneault, A., & K. L. Kraemer, "The Impact of Technological Support on Groups: An Assessment of the Empirical Research," *Decision Support Systems*, 5, 2, 1989, pp.197–216.

22. Post, B. Q., "Building the Business Case for Group Support Technology," in R. H. Sprague, Jr., & H. J. Watson (eds.), *Decision Support Systems: Putting Theory into Practice*, 3rd ed., 1993, pp. 327–345.

23. Sage, A. P., *Decision Support Systems Engineering*, New York: John Wiley & Sons, 1991.

24. Turban, E., *Decision Support and Expert Systems: Management Support Systems*, 4th ed., Englewood Cliffs, N.J.: Prentice-Hall, Inc., 1995.

25. Turoff, M., & S. R. Hiltz, "Computer Support for Group versus Individual Decisions," *IEEE Transactions on Communications*, 30, 1, 1982, pp.82–90.

第十六章 談判支援系統

概　要

　　談判在現代社會中可說是無所不在，尤其在商業交易活動中扮演了一個極為重要的角色。利用資訊科技對各種談判提供適當的談判輔助，以減少談判本身所發生的成本，及增進達成對談判雙方均較為有利的結果，將會對企業的績效產生相當的貢獻。本章首先介紹一些與談判相關的議題、理論基礎，然後再描述如何以資訊科技輔助談判，最後探討與談判支援系統相關的研究議題。

第一節　緒論

　　談判在現代社會中可說是無所不在，尤其在商業交易活動中扮演了一個極為重要的角色。因為在任何合約的簽訂之前，交易雙方必須對合約的條款取得共識，在此情況之下，交易雙方無可避免的必須做某種程度的談判或協商，以尋求交易順利的達成。也因此，商業交易活動本身會產生相當的成本，如交易前的準備工作、草擬合約、律師費用及從事交易談判者的時間與精力等。更重要的是，由於交易雙方對彼此的不信任及對相關資訊的不完整，往往使雙方僅能同意於一個次佳的交易方式，或甚至造成一個原本雙方可以得利的交易無法達成。所以，假使資訊科技能普遍地對各種談判提供適當的輔助，減少談判本身所發生的成本，增進達成對談判雙方均較為有利結果的可能性，將會對企業有相當顯著的貢獻。這也就是為何本書仍將「談判支援系統」(Negotiation Support Systems)，這個較新、較不成熟的領域以單獨一章的篇幅做介紹，而不將其涵蓋於群體決策支援系統中討論。此外，Negotiation 這個英文字，意指與他人或團體以對談的方式建立共識、達成協議或解決紛爭，依據情況這個字可以有協商、談判或交涉 (bargaining) 的意味在內。在本章中，在任何涉及 negotiation 或 bargaining 的情況之下，均以「談判」一詞涵蓋之。

　　建構一個有效的談判支援系統，系統發展者必須對談判這個議題本身有相當程度的瞭解，因此本章首先介紹一些與談判相關的議題、理論基礎，然後再描述如何以資訊科技輔助談判。

第二節　談判相關議題

許多人認為，「談判」是一種藝術，人們談判的能力是基於「人際關係的技巧、說服或被說服的能力、使用許多謀略的能力，及知道如何在何時運用這些謀略的智慧」[27, 第 8 頁]。因此許多成功的專業的談判人員，也無法清楚地描述其在談判桌上成功的妙方。但是，現在也有許多學者認為，談判也可以被以較為科學的方式加以分析。例如有學者認為，談判是一種「精確觀察、實際的假設、正確的實情分析、邏輯的推理、規劃的行為，以及對交涉情況分秒的改變，作最佳留意的科學」[33, 第 9 頁]。在這種認知之下，談判的技能也就不再僅僅屬於人格特質及創新能力的範疇，而談判過程也可以被以一種較為理性、知性的方式來看待。

談判活動是屬於「混合動機」(mixed-motive) 的活動或工作 [21]：參予談判的人或團體，一方面希望雙方能對談判議題達成某種共識，因為雙方所想達到的目的無法由單方獨立完成 —— 因此有合作的動機；另一方面又希望談判的結果，能給己方帶來較大的利益 —— 因此有競爭的動機。基本上，從事談判的動機，就是由這種行動或決策的相依性而產生的，而這種競爭的性質，也使得談判與一般群體合作解決問題的活動，在本質上產生極大的差異。

談判或協商可發生於各種層次及情況，而談判之所以發生，是由於某些人或團體之間對某些特定議題有利益上的衝突。依據衝突所發生的情況與環境，被談判結果所影響的層面可大可小。一般而言，談判至少可能發生在三種層次：政治、經濟及社會 [19]。

- 政治層次：政治層次的談判可大至牽涉國際間事務的談判，如早期以色列與埃及在美國「大衛營」的政治協商，或小至國內政黨之間

的協商談判，國內政黨在立法院就許多立法相關議題從事黨團之間
的協商或談判均屬之。

- 經濟層次：經濟層次的談判，如前所述，在商業活動之中無所不在，並對商業交易的能否完成與經濟效率可能產生關鍵性的影響。其他簡單如解決個人間財務問題，或複雜至公司間購併或合併，都會涉及經濟層次考量的談判。

- 社會層次：近幾年社會意識高漲，在新聞中吾人不難發現許多社區間，或某社區與政府間，必須對一些與社區發展或垃圾處理相關之議題進行談判。

當然，類似以上對談判層次的區分，對某些複雜、影響層面很廣的經濟或社會利益的衝突很難加以清楚區分。例如，某些地區的發展可牽涉到工業園區的設立、公共建設的投資、大型企業的設廠及生活環境品質的維護等。類似這種情況可以在各種利益團體、政治人物及政府部門之間，形成錯綜複雜的衝突關係，也因此造成需要進行許多談判，以解決衝突達成共識。另外，如在美國常見工會與資方所進行的集體談判(Collective Bargaining)，如果某一談判牽涉到大量的裁員或顯著薪資福利的變動，無論談判結果是否能達成共識，避免高社會成本的罷工，至少都可能對區域性的經濟及社會產生影響。

　　簡單來說，分析談判可粗略以三個構面來衡量：(1)談判對手數；(2)談判者的獨斷力；(3)談判議題數。大多常見的談判只牽涉兩方，所以只有一個對手，但同時面對兩個或兩個以上對手的談判亦不少見，如國內三黨在立法院，往往必須對某些法案的議期或內容進行三黨協商。又在某些談判之中，實際參予談判的人員，往往僅被賦予某種程度的權限，因此在某些談判議題上無法享有充分的彈性，需要時時向有最終決策權力者請示，影響談判進行。談判議題數的多寡，可說是影響談判複雜度及進行方式最重要的因素，值得較為詳細的探討。一般而言，談判可被

分為兩大模式: (1)分配型談判 (Distributive Negotiation); (2)整合型談判 (Integrative Negotiation)[1] 。下二小節分別針對這兩種談判模式做較深入的介紹。

一、分配型談判

　　分配型談判通常會發生在解決單一議題的談判中, 其之所以被稱之為分配型, 因為談判雙方能由談判所獲得利益的總和是固定的。換句話說, 這類型的談判可被視為分配一塊固定大小的餅, 如果一方能分得較大的一半, 這也就意味著另一方僅能分得較小的一半。這也就是說, 這類型的談判結果對參予談判者而言, 不是贏就是輸。因此, 此類談判的一項基本假設就是參予談判的雙方, 有著直接的利益衝突, 因而只分別追求己方目標的最大化, 並不在意另一方目標達成的程度。因此文獻中, 或稱此類談判為「輸贏」(win-lose)、「地位」(positional)、「硬性」(hard) 談判 [1, 17], 或由賽局理論 (game theory) 的觀點稱之為「零和」(zero-sum) 談判。基於直接衝突的基本假設, 顯示與對手合作的意圖只會被對手視為沒有足以倚靠的籌碼, 因此此類的談判偏重於利用欺詐、權力的差異、恫嚇、資訊的操控等手段, 以求得己方目標的最大化 [17]。當然, 由於談判雙方只存有彼此競爭的心態, 此類談判往往導致不理想的結果、更加升高的衝突、關係的惡化, 乃至造成談判雙方無法在將來於其他議題上進行合作的心結。

　　舉一簡單的例子來談, 假設某甲想向某乙買一部新車, 而這一部新車的價格是可以協商的。如果買賣雙方視車子的價格為唯一談判的議題, 那麼自然甲方希望車子的價格越低越好, 而乙方卻希望車子所能賣的價格越高越好。在這種情況之下, 因為甲方所多支付的費用即為乙方多取得的利得, 這項對車子的議價即為分配型的談判。在這個簡單的例子中, 談判的過程即為買賣雙方針對對方的價格, 做一系列或大或小的讓步，以期這項車子的交易能順利的完成。

如果談判都如以上所描述，針對單一議題的談判，情況則較為單純。但在現實生活中，吾人所面對的談判往往牽涉超過一項以上相關的議題，而這些議題必須同時在同一談判中解決。再舉上述車子買賣的例子來看，一般車子的買賣不只僅牽涉到價格一項而已。例如，除了價格以外，買賣雙方可能對車子的付款方式、配件、保固期限等，都有不同的偏好。如果這些相關的議題都有協商的空間，那麼這項車子買賣的談判，就變成了一個多項議題的談判，而買賣雙方必須對這些議題都取得共識，這項交易才有可能順利的完成。類似這種必須對多項議題同時達成共識的情況，往往也就導致吾人必須考量下一節所描述的整合型談判。

二、整合型談判

當談判涉及多項相關議題時，談判者可能對不同的議題有不同的偏好與重視的程度，因此願意對不同的議題做不同程度的讓步。在此情況之下，談判者所面對的問題就不再是分配一個固定大小的餅，談判雙方不但都有可能在其最重視的某些議題上達到最大的目標，而且亦有可能達到雙方目標總和的最大。因此，此類的談判通常在較為友好、合作、想要真正共同解決問題的氣氛下進行。在許多時候，這類型的談判僅是要消除談判者在某些問題上意見的歧異，而沒有實質上的利益衝突。此類的談判，在文獻中往往被稱之為「雙贏」(win-win)、「原則性」(principled)、「柔性」(soft) 或「正和」(positive-sum) 談判 [1, 7, 17]。這類談判可被描述為一個「定義目標並從事一些允許談判雙方取得目標最大程序的一個過程。」[1, 第 183 頁] 當然，在現實生活中吾人很難經歷到純粹整合型的談判，因為談判在「大多數的情況下是混合動機的，包含某些需要分配談判的元素，也包含其他需要做整合談判的元素」[17, 第 107 頁]。這也就是說當面對一個多項議題的談判時，就算某些議題在本質上是屬於分配型的，這些議題也應被包含在一個整合型的談判架構之中。

　　為了實際解決整合型談判， Kessler [16] 提出了一個極具代表性的四階段「創造性衝突解決」(Creative Conflict Resolution) 程序模式。依據此模式，整合型談判應以表 16–1 中所描述的談判前準備工作，及實際談判中應從事的四個階段的方式進行。這個模式需要一個仲裁人 (mediator) 於談判的過程中，盡可能地協助談判者對過程的積極參予，同時並十分強調各種技巧的運用，以削減談判者在談判過程中所可能產生的社會、情緒上 (socio-emotional) 及認知偏差上 (cognitive bias) 的問題 [1]。一般而言，由於整合型的談判著眼於談判雙方整體利益的最大，此類型的談判可以造成以下的幾點好處 [1, 7, 25]：

表 16–1　整合型談判的過程階段及活動（資料來源： Kessler [16]）

過程階段	活　　動
談判前	(a) 談判前策略形成 (b) 同意從事談判
階段： (1) 準備工作	(a) 建立談判規則 (b) 發展正面的談判體制
(2) 具體描述問題	(a) 定義問題 (b) 定義談判議題
(3) 處理議題	(a) 追蹤時限 (b) 專注於特定議題 (c) 角色對調 (d) 改敘 (e) 維持平等
(4) 解決議題	(a) 產生可行方案 (b) 分析方案 (c) 衡量議題 (d) 發展解答 (e) 達成共識

1.整體利益的最大時，談判者所能實際共同分配的利益是最大的，因此整合型的談判在本質上是尋求談判的最佳結果。

2.較高的期望能產生較為正面的思考方式，但避免產生無法達成的方案。

3.可產生較高整體利益的方案，因而有較大的可能性被接納。

4.可能產生較高整體利益的協議，有助於增進談判雙方的吸引力及信任感，進而形成較正面的關係。

5.最後協議的達成著眼整體利益的最大，較不會被談判雙方的權力所左右。

6.對組織內的談判而言，整合型的談判可增進組織的效率及整體力量。

由以上的討論，整合型的談判通常涉及大量的群體動態 (group dynamics)，而依據 Kessler 的模式，一個積極的仲裁人或協助者的角色，對整合型談判是否能有效地進行會產生關鍵性的影響。因此，本書於前面章節所探討的群體決策支援系統，似乎可以被適當的延伸以支援本章所探討具有談判意味的群體決策過程。例如，Anson 及 Jelassi [1] 於回顧談判的相關文獻後認為，實行有效的整合型談判有三點主要的困難：(1)談判者的認知偏差；(2)社會情緒的阻礙；(3)同時分析許多複雜的可能協議方案。由這些問題來看，發展談判支援系統所面對的主要問題，事實上與發展群體決策系統極為近似，或甚至在某些方面上完全相同。雖然，談判支援系統可被視為群體決策支援系統的特例或延伸，但是一般談判過程在本質上仍具有顯著的競爭性，因此和一般群體支援系統設計用來輔助的合作群體決策不同。所以想要發展一套有效的談判支援系統，系統發展人員不但必須對談判的理論基礎，及一些相關的決策理論有所認識，也必須對談判支援系統如何解決前述的問題，有一定程度的瞭解。本章下二節將分別介紹談判支援系統的理論基礎，及如何利用談判支援系統輔助談判有效地進行。

第三節　談判理論基礎

雖然談判這個議題在任何賽局理論教科書中，均佔了相當的篇幅 [10, 23]，但這些抽象的理論，對實際發展談判支援系統僅能提供有限的指引。目前談判支援系統仍主要以學者專家對談判行為面的描述，作為系統發展的基礎。有學者認為，談判支援系統的理論基礎主要來自四個領域: (1)賽局理論; (2)經濟模型; (3)政治模型; (4)社會心理學模型，以下四小節將分別對這些理論基礎做介紹。

一、賽局理論

一般而言，賽局理論大多屬於靜態的模型 (static models)，所注重的是預期賽局的結果 (outcomes)，而較不注重賽局進行的過程 (processes)。雖然與談判相關的動態理論，在近幾年有了長足的進步 [24]，但多數發展出來的談判模型，或倚賴對問題結構及競賽者行為的假設，以取得分析上可操控的結果，或過於複雜難以在談判實務上被應用 [5]。談判的問題，基本上是一種多決策者的相關連決策制定 (interdependent decision-making) 的問題。針對雙人賽局 (two-person games)，賽局可被分為三種 [19]:

1.純粹協調 (pure coordination) 賽局: 這種賽局探討如何協調行動或決策，以達到共同的目標。因為目標是相同的，純粹協調賽局的分析，著重在如何經由某種協調方式以達成有效的合作。一個最常見的例子為橋牌競賽中，同方的兩個隊員利用某種叫牌制度，如精準制，使彼此瞭解對方手中的牌型，進而協調出牌順序，達到最後獲勝的目標。因此這類的賽局分析的本質，落在賽局合作的部分。

2.純粹衝突 (pure conflict) 賽局：這種賽局適用於分析有直接厲害衝突的情況，在本質上屬於零和賽局，或如前節所介紹的分配型談判。再以前面橋牌競賽為例，在同一賽局中，某一隊的兩個隊員獲勝，一定會導致另一隊的兩個隊員落敗。

3.混合動機 (mixed-motive) 賽局：這種賽局在本質上，同時存有合作及競爭的動機，如在賽局理論中已為人所熟知的「囚犯困境」(Prisoner's Dilemma) 屬之。這類型的賽局，較能反應一般談判中混和動機的現實，如同前節所描述的整合型談判，就可以這類的賽局模型加以描述。

賽局理論在近幾年發展快速，限於篇幅本書無法在此做詳盡的介紹，有興趣對這些賽局理論做深入研討的讀者，可參考任何一本有關賽局理論的教科書。

二、經濟模型

經濟學中的談判模型，大多著眼於描繪某一特定的談判情境，如勞資談判，經由決策的均衡分析，達到預測談判結果的目的。這個目的與賽局理論所意圖發展相關連決策制定的一般理論，有著不同的目標與著重。與談判相關的經濟模型，已被廣泛地利用在探討勞資衝突、產業競爭、政府管制、公共政策等議題之上 [34, 35]。一般而言，經濟談判模型傾向衡量特定談判的經濟效率或對社會福利的影響，換句話說，也就是是否談判的結果，會落在可能談判結果的效率邊界 (efficiency frontier) 之上。雖然，經濟學中有各種各樣的談判模型探討不同的經濟議題，這些模型幾乎沒有例外的架構在兩個基本的假設之上：

1.任何參予談判的人或團體，都有一個良好定義的 (well-defined) 預期效用函數，作為其理性決策的基礎。

2.必須存在著一個經由最佳化或反覆搜尋程序，以求得談判協議的機制。

雖然如此，現在已有一些學者,利用多屬性效用理論 (multiple-attrib-uteutility theory)，建立以經濟模型為基礎的談判支援系統 [5, 26]。這些學者也體認到，這種理論在實務應用上的不足，所以在系統功能加上一些學習或互動的功能。

三、政治模型

政治性的談判，著重於以談判者之間的厲害衝突程度，預測談判者的政治性行為 [19]。例如，Axelrod [2] 以美國參眾兩院審議法案為例，認為在其他情況不變之下，越高的利益衝突，越會產生衝突的行為，因而導致法案無法通過，這種情況在許多國家的立法院或國會中比比皆是。在國會中，由於在野黨之間在基本意識形態或價值觀上，往往有著南轅北轍的差異，因此除了某些民生法案外，在野黨較難在其他法案上有所共識，因此不易結合在野勢力，有效制衡執政黨在國會的優勢主導。

政治人物通常背負著對選民及政商之間利害關係的包袱，有著對許多議題難以具體化或量化的偏好，造成定義或衡量政治人物之間厲害衝突的困難。政治性的決策制定，又與一般商業的決策制定有所不同。在一般的商業決策制定中，通常一個有能力作出有效決策的管理者，會被賦予全部的決策權，而在一般政黨政治的體制之下，決策的制定與提出通常必須被政黨以群體決策的方式所規範。類似這種的複雜性，更造成以模式化方式分析或輔助政治性談判的困難。因此，決定政治談判的可能結果、衡量談判者對可能結果的偏好、具體觀察不同衝突程度對政治人物行為的影響等考量，對是否能有效地發展應用於政治談判或協商的支援系統而言，有著關鍵性的影響。當然，如果只專注在對政治議題共識的達成，一個談判支援系統在本質上，就與一般群體決策支援系統相同。例如，單就芬蘭國會議員是否對加入歐洲共同市場這項政治性議題達成共識，Hämäläinen 及 Leikola [11] 實驗以「立即決策會議」(Spontaneous Decision Conferencing) 的方式，輔助該國國會議員對此議題形成共識。該研究報告顯示，這種系統有助於共識的形成，而且一般參予實驗的國會議員都對其有正面的評價，甚至有議員認為該國國會往後的協商，均應有類似系統所提供的輔助。

四、社會心理學模型

前面介紹過的三種理論模型大多屬於規範性的 (prescriptive) 模型，而以社會心理學為基礎的模型大多是描述性 (descriptive) 的。這方面的理論對談判的研究，通常是從不同的觀點，如社會學、心理學、學習方法等，解譯及描述談判的過程 [19]。社會學的觀點，主要探討談判的結果是否「公平」、合乎「正義」[3]。從學習的觀點分析談判，可瞭解談判者如何由自己對談判對手策略認知的錯誤，及談判情勢的改變，而調整自己的談判策略，以求得自身談判利得的最大 [6]。心理學則嘗試分析談判者的人格特質與其對談判結果的偏好，這兩者之間的關連性 [32]。此外，在美國常見的勞資雙方的整體談判，因為實際從事談判的代表，必須考量其所代表團體的整體利益，Morley 及 Stephensen [22] 認為應從社會心理學的觀點，探討這類的談判。他們的研究指出，這類談判的成功與否，取決於下列三種驅力的強弱：(1)因為對自己所代表團體的認同，所產生導向其所代表團體利益的驅力；(2)因為對對方所欲達到目的的同情，所產生的驅力；(3)因為對談判雙方一般大眾整體利益的考量，所產生的驅力。

第四節 其他分析談判的方法及技術

除了上述的一般理論之外，學者也採用或發展出許多較為技術層面的特定方法論，作為發展談判支援系統的基礎。本節最後就簡單介紹幾個較為重要的方法論。

1.多目標決策制定 (Multiple Criteria Decision Making, MCDM)：這種方法在決策理論的領域已發展多年，一般用來分析有多種利益衝突目標團體之間的解決方案。在技術層面上，多屬性決策制定有許多不同的分析技巧，如權重法 (weighting methods)、順序消除法 (sequential elimination methods) 及數學規劃法 (mathematical programming methods) 等。這些技術在談判支援上，被用來從事偏好分析、方案產生及排列協議的優先次序等。

2.衝突分析 (Conflict Analysis)：這種方法主要由 Fraser 及 Hipel [9] 所發展出來的。基本上，這種方法仍是以賽局理論為基礎，利用談判者的偏好向量 (preference vector)，將賽局可能的結果排序。如果某一特定結果對所有談判者都是穩定的或達到均衡，那這個結果就屬於解決衝突的可能方案之一。對這個方法論有興趣深入探討的讀者，可參閱 [9]。

3.談判造模的一般化方式 (Generalized Approach for Modeling Negotiations)： Kersten 及 Szapiro [15] 發展了一套以「壓力」(pressure) 為基礎的一般化談判造模方式。學者認為，決策者會對相同的問題做不同的決策，是因為面對不同的壓力，而非偏好的改變。這種方式同時考慮談判者內部的價值及外部的影響，如時間壓力或新資訊的取得等。在造模過程中，壓力是以柔性的 (soft) 限制式加以表示，而一般決策的限制則以硬性的 (hard) 限制式表示。因此這種方式可考量因柔性限制的改變，形成可行方案及協商空間的變動，以預測談判的結果。如果一個已知理想的協議存在，但無法滿足所有的限制式，目標規劃 (goal programming) 的技術，可以被用來求得一個近似解。

4.演進式系統設計 (Evolutionary Systems Design)：由於一般賽局

或決策理論的數學過於複雜，且假設決策的偏好不變，無法處理現實中一些極為動態、反覆的決策問題，導致 Shakun [28, 29] 發展了一套演進式系統設計的方法論。這套方法將談判視為一個集體搜尋或設計的過程，用以判定談判者可共同接受的解決方案。從理論層面來看，這個方法仍根植於動態賽局理論，談判者在談判中像是參予一個差分 (difference) 賽局，尋找可以結盟的對手。這套方法被設計用來處理涉及多個對手、多屬性、無結構及動態的問題，因此被用來作為談判支援系統的基礎，極為有用。

以上本節已對一些談判支援系統發展的主要理論及技術，做了一個概括性的介紹。由於談判本身極為複雜，如果讀者想要開發一個談判支援系統，不但必須對談判本身及其相關的議題做深入的瞭解，也必須選擇一個理論及方法論作為發展的基礎。在對談判及系統的理論基礎，有了一些初步的認識後，下一節介紹如何利用資訊科技輔助談判。

第五節 資訊系統如何輔助談判

基本上，一個談判支援系統有三個主要的目的：(1)增進談判結果的品質與接受程度；(2)加強談判者之間的關係；(3)提昇談判者解決衝突的技能 [1]。由這三個目的來看，雖然資訊技術層面必須提供達到這些目的之工具和手段，要保證一個談判支援系統的成功，系統發展人員更必須瞭解談判者在談判中所可能發生的一些行為、情緒及人際關係上的問題。本節首先從觀念上介紹如何利用資訊科技輔助談判，然後探討一個有效的談判支援系統應包含的基本功能。

一、基本要件

在最簡單的要求之下，任何一個談判支援系統要能有效地輔助談判，則必須具備兩個基本要件：(1)決策輔助；(2)電子溝通管道 [19]。雖然這兩個要件似乎與前章中所描述的群體決策支援系統所需的基本功能並無不同，但對談判支援系統中決策輔助而言，其功能主要是支援個別談判者對目前談判情勢的分析。當然，一般群體決策支援系統所用的群體技術，如「名義群體技術」或「達非法」，通常也包含在較為先進的的談判支援系統之中，特別是用以支援前述「整合型談判」的系統。由於許多現存的談判支援系統，或由一般群體支援系統所延伸發展出來，或僅被視為群體支援系統一個模組，造成這些系統主要輔助談判中意見產生或共識形成等群體動態部分的活動，而對個別談判者對談判的情勢分析及策略規劃，並沒有太多的注重 [5]。雖然如此，在一個較為友善的、合作氣氛濃厚的談判情況之下，如在整合型談判情況之下，這類的系統毫無疑問地仍能對談判提供相當有價值的輔助。此外，在一般組織中，管理人員常常會對某些議題有不同的意見或看法，在需要解決這種由觀點不同而產生意見歧異的情況之下，一個著重群體動態及溝通的談判支援系統，也應有相當的價值。

　　但是單以一般群體決策支援系統應用在談判支援之上，往往會遭遇到許多問題。第一，在一般群體合作制定決策的情況下，所有參予決策的人員都被鼓勵尊重及接納別人的意見，以期能在一種和諧的氣氛中達成共識。然而在一般具有競爭性的談判中，談判者應對己方的觀點或意見有所堅持，就算在某些議題上談判雙方能經由妥協達成共識，這種共識也應與談判雙方對議題的個別觀點加以對照。在這種情形之下，談判支援系統應要能將談判雙方對議題不同的觀點同時顯示出來，並支援談判仲裁人對雙方意見的整合。第二，談判支援系統需要更強大的能力，以輔助對談判者偏好的分析與衡量、談判規則的訂定，以及提供應談判需要的特殊顯示形式。第三，談判支援系統應提供一些具有相當彈性及整體性的工具，以輔助談判仲裁人有效地控制整個談判過程。由這些問題可以看出，談判支援系統與一般群體決策支援系統在工作性質、作業需求及資訊處理上都有相當的差異。

有學者從資訊處理 (information-processing) 與電子溝通兩方面，探討談判支援系統對談判者可能產生的影響 [19]。首先，從資料處理的觀點來看，人類僅具有相當有限的能力資訊處理。也因此，雖然一個決策者意欲作出一個「理性的」最佳決策，通常卻僅能有限度的達到此目標，形成次佳 (suboptimal) 決策或只以滿意 (satisficing) 為決策標的。這種情況也就是現在大家所熟知， Herbert A. Simon [30, 31] 描述人類決策者行為能力時所提出「有限理性」(bounded rationality) 的觀點。從這個觀點而言，決策支援系統不但可經由提供外部記憶體 (external memory)，以擴展決策者的記憶及回溯能力，也可以其大量運算能力，增強決策者運算、分析的能力。因此，只要決策支援系統中的模型能有效的形成、顯示決策相關的問題，包含於談判支援系統中的決策支援系統，應可增進談判者對談判議題的分析與談判策略形成的能力。

二、決策輔助工具及談判支援

依據 Zachary [37] 一個有效的決策輔助工具應提供決策者以下六種支援：

1.程序模型 (process models)：輔助預測複雜的程序，如敏感度分析。

2.抉擇模型 (choice models)：整合個別談判者對方案不同的衡量標準，如多屬性效用模型。

3.資訊控制技術 (information control techniques)：輔助資訊的存取及組織決策相關的資料、資訊及知識等，如一般資料庫管理。

4.描述輔助 (representation aids)：輔助對特定問題描述的表示及操控，如圖形及矩陣的模式表示法。

5.分析及推理輔助 (analysis and reasoning aids)：輔助對特定決策問題的描述作推論，如數學規劃模型。

6.判斷精鍊及擴充技術 (judgment refinement/amplification techniques)：避免作判斷或推論時所可能的偏差，如貝氏 (Bayesian) 分析。這六種支援可分別對應至決策支援系統的三個組件，如圖 16-1 所示。

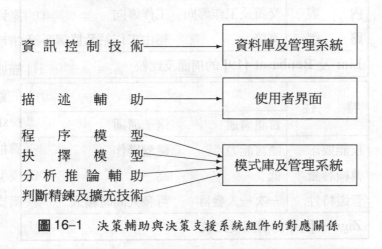

圖 16-1　決策輔助與決策支援系統組件的對應關係

從談判溝通的觀點而言，面對面的溝通經常會導引談判者過於傾向交誼導向 (social-oriented) 的對話，導致溝通的過程無法完全專注於談判相關的議題上，造成談判時間的浪費，進而影響談判結果共識的達成與品質。藉由談判支援系統所提供較具結構性的溝通管道，談判者可被適當地導引而專注在與談判工作相關的 (task-oriented) 議題上。一般談判支援系統容許談判者同時進行言語及電子的溝通， Lim 及 Benbasat [19] 以「同步性」、「內容」及「路徑」三個構面，分析言語及電子溝通的不同。而 Zigurs [38] 則以另外四個構面：「技能要求」、「傳輸容量」、「管道特性」及「對接收者的衝擊」，分析言語及電子溝通的差異。因為 Zigurs 的第四個構面並非直接描述溝通管道的特性，在此僅將其前三個構面例表與 Lim 及 Benbasat 的比較彙整於表 16-2。

表 16-2　言語及電子溝通的差異比較

特　　性	管　　道	
	言語溝通	電子溝通
同 步 性	同時、同地	同時、同地
內　　容	交誼及工作導向	工作導向
路　　徑	直接	經由工作站及協調系統
Lim 及 Benbasat [19] 的構面及比較		

特　　性	管　　道	
	言語溝通	電子溝通
技能要求	語言能力	鍵盤操作
傳輸容量	低	高
管道特性	一次一人發言	可多人同時輸入
Zigurs [38] 的構面及比較		

三、談判問題的克服

　　略去純粹技術性的問題不談，談判支援系統的主要議題，不脫如何利用資訊科技以解決談判者心態、認知上的問題。以下，從觀念上針對整合型談判探討一個有效的談判支援系統，如何解決前節所述三個實行整合型談判的主要困難：

　　1.談判者的認知偏差：談判者認知偏差的來源，主要是由於談判者認為自身的利益，一定會與談判對手的利益發生直接的衝突。因此，在談判過程中的思考方式，也就會被分配型談判的想法所支配。而這種思考方式，往往會阻礙整合型談判所想要達到，以具有創造性的方式來解決問題的目的。一些學者甚至認為 [4]，類似這種的認知偏差，很難以對談判者的訓練或教育加以克服，因此建議以現在已為大家所熟知 Lewin [18] 的三階段變革模式，來改進談判者的認知如下：

(1)利用模擬與回饋，將談判者舊有的思考框架解凍 (unfreezing)。

(2)利用適當的技術，導引出談判者正確的思考方式 (moving)。

(3)將談判者改變後的思考方式再結凍，以建立談判者以後從事談判的思考框架 (refreezing)。

談判支援系統所提供結構性的談判過程，有助於因高整體利益所形成的滿意度的延伸。此外，重複的使用談判支援系統，也有助於談判者正確思考體制的再結凍。一些實證研究顯示，當人類以正面的認知及思考方式來衡量方案時，通常會作出趨避風險的 (risk-aversive) 決策，而當人類以負面的認知及思考方式來衡量方案時，卻常常會作出尋求風險的 (risk-seeking) 決策。趨避風險的態度，是形成人類願意與其他人或團體進行談判的主要動機之一 [36]。因此，如果能利用談判支援系統，在談判早期的階段，就輔助談判者建立較為正面的認知及思考方式，將有助於趨避風險態度的形成，因而增進較佳談判結果的產生。

2.社會情緒的阻礙：在談判的過程中，難免產生一些衝突所引發的情緒化反應，這些牽涉情緒的問題，一般而言非常難以克服，並至少會被以下五點所引發 [16]：

(1)強烈的相互不信任感，也缺乏建立正面關係的基礎。

(2)對某些議題有強烈情緒的涉入。

(3)談判議題過於抽象，不夠具體。

(4)對提出的問題有一些沒有意識到的議題。

(5)談判雙方有過大財務上或個人權力上的差距。

一個有效的談判支援系統，應可針對以上的問題提供輔助。首先，談判支援系統可協助談判雙方，發展一套管制在談判中互動的規則。預先建立的互動規則，有助於談判雙方信任感的成長。第二，談判支援系統可要求談判者明白地提出對談判相關問題的觀點，以清楚界定談判議題的範圍。這樣的功能有助於在談判中形成一種較理性、非情緒性的氣氛。第三，利用電腦及公眾螢幕，可增進溝通的清晰、準確及具體程度。在溝通的過程中，避免過於抽象的言論，有助於談判共識的形成。第四，談判支援系統不但可藉由平等使用電子溝通管道，使得談判雙方都有充分表示看法的機會，並且可利用一些常見於一般群體決策支援系統中的結構化群體技術，在談判中將意見提出階段（個人意見為主）與意見衡量階段（群體意見為主），加以清楚劃分。這些功能都應有助於在意見提出階段時，談判者平等及主動的參予。

3.同時分析許多複雜的可能方案：一個複雜的談判情境，通常包含了許多問題構面、議題、衡量標準及可行方案。一個有效的談判支援系統，應可誘導談判者明白地顯示其對各項議題的偏好、利用相關的外部資料以產生或衡量可行方案、依據談判者的偏好對可行方案做權衡的分析，及針對各種可行方案分析各項議題被達成的程度。

四、談判支援系統所應處理的議題

經由前文的討論，從將談判過程加以結構化的觀點來看，談判支援系統應要能適切地處理下列的議題：

1.系統應支援某些特定的功能或技術，將談判者有效地導向「對事不對人」的態度。在談判的過程中，常常由於對議題情緒上的涉入、個別認知的差異及不良的溝通，造成談判者人際衝突的升高，無法理性、客觀的解決紛爭。再者，每一談判者都會有人格、性別、地位、能力及動機等的差異。而如果雙方以集體的方式進行談判，如群體大小、成員的背景、過往合作的歷史及領導人等群體的特性，也會影響協商的進行。針對談判者個人的需求而言，依據行為科學中現在已為人所熟知 Maslow [20] 對人類需求階層的分類，人格特質及地位可能導致談判者，著重在追求滿足某一特定的需求上。談判者的人格特質，也會影響到談判者對參予談判的態度是個人主義、競爭、合作、體諒或避免衝突等。此外，人類的自然語言常不足以精確地描述一個複雜的問題，導致談判者間溝通不良，引起情緒化的反應。面對這些可能發生的問題，談判支援系統必須能協助談判規則的訂定，以及有效地輔助仲裁人對談判規則的執行與控制。系統可利用一些類似名義群體技術的群體技術，將個人身分與意見分開，並專注在達成協議的好處上以誘導共識的形成。整體來說，談判支援系統在理想上，應能營造出一種強調次序、理性、平等、替對方處境著想的談判氣氛 [14]。

2.除了言語上的直接溝通外，談判支援系統也可以提供經由電子媒體的溝通管道。對於言語與電子溝通的差異，本書已在前一節中做過比較，在此不再重複說明。大體上來說，談判支援系統在電子溝通管道的需求上，與一般群體決策支援系統並無多大的差異。Jarke [12] 提出了四個影響談判者之間溝通的因素：(1)空間距離 (spatial distance)；(2)時間差距 (temporal distance)；(3)目標契合度 (commonality of goals)；(4)控制 (control)。相信大家都知道，將兩個合不來或甚至有敵意的人放在一起，常常會引發言語或甚至肢體的衝突。利用資訊科技，談判雙方就不僅只限於必須在同一時點，在同一張談判桌上進行談判。如於群體決策支援系統章節所描述的四種群體決策支援系統環境：(1)決策室；(2)區域決策網路；(3)電子會議；(4)遙距決策制定，都可以被用來當作談判支援系統的電子溝通架構，而這後三種的環境，更可將談判雙方做實質上的空間隔離。當談判雙方有空間的距離，無法從事面對面的溝通時，電子溝通管道的多樣性、彈性及品質就顯得分外重要。除了一些有助於意見產生及回饋的正式、結構化溝通管道外，談判支援系統也應提供一些如電子郵件及電子佈告欄等，較非正式、可進行個人對個人溝通的管道。而區域決策網路及遙距決策制定的環境，可用來支援談判在時間上的差距。經由電子郵件或電子佈告欄，談判雙方可在不同的時間表示對談判議題的看法。

談判雙方目標的契合度，會影響談判雙方合作意願的強弱，進而決定對溝通的需求及達成協議的方式。Jarke 及 Jelassi [13] 提出一個以目標契合度為基礎的談判過程分類方法。這個方法將談判過程視為一個包含兩個構面的群體問題解決程序。這兩個構面為: (1)「問題解決過程」(problem solving process)，主要包含問題發現、方案設計、衡量標準、選擇方案等; (2)「群體過程」(group processes)，主要包含資訊的取得及衡量、知識分享、交涉等。依據目標契合度，談判可以以「聯合」(pooled)、「合作」(cooperative) 及「非合作」(noncooperative) 等三種狀態在這兩個構面上發展，如圖 16-2 所示。Jarke 及 Jelassi [13] 認為，第三種非合作狀態的群體問題解決過程，特別需要談判支援系統的支援。在這種狀態之下，談判人員在談判初期，對談判相關議題都會有

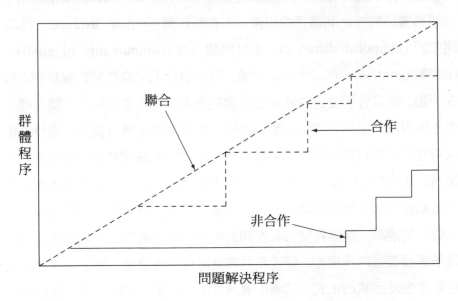

圖 16-2　群體決策支援系統的三種使用狀態（資料來源: Jarke & Jelassi [13]）

相當分歧的意見及看法。談判支援系統必須要能在談判的過程中將不同的觀點整合、保護談判者的私密性、包容仲裁人導引協議產生的角色，最後使談判者達成協議。

從控制的觀點來看，談判支援系統可分為三個層次：(1)民主式 (demo-cratic)；(2)半階層式 (semi-hierarchical)；(3)階層式 (hierarchical) [12]。民主式的談判支援系統，主要經由電子郵件或電子會議支援談判者溝通的需要，並強調談判雙方對談判過程積極、充分的參予及平等表達意見的機會。在這種控制模式下，談判並不需要一個仲裁人積極的參予。決策支援系統應提供適當的群體技術，如達非法及名義群體技術等，作為談判雙方結構化的溝通界面，以保證獨立意見的產生及參予討論的平等。在半階層式的控制模式下，仲裁人應扮演一個較為積極的角色，但其也僅限於協助談判者，而不能決定談判的結果或雙方應選擇的方案。例如， MEDIATOR 就是在這種模式下運作 [13]。使用階層式的控制模式的談判支援系統，由一個外部的仲裁人完全掌控決策制定的程序。例如， Decision Maker [8] 運用衝突分析的方法論，由一個仲裁人向談判雙方搜集資訊，並用此資訊建立一個反應衝突情境的賽局理論模型，再用此模型求取對雙方最有利的解決方案。當然這個過程不太可能一次就完成，必須經過反覆互動式的資料搜集與方案搜尋。

3.在進行談判前或談判中，談判者不但應充分瞭解己方真正的偏好及立場，也應盡量搜集有關對方目標、立場、人格及談判風格的資訊。因此，決策支援系統應要能協助談判者，清楚地判定己方與對手的偏好，以及雙方真正利益之所在。一些可用來分析談判情勢的相關理論及技術，如多屬性決策理論及衝突分析，已在前一節作過介紹，在此不再贅述。

4.談判支援系統要能提供適當的技術，輔助談判者產生雙方可接受的可行方案。常見的技術有電子腦力激盪、電子問卷調查、名義群體技術及達非法等。

5.在許多的情況之下，談判者需要有正確、客觀的資料以作為討論的基礎，因此談判支援系統應有適當的能力擷取內部及外部資料。能隨時快速的提供談判者所需的資料，有助於談判平順的進行，不會發生太多因缺乏資料而產生的延誤。

五、新增的需求

基本上，談判支援系統應要能支援談判雙方從事：(1)偏好和需求分析；(2)談判策略分析；(3)談判者的互動。這些需求造成談判支援系統除了要具備群體決策支援系統所提供的群體技術及溝通管道之外，在設計需求上，談判支援系統應在下列幾方面超越一般的群體決策支援系統：

1.談判通常包含許多議題，問題的構面也很複雜。加上談判雙方多少會有相當的利益衝突，要能使得談判能在一個較為結構化、理性的氣氛下進行也就顯得分外重要。因此，談判支援系統要能以結構化的方式，協助整個談判過程平順的進行與完成。

2.由於談判雙方會有不同的立場及看法，造成對談判議題的切入點及著重之處會有相當的歧異，無法將共同所面對的問題定義清楚。因此談判支援系統必須提供適當的輸出入及更新功能，以清楚定義及整合談判者不同的觀點。

3.談判者在談判之中，必須對自己的立場與目標、談判對手的立場與目標、及整體談判情勢的發展做分析，以規劃談判策略。因此，一個有效的談判支援系統，必須同時提供輔助個別談判者及談判整體的分析工具，以衡量、比較談判者對議題及方案的偏好。以往由群體決策支援系統所延伸出來的談判支援系統，往往對個別談判者的支援不足，專注在談判前對談判規則及進行方式的共識建立上。

4.依據對談判控制層次的不同，談判支援系統要能提供仲裁人，對系統運作、談判過程及產生可行方案有效的控制。

　　5.當需要時，談判支援系統應能支援雙方以群體進行談判的方式。雖然類似電子會議的環境，可以提供雙方以群體方式進行談判的溝通管道，其對個別群體內及談判群體間互動的支援卻極為不足。

第六節　研究議題

　　談判支援系統是一個新興的研究領域，至目前為止，相關的研究大多缺乏堅實的理論基礎，而文獻中所有的多為描述性的研究。如有學者提出了一個包含以下兩組共五種影響的理論模型，以描述談判支援系統對談判可能產生的影響 [19]:

過程影響	(a)談判完成所需時間 (b)滿意度
結果影響	(a)與效率邊界的差距 (b)與納許解答的差距 (c)對結果的信心度

但這個理論模型，對影響談判過程和結果的變數並沒有加以描述，本書提出如圖 16-3 的研討架構，以彰顯探討談判支援系統的複雜性，而其中，談判支援系統對談判過程及結果的影響，僅為這個架構的一部分。圖 16-3 強調在應用及發展談判決策支援系統，應對談判者的一些特質及談判環境有所關注。同時，談判支援系統會與談判者及談判的環境互動，進而影響談判的過程與最終的結果。當然，談判者與談判的環境，也會直接地影響到談判的進行和過程，因此也會影響談判的結果。由系統發展的角度來看，決策支援系統最主要的，當然是要能經由對相關議題的妥切考量，以尋求對談判者產生實質的助益。

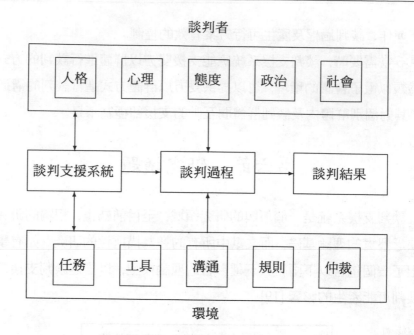

談判者

| 人格 | 心理 | 態度 | 政治 | 社會 |

談判支援系統 → 談判過程 → 談判結果

| 任務 | 工具 | 溝通 | 規則 | 仲裁 |

環境

圖 16-3 談判支援系統研討架構

　　一個成功的談判支援系統，必須要能夠技巧地處理或輔助仲裁人處理，談判者一些行為、認知及態度上的問題。縱然資訊科技及決策分析技術，是談判支援系統不可或缺的組件，但僅僅科技及技術的存在，並不能保證系統的成功。類似「科技本身並不能保證系統的成功，成功的關鍵在於科技如何被有效的使用」或「科技最多也只能像它的使用者一樣好」的論點，在資訊管理領域早已成為老生常談，技術導向的系統發展人員，卻常常一再的忽視對人性面、社會面、政治面的瞭解與考量，造成系統開發的失敗。雖然許多學者認為，談判可以被以一種科學的方式分析與瞭解，所以資訊科技可以對談判在結構化、模型化的方面作輔助，作者非常同意這種看法，但是談判仍存有強烈藝術成分的事實，也是不容否認或忽視的。

研討習題

1. 解釋「分配型」談判與「整合型」談判的異同。

2. 描述建構談判支援系統的理論基礎，並討論這些理論基礎的優劣。

3. 說明何以一些群體技術，如名義群體技術和達非法，對談判支援仍相當有用？

4. 解釋談判支援系統如何輔助談判者進行談判。

5. 描述談判支援系統所需的功能，及這些功能超越一般群體決策支援系統之所在。

6. 參考前面章節的一些系統發展架構，試提出一個談判支援系統的發展架構。

7. 於文獻中找尋一個談判支援系統的案例，分析該系統的理論基礎、開發過程及所有的功能，並描述該系統如何支援談判。

——參考文獻——

1. Anson, R. G., & M. T. Jelassi, "A Development Framework for Computer-Supported Conflict Resolution," *European Journal of Operational Research*, 46, 1990, pp.181–199.

2. Axelrod, R., *Conflict of Interest*, Chicago, IL: Markham, 1970.

3. Barto, O. J., "Simple Model of Negotiation: A Sociological Point of View," in I. W. Zartman (ed.), *The Negotiation Process: Theories and Applications*, Beverly Hills, CA: Sage, 1978.

4. Bazerman, M., "Negotiator Judgment: A Critical Look at the Rationality Assumption," *American Behavioral Sciences*, 27, 1983, pp.211–228.

5. Bui, T., "Building DSS for Negotiators: A Three-Step Design Process," *Proceedings of the 25th Hawaii International Conference on System Sciences (HICSS)*, Vol.4, 1992, pp.164–173.

6. Cross, J. G., "Negotiation as a Learning Process," in I. W. Zartman (ed.), *The Negotiation Process: Theories and Applications*, Beverly Hills, CA: Sage, 1978.

7. Fisher, R., & W. Ury, *Getting to Yes: Negotiating Agreement without Giving in*, New York, NY: Penguin, 1981.

8. Fraser, N. M., & K. W. Hipel, "Decision Support Systems for Conflict Analysis," in M. G. Singh, K. S. Hindi, and D. Salassa (eds.), *Managerial Decision Support Systems*, North-Holland: Elsevier Science, 1988.

9. Fraser, N. M., & K. W. Hipel, *Conflict Analysis: Models and*

Resolution, New York, NY: North-Holland, 1984.

10. Fudenberg, D., & J. Tirole, *Game Theory*, Cambridge, MA: MIT Press, 1991.

11. Hämäläinen, R. P., & O. Leikola, "Spontaneous Decision Conferencing in Parliamentary Negotiations," *Proceedings of 28th HICSS*, Vol.4, 1995, pp.290–299.

12. Jarke, M., "Knowledge Sharing and Negotiation Support in Multiperson DSS," *Decision Support Systems*, 2, 1986, pp.93–102.

13. Jarke, M., & M. T. Jelassi, "View Integration in Negotiation Support Systems," in P. Gray (ed.), *Decision Support and Executive Information Systems*, Englewood, N.J.: Prentice-Hall, Inc., 1994.

14. Jelassi, M. T., & A. Foroughi, "Negotiation Support Systems: An Overview of Design Issues and Existing Software," *Decision Support Systems*, 5, 1989, pp.167–181.

15. Kersten, G. D., & T. Szapiro, "Generalized Approach to Modeling Negotiations," *European Journal of Operational Research*, 26, 1986, pp.124–142.

16. Kessler, S., *Creative Conflict Resolution: Leader's Guide*, National Institute for Professional Training, Fountain Valley, CA, 1978.

17. Lewicki, F., & J. Litterer, *Negotiation*, Homewood, IL: Richard D. Irwin, 1985.

18. Lewin, K., "Group Decision and Social Change," in T. M. Newcomb and E. L. Hartley (eds.), *Readings in Social Psychology*, New York, NY: Holt, Rinehart & Winston, 1947.

19. Lim, L. H., & I. Benbasat, "A Theoretic Perspective of Negotiation Support Systems," *Journal of MIS*, 9 (3), 1993, pp.27–44.

20. Maslow, A. H., *Motivation and Personality*, New York, NY: Harper & Row, 1954.

21. McGrath, J., *Groups: Interaction and Performance*, Englewood Cliffs, N.J.: Prentice-Hall, Inc., 1984.

22. Morley, I., & G. Stephensen, *The Social Psychology of Bargaining*, London: Allen and Unwin, 1977.

23. Myerson, R., *Game Theory: Analysis of Conflict*, Cambridge, MA: Harvard University Press, 1991.

24. Osborne, M. J., & A. Rubinstein, *Bargaining and Markets*, San Diego, CA: Academic Press, 1990.

25. Pruitt, D., *Negotiation Behavior*, New York, NY: Academic Press, 1981.

26. Quaddus, M. A., "Group Decision and Negotiation Support in Multiple Criteria Decision Making: An Interactive Approach," *Proceedings of the 26th HICSS*, Vol.4, 1993, pp.247–254.

27. Raiffa, H., *The Art and Science of Negotiation*, Cambridge, MA : Harvard University Press, 1982.

28. Shakun, M. F., "Airline Buyout: Evolutionary Systems Design and Problem Restructuring in Group Decision and Negotiation," *Management Science*, 37, 10, 1991, pp.1291–1303.

29. Shakun, M. F., *Evolutionary Systems Design: Policy Making under Complexity and Group Decision Support Systems*, San Francisco, CA: Holden Day, 1987.

30. Simon, H. A., "Rationality as Process and as Product of Thought," *American Economic Review*, 68 (3), 1978, pp.1–16.

31. Simon, H. A., *Models of Thought*, New Haven, CT: Yale University

Press, 1979.

32. Spector, B. I., "Negotiation as a Psychological Process," I. W. Zartman (ed.), *The Negotiation Process: Theories and Applications*, Beverly Hills, CA: Sage, 1978.

33. Sperber, P., *Fail-Safe Business Negotiating*, Englewood Cliffs, N.J.: Prentice-Hall, Inc., 1983.

34. Spulber, D. F., *Regulation and Markets*, Cambridge, MA: MIT Press, 1989.

35. Tirole, J., *A Theory of Industrial Organization*, Cambridge, MA: MIT Press, 1988.

36. Tversky, A., & D. Kahneman, "The Framing of Decisions and the Psychology of Choice," *Science*, 211, 1981, pp.453–458.

37. Zachary, W., "A Cognitively Based Functional Taxonomy of Decision Support Techniques," *Human-Computer Interaction*, 2 (1), 1986, pp.25–63.

38. Zigurs, I., "The Effect of Computer Support on Influence Attempts and Patterns in Small Group Decision-Making," Unpublished Ph.D. dissertation, University of Minnesota, 1987.

第十七章　組織決策支援系統

概　要

　　面對日益劇烈的競爭環境，企業不斷的尋求不同的方法以確保自身在市場上的生存空間及創造競爭優勢。在這個情況之下，組織常需要不斷的調整結構、改變競爭策略、尋求國內外聯盟，以提昇體質、增進競爭力。企業管理者或決策者再也不能依賴靜態、片面的資訊，而必須從各方來源搜集可能相關的資料，並結合各種不同技能的人員，以作出有效的決策。這項需求，也就形成將決策支援科技，應用在組織層次上的巨大動力。由於組織決策支援系統主要仍處於觀念形成的階段，本章著重在這項決策科技的觀念，以及一些學者所提出的系統架構和科技需求之上。

第一節　緒論

　　面對日益劇烈的競爭環境，企業不斷的尋求不同的方法以確保自身在市場上的生存空間及創造競爭優勢。在這個情況之下，組織常需要不斷的調整結構、改變競爭策略、尋求國內外聯盟，以提昇體質、增進競爭力。這種壓力對企業管理者的角色及工作，也會產生相當的影響；企業管理者或決策者再也不能依賴靜態、片面的資訊，而必須從各方來源搜集可能相關的資料，並結合各種不同技能的人員，以作出有效的決策。資訊科技對企業的運作和其在市場上競爭能力的影響，在許多學術和實務刊物中已被廣泛的探討。資訊科技的有效使用將維繫著企業的生存和發展，也已在許多人的認知上逐漸成為一項公理。如果能有效地運用決策支援科技在輔助較為廣泛的組織層次之上，如部門或組織整體，也就有其極為正面的意義。此外，一般對組織相關理論的研討大致上可分為個人、群體及組織三個層次，本書在前三章已對使用資訊科技在個人和群體層次的決策輔助作了介紹，邏輯的下一步，則應該探討是否資訊科技可以被有效地應用在支援組織層次的決策之上。由這個觀念所形成的決策支援系統就是本章所要探討的「組織決策支援系統」(Organizational Decision Support Systems, ODSS)。然而，組織決策支援系統這個領域太新，吾人對這種系統觀念並沒有足夠的理論及實務經驗，以致於無法以系統實際所產生的結果來加以評估。也因此，本章主要著重介紹一些學者所提出的組織決策支援系統的觀念和架構。

第二節　觀念及定義

　　一般認為，Hackathorn 及 Keen [4] 首先於 1981 年建議可將決策支援科技應用在組織層次的決策之上。這兩位學者認為決策支援可被分為三個層次：個人、群體及組織，而資訊科技應可被應用在這三個層次的每一個層次的決策支援之上。從這個觀點來看，組織決策支援應專注在協助涉及一系列作業及人員的組織工作或活動的完成，如發展行銷策略或從事資本預算。在這種組織活動中，個別組織成員的活動是否能與其他組織成員的活動配合良好，對解決一些組織所面對的決策問題至為關鍵。因此，為了支援這種活動，資訊科技必須成為組織成員有效溝通和協調的管道。這項對組織活動的溝通和協調的強調，也就形成了發展組織決策支援系統的基礎觀念。雖然這個觀念相當早就被提出，但直到近幾年才逐漸受到學者重視，而將研究往這個方向發展。或許在決策科技發展的較早期，個人和群體層次的決策支援系統研究就足以使從事決策支援科技的學者忙碌，而無法分身研究更高層次的決策支援系統。

但從 1988 年以來，就有許多學者逐漸地提出組織層次的決策支援系統觀念。 George [2] 回顧了從 1988 至 1990 年與組織決策支援系統觀念相關的九篇論文。本書選擇其中四篇發表於第二十三屆「夏威夷系統科學國際會議」的論文，來介紹組織決策支援系統的觀念及定義：

1. Watson [10, 第 111 頁] 從系統設計及架構的觀點出發，對一般組織決策支援系統作了以下的定義：組織決策支援系統是「由電腦及通訊科技所組成，被設計用來協調和傳播跨功能及組織層級的決策制定，以使決策能與組織的目標，以及管理層級對競爭環境共有的解譯一致。」

2. Walker [9, 第 102 頁] 則以其實際參予開發系統的經驗提出，組織決策支援系統為「一個決策支援系統，其被一些在一個以上的組織單位成員分別於工作站上，以共同的工具來從事不同（相牽連但獨立）的決策。」

3. Swanson [6] 認為組織決策支援系統應特定被用來支援分散式的決策制定 (distributed decision making)，他強調組織決策支援系統不應被視為是一個管理者的決策支援系統，而應被視為組織中「決策的分工」(division of labor in decision making)。因此在這種觀念下，一個組織決策支援系統的主要功能是支援分散的決策制定。

4. Weisband 及 Galeger [11] 則認為組織決策支援的觀念主要應放在提供組織中各種資訊處理工作的電腦支援之上，而非放在決策支援之上。也因此，這兩位學者揚棄了「組織決策支援系統」這個名詞，而以「組織資訊支援系統」 (Organizational Information Support Systems) 一詞代之。

由以上的介紹，讀者不難看出這些觀念或定義具有相當的差異性，但 George [2] 經由文獻的回顧後認為，這些定義或觀念下的系統擁有一些共同的特性：

・組織決策支援系統專注在一項影響多個組織單位或議題的工作、活動或決策。
・組織決策支援系統跨越多個組織功能或階層。
・組織決策支援系統幾乎一定會用到電腦科技，並也可能牽涉到通訊科技的使用。

由以上的共同特性來看，組織決策支援系統主要能影響及跨越多個組織單位，而資訊科技在這個系統中並非不可或缺；換句話說，所謂的「系統」並不一定必須是電腦資訊系統。但 Aggarwal 及 Mirani [1] 則認為以上的共同特性並不足以定義一個組織決策支援系統，因而提出一些新增的要求：

・個別或多個決策者。
・多重決策類型。
・多重組織單位，包含全球 (global) 單位。
・必須涉及某種形式的通訊。
・支援多重組織的程序。

兩位學者更進一步的定義組織決策支援系統為「一個支援人們在一個互動的環境中，從事企業整體面 (enterprise-wide) 決策的電腦系統。」[1，第 917 頁]

群體決策支援與組織決策支援　另一個與觀念有關的問題是：是否可將群體決策支援系統提昇 (scale-up) 至組織層次，因而得以將吾人由研究群體決策及群體決策支援系統所得的經驗與作法，應用在組織決策支援系統的設計和建構上。但事實上，組織決策的過程與群體決策的過程有相當大的差異，因此很難將群體決策支援系統的設計和架構移植到組織層次，而冀望產生應有的效果。組織決策過程與群體決策有下列主要的不同：

　　1.組織決策活動在實質上和決策者的心態、情緒上，經常都會和群體決策活動有所差異。一般而言，組織決策所面對的議題、所受的關注、和可能產生的影響，往往大於群體決策；畢竟，群體只是組織的一部分。此外，在一般的階層組織中，一些對某些問題的解決有最大影響力的人員，卻往往對問題的細節最不瞭解，造成或激化衝突的發生。雖然這種情況在群體的層次也極可能發生，但由於決策群體的關係通常較為緊密，如果系統能提供一個鼓勵群體成員自由發表意見和看法的環境，某些對問題細節缺乏瞭解的群體成員，仍可依靠其他成員對問題的瞭解，而得到應有的資訊。

　　2.組織決策通常是由單位或群體的代表參予，所以並沒有包括所有相關的人員，因而不會反應所有相關人員的意見，造成無法將組織決策視為一個大型的群體決策。由於參予決策的人員必須同時考量自己所代表單位以及組織整體的利益，而這兩方面的利益可能會有所衝突，導致決策情境的更加複雜。這也就是說，在群體決策所常見的合作氣氛，在組織決策之中可能會減弱或甚至於消失。

　　3.因為多數組織的工作或決策發生在個人或群體的層次，需要以組織的層次進行決策的頻率較低，導致組織決策的過程較不可能根植於社交的基礎之上 (socially grounded)[5]。社交上的疏離感，往往使參予組織決策的代表，將其所代表單位的利益置於組織整體利益之上，造成組織決策成效的不彰。

4.也由於前面兩點的問題，組織決策過程通常也較群體決策過程具有較高的正式性。組織決策的正式性不但可扮演協調意見、討論，以加速決策達成的角色，也可以在科層 (bureaucratic) 機制下，以在上位者所擁有的權力，抗衡參予決策者較為狹隘、偏向其所代表單位利益的考量。

第三節　系統架構

雖然至目前為止，並沒有多少組織決策支援系統被實際設計、建構出來，但文獻中也不乏學者所提出的組織決策支援系統所應有的架構。當然，由前文所介紹學者對組織決策支援系統在觀念上的歧異，讀者應可預期到不同學者所提出的組織決策支援系統架構，也會有相當的差異性。依據學者所持的觀念，其對系統的功能也會有不同的著重。

首先，Swanson 及 Zmud [7]（引自 [2]）以其認為組織決策支援系統主要用來支援分散式決策制定的觀念，建議組織決策支援系統應包含兩組電腦科技的工具：一般 (generic) 工具及特定情況 (situation-specific) 工具。一般工具可細分為四類：

- ・通訊：如電子及語音郵件。
- ・資料處理：如處理分析性或圖文資料。
- ・公用資料管理：如產生、修改及維護公用資料。
- ・過程管轄：如群體建立、形成。

特定情況工具則可分為三類：

- 資料庫設備。決策者可依據特定情況建立、維護不同的私人資料庫。

- 參予者與工作的表示 (representation) 設備 —— 這個設備可用來追溯不同決策情況的參與者和所從事的工作。同時，對每一個決策情況，也可以提供所有參予者的名單、所有工作事項的清單、參予者對責任的歸屬、以及顯示工作順序的圖表等。

- 情況背景 (situational context) 設備。用以在每一個決策情況中，提倡所有參予決策者以單一的決策背景來從事決策。

　　Watson [10] 則以群體決策支援系統的會議支援系統為主幹，提出一個組織支援系統的架構。這個架構包含四類的組件：資料庫、公司通訊網路、會議支援系統、及工作和會議知識庫。其中，資料庫又包含決策、專家 (expertise)、公司、以及公眾等四種資料庫（參見圖 17–1）。在這個架構中特別值得注意的是工作和會議知識庫，這項組件應具備專

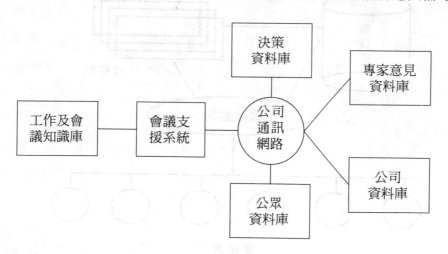

圖 17–1　以會議支援系統為主的組織決策支援系統架構(資料來源:Watson [10])

家系統的功能，以協助群體使用會議支援系統，因此應用到人工智慧的

技術。此外，除了存取公司和公眾資料庫以外，群體成員也能經由公司網路系統，不但可以從專家資料庫中取得沒有參予會議、但對特定決策問題專精之專家的意見，也可以由決策資料庫中擷取現在和過去決策制定的相關資訊。

　　Walker [9] 以其實際參予開發美國空軍「徵募兵力管理系統」(enlisted force management system) 的經驗，提出一個實際的組織決策支援系統架構。這個架構主要包括資料庫、模式庫及使用者界面（參閱圖 17–2）。資料庫在此為集中式，用以提供資料給模型、保存分析結果、產生管理報表、以及提供查詢資料。模式庫則包含許多相關連、特定目的的模型。基本上，這個架構的主要組件與一般決策支援系統並無不同，但其實體的架構可支援地理區隔、分散的使用者經由微電腦，以命令語言來操作和運用系統功能。在這個架構之下，整體組織能分享共同的資料

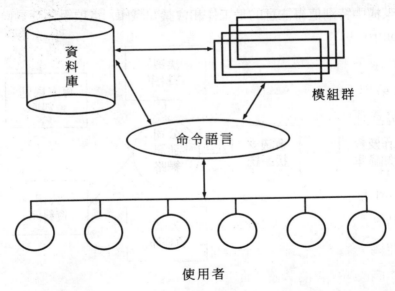

圖 17–2　美國空軍的「徵募兵力管理系統」架構（資料來源：修改自 Walker [9]）

和模型，而組織決策支援系統則提供了一個組織單位內或跨組織單位的溝通和協調管道。當然，這個系統可以被稱之為組織決策支援系統的主要原因，是因為其所處理的問題通常涉及整個組織，如兵力結構、晉升政策、採購、分派、訓練、給酬、離職、退休等。

　　將美國空軍「徵募兵力管理系統」與前兩個觀念性的組織決策支援系統架構相較，吾人不難發覺，觀念性的系統架構提供較為周延的系統功能。當然，僅止於從事觀念上的探討，並不會受限於現有的技術水準和知識。例如，Watson [10] 的架構應用了工作和會議知識庫、決策資料庫、專家資料庫等，不知是否實際可行的觀念 [2]。

　　雖然，建立一個可整合所有決策需求的組織決策支援系統，在理論上來講並不是完全不可能，但一些學者認為建立這種整合的系統，並非建構組織決策支援系統的最佳方式，因為這種系統可能會遭遇到類似集中式公司資料庫所遭遇到的困難。因此，一些學者建議以一種「控制軌跡」(control of locus) 的觀念來建立組織決策支援系統 [1]。控制軌跡被定義為：「在特定環境中，一個有最終決策權的個人、群體、部門或單位」[1, 第 919 頁]。以這個觀念為基礎，吾人可以將組織決策支援系統分為階層式 (hierarchical)、程序式 (process-based) 及功能式 (function-based) 三種類型（參見圖 17–3）。階層式的組織決策支援系統在特定層次上整合控制軌跡，並連結其他的層次；程序式的組織決策支援系統在特定程序中整合控制軌跡，並連結其他的程序；功能式的組織決策支援系統在特定功能內整合控制軌跡，並連結其他的功能。這種觀念的要義在於將組織決策支援系統視為一個整合及連結控制軌跡的機制，其中整合提供組織決策所需的溝通，而連結則能提供組織決策所需的協調。

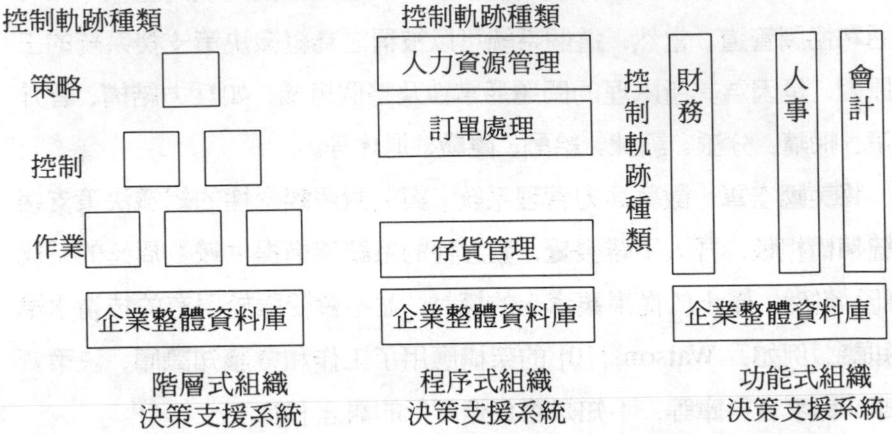

控制軌跡種類　　　　控制軌跡種類

策略　　　　　　　　人力資源管理

控制　　　　　　　　訂單處理

作業

　　　　　　　　　　存貨管理

企業整體資料庫　　　企業整體資料庫　　　　　企業整體資料庫

階層式組織　　　　　程序式組織　　　　　　　功能式組織
決策支援系統　　　　決策支援系統　　　　　　決策支援系統

控制軌跡種類　　財務　人事　會計

圖 17-3 以「控制軌跡」觀念所區分的三種組織決策支援系統

（資料來源：Aggarwal & Mirani [1]）

第四節　資訊科技需求

　　組織決策支援系統所需的基本資訊科技，不外乎資料庫、通訊科技、以及一些輔助組織決策的工具。將組織決策支援系統所需的資訊科技加以細分，大致可分為七類 [3]：

- 通訊科技：支援群體、組織及跨組織溝通。
- 協調 (coordination) 科技：協調資源、設備及專案等，如群組軟體 (groupware)。
- 過濾 (filtering) 科技：篩選和彙整資訊。
- 決策科技。輔助決策制定，以增進決策的效率及成效。
- 監視 (monitoring) 科技：監控組織運作的現況。
- 資料和知識表示科技：表示和儲存資料與知識。
- 處理和顯示科技：處理資料及顯示資訊。

第五節　系統設計與發展

　　由於組織決策支援系統所牽涉的層面很廣，且所需的通訊能力也極高，建構一個實際的組織決策支援系統需要採取一個較為正式、結構化的發展方式。當然，這也並不表示組織決策支援系統的發展，必須嚴格地遵循傳統系統生命週期的方式來進行，或者是必須先將系統設計的需求完全判定並固定下來，才可以進行系統實際的開發工作。學者所建議用來開發一般決策支援系統的方法，如反覆或演進式設計，也應盡可能的被加以利用。例如，**Walker** [9] 以美國空軍「徵募兵力管理系統」的開發為例，提出了一個結合結構化與反覆設計的組織決策支援系統開發方法。這個方法包含三個階段：⑴以結構化的方式建立系統的發展架構；⑵以反覆設計的方式建立系統模組的雛型；⑶結合前兩階段的方法實行和維護系統。

　　1.定義系統及專案：這個階段主要從事系統發展活動的組織及系統的觀念設計。雖然，這個階段並不會被重複，但可建立一個基礎架構以利後續兩個階段的演進。一些主要的活動包含：

　⑴衡量需求。

　⑵取得管理階層的支持。

　⑶將專案加以組織，如建立指導委員會及專案團隊。

　⑷形成行動計畫。

　⑸發展觀念性設計。

　觀念性設計中至少又應涵蓋以下的元素：

　⑴用來指引專案的設計原則。

　⑵需支援的功能。

　⑶模型和模型之間的關係。

(4)資料需求。

(5)軟硬體的考量。

(6)實施的方式。

2.系統發展：這個階段主要包括兩類活動：

(1)設計實體系統，如選擇軟硬體、決策支援系統母體，以及設計資料庫等。

(2)發展模型和分析性資料庫，這些活動主要利用雛型法進行。

3.系統實施及維護：這個階段合併使用系統生命週期及反覆設計的方法，並可能一直持續下去。一些相關活動包括：

(1)安裝系統。

(2)撰寫及修改系統的模型。

(3)建立及更新資料庫。

(4)撰寫系統相關文件、手冊。

(5)使用者訓練。

Watson [10] 針對組織決策支援系統提出了六點設計準則：

1.組織決策支援系統應專注於搜集和散播高階主管資訊處理的結果。這個準則著眼於組織決策支援系統應輔助管理工作，而高階主管的工作主要在於處理各種各樣的資訊。

2.組織決策支援系統應有一個決策資料庫及通訊子系統，以擷取與決策相關的資訊。

3.組織決策支援系統應能提供決策團隊公司及公眾資料。

4.組織決策支援系統需要發展和維護一個專家意見的資料庫。

5.組織決策支援系統應能支援多次會議及遞迴的決策制定。

6.組織決策支援系統應輕易、方便的被決策者所使用。

本章所作的討論，大多僅止於觀念上的探討，對實際的組織決策支援系統並沒有著墨太多。這當然主要是受限於組織決策支援系統，仍處於觀念形成的階段，並沒有太多實際的系統可供參考。雖然，美國空軍的「徵募兵力管理系統」以其所設計用來輔助的活動來看，可被視為一個組織決策支援系統，但以其實際的功能及架構和一些學者所提出的觀念相較，仍有一段相當的差距。雖說理想與現實總是會有差距，但隨著科技的進步與研究人員的努力，相信在不久的將來，就會有一些接近於理想的組織決策支援系統為眾多企業所使用。

研討習題

1. 討論組織決策支援系統與群體決策支援系統在本質、任務及功能上有何不同。

2. 描述一個理想的組織決策支援系統的系統架構。

3. 討論組織決策支援系統應具備的系統功能。

4. 討論適用於發展組織決策支援系統的方法。

——參考文獻——

1. Aggarwal, A. K., & R. Mirani, "Macro Issues in the Development of Organizational Decision Support Systems," *Proceedings of the 28th HICSS*, Vol.3, 1995, pp.917–926.

2. George, J. F., "The Conceptualization and Development of Organizational Decision Support Systems," *Journal of MIS*, 8, 3, 1991, pp.109–125.

3. George, J. F., J. F. Nunamaker, Jr. and J. S. Valacich, "ODSS: Information Technology for Organizational Change," *Decision Support Systems*.

4. Hackathorn, R. D., & P. G. W. Keen, "Organizational Strategies for Personal Computing in Decision Support Systems," *MIS Quarterly*, 5, 3, 1981, pp.21–27.

5. King, J. L., & S. L. Star, "Conceptual Foundation for the Development of Organizational Decision Support Systems," *Proceedings of the 23th HICSS*, Vol.3, 1990, pp.143–151.

6. Swanson, E. B., "Distributed Decision Support Systems: A Perspective," *Proceedings of the 23th HICSS*, Vol.3, 1990, pp.129–136.

7. Swanson, E. B., & R. W., "Organizational Decision Support Systems: Conceptual Notions and Architectural Guidelines," Working paper prepared for the Information Systems and Decision Processes (ISDP) Workshop, Tucson, AZ, Oct. 1989, pp.5–7.

8. Turban, E., *Decision Support and Expert Systems: Management Support Systems*, 4th ed., Englewood Cliffs: N.J.: Prentice-Hall, Inc.,

1995.

9. Walker, W. E., "Difference between Building a Traditional DSS and an ODSS: Lessons from the Air Force's Enlisted Force Management System," *Proceedings of the 23th HICSS*, Vol.3, 1990, pp.120–128.

10. Watson, R. T., "A Design for an Infrastructure to Support Organizational Decision-Making," *Proceedings of the 23th HICSS*, Vol.3, 1990, pp.111–119.

11. Weisband, S. P., & J. Galegher, "Four Goals for the Design of Organizational Information Support Systems," *Proceedings of the 23th HICSS*, Vol.3, 1990, pp.137–142.

第十八章　科技延伸與經驗

概　要

　　由於科技進步的快速，一些原先較為先進、不成熟的科技已逐漸進入實用的階段。「人工智慧」這個領域中的「專家系統」，至目前已相當的成熟，被廣泛地應用在解決各種實務問題上。雖然，專家系統的目的與決策支援系統不同，但一些由專家系統研究所發展出來的相關技術，對決策支援系統的發展和使用而言，仍能提供相當的助益。本章首先將人工智慧的技術應用在決策支援系統各個主要子系統上的可能性，作一概略性的介紹。此外，本書最後參照文獻及作者自身的經驗，提出一些與決策支援系統發展及使用相關的觀點作為本書總結。

第一節　人工智慧在決策支援系統上的應用

「人工智慧」(Artificial Intelligence) 現已是電腦科學中一個重要的領域，其主要的目的為發展能展示人類智慧的電腦系統。由於人類的智慧主要來自思考、推理能力，人工智慧這個領域則不但需要探討人類的思考及累積知識的過程，以瞭解人類智慧的形成，同時也必須利用電腦系統將這些過程適當的表示出來，並適當地運作。這也就是說，人工智慧這個領域必須由許多不同的學域，如心理學、語言學、哲學、電腦科學等等，吸收相關的觀念、創意及理論，才能使電腦系統展示類似人類智慧的行為。當然，人工智慧的應用很多，如機器人、自然語言處理及辨識、電腦視覺、型態辨識等，但因為本書的目的並非介紹人工智慧這個領域，所以本書僅於本節之中，將人工智慧的技術利用在決策支援系統上的一些可能性作一簡介，特別是「專家系統」的應用。

專家系統是一種模仿人類專家，在解決特定領域或類型的問題時所作推論過程的電腦系統。由於專家系統有能模仿人類專家行為的能力，在面對一些缺乏人類專家解決問題的情況之下，這種系統能對解決問題的方法提出一些專家程度的建議。加以一個專家系統一旦被建立並能產生應有的行為時，這個系統就可以被無限量的複製、散播，這對知識、專才的移轉與擴散有非常大的助益。

人類專家在解決問題時的行為特性有：能快速、精確地作出判斷並提出解答、解釋為何提出這樣的解答、衡量解答的可靠性、利用許多分析和解決問題的工具、從經驗中學習、以及能與其他專家溝通等等。利用人工智慧技術，選擇適當的專家知識融入於決策支援系統之中，可擴展決策支援系統原先侷限於輔助但不取代人類決策的目的。而人工智慧在決策相關資訊科技上的應用，可涵蓋本書先前所介紹過不同層次的系統，也因此具有增進組織效能與競爭能力的潛力 [4]。一種簡便利用專家系統科技於決策支援系統的方法，就是將專家系統與一些決策支援系統的組件整合或連結 [5]。以下簡單介紹專家系統在決策支援系統的三個主要子系統上的應用。

一、資料庫

對於決策支援系統中的資料庫的使用與管理，專家系統可以提供相當的輔助。就一般資料庫的存取而言，專家系統可使決策支援系統較為智慧的存取大量及大型的資料庫。而運用專家系統中所儲存的知識，對資料庫管理系統的建構、操作、修改及維護都可有所助益，進而可增進資料庫管理系統的能力。由於專家系統所處理的資料不限於數值資料，將專家系統與資料庫整合，能使資料庫擁有處理以符號表示 (symbolic representation) 資料的能力。

二、模式庫

由於模型的建立、選擇、使用和管理經常需要一些較為專業的知識，能使模式庫的管理系統展示一些人類專家的智慧及行為，對決策支援系統的使用可能會產生極大的助益。也因此，近些年來，人工智慧在決策支援系統的造模及相關模式管理上的應用，吸引了許多學者專家的關注與研究。但由於人工智慧本身的複雜性，以及吾人對決策支援瞭解的不足，這方面的進展並沒有如許多人預期般的快速。

一般而言，決策支援系統與模型相關的議題，可從整個決策的過程來看。

1.問題瞭解：對決策問題的瞭解為應用正確分析模型的基礎，一個智慧型的系統應要能經由對話，詢問使用者一些對釐清決策問題，及後續使用模型有所幫助的問題。

2.模型選擇：在瞭解所面對的問題後，決策支援系統應要能針對決策問題，提供決策者適當的模型來分析問題。對於一些可用數量 (quantitative) 模型分析的問題，如統計模型和數學規劃模型，現已有一些專家系統可提供模型篩選的支援。

3.模型建立：因為模型僅為將現實世界抽象簡化後，以某種特定的形式表示出來的抽象世界，如數學公式、圖形等，因此建立適當的決策分析模型，對決策結果的取得會有相當顯著的影響。過於簡化的模型不能精確的顯示決策情境，導致決策者無法對問題的相關影響因素考慮周全；而太詳盡的模型往往過於複雜，導致決策者無法將其操作化以進行有效的分析。如何在簡單與複雜之間取得一個適當的均衡，需要相當的經驗、智慧與專門知識。一個具有智慧的決策支援系統，應要能對模型建立的過程提供有意義的支援，如問題的定義、模型類型的篩選、資料的取得、模型精確度的驗證等。

4.模型使用：模型在被建立之後，即可被用來分析決策問題。但是運用模型從事決策分析往往需要一些經驗和技能，才能發揮正式模型的潛力。例如，估計模型的參數和變動參數值以分析結果的敏感度，都需要決策者對模型的應用範圍與方式有相當的瞭解，才能有效地被執行。利用專家系統，決策者可依據需求來要求系統給予必要的使用指引，以真正有效地利用模型從事決策分析。

5.結果判讀：一些模式分析的結果，可能需要相當的專業知識才能對分析的結果作正確的判讀。例如，利用統計模型分析事件之間的關連性，往往需要對統計檢定的結果有相當的瞭解，才能判定事件可能因果關係的顯著水準。因此，善用專家系統不但可幫助決策者解釋、分析所得的結果，也可逕行將分析結果以決策者較為熟悉的方式呈現。

一般而言，有效地運用專家系統於決策支援系統，能增進模型的管理、協助模型的選擇、提供對分析結果的判斷、產生可行方案、提供解決問題的經驗法則、增強問題結構的顯示與彈性等。

三、對話系統

　　就決策支援系統的對話系統而言，適當整合的專家系統及一些處理自然語言的軟硬體，可提供增進決策者與系統之間的互動品質及效率。應用專家系統於人機界面並不只限於決策支援系統，一些一般的應用軟體或系統發展工具，也可利用專家系統所提供的能力，以自然語言對話的方式進行人機互動。善用專家系統的相關技術於決策支援系統之中，至少可以在以下各方面增進決策支援系統的功能：

- 由於專家系統可提供以自然語言的方式與決策者互動，決策支援系統人機界面的親和力可以有相當程度的提昇。

- 專家系統的一項基本功能就是對系統的使用及運作提供解釋。將決策支援系統賦予這項功能，對於系統的使用及對問題分析結果的取得，決策者都可得到適當的輔助，進而增進決策支援系統使用的效率與成效。

- 也由於專家系統具有親和力的特性及較強處理自然語言的能力，決策支援系統乃能以決策者較為熟悉的詞句或方式與決策者互動，這項特性不但可增進系統使用的成效，也可以使決策者較容易接受並樂於使用決策支援系統。

- 雖然提供線上輔助或教學，並不一定需要專家系統才能達成，但由於上述一些專家系統的特性，決策支援系統能以較為「智慧」的形式對決策者提供即時、有效的線上輔助或教學。這項能力可節省對決策者使用系統的教育訓練與諮詢。

- 能以人類智慧的形式與決策者互動的決策支援系統，對一些需要大量人機互動、較為動態的問題，能提供決策者對問題較為精確的掌握，以產生有效的決策輔助及解決問題的能力。

　　想要對專家系統與決策支援系統的整合研究及進展作深入瞭解的讀者，可參閱 *Decision Sciences* 期刊分別於 1986 年及 1992 年出版的兩期專刊 [1, 2]，作者不在此作進一步的探討。

第二節　系統發展與使用的經驗

　　在一般文獻中，吾人不難發現一些學者專家，提出許多發展或使用決策相關科技的經驗，Fraser [3] 依據其在五年中協助客戶使用 Decision Maker 的經驗，提出一些對談判決策支援系統發展人員極有助益的經驗。這種從實務經驗中所獲取的教訓，無論是從學術或實務的觀點來看都極為寶貴。本章最後參照 Fraser [3] 及作者自身的經驗，提出一些與決策支援系統發展及使用的觀點供讀者參考。

　　1.有時候，一些企業的資訊系統無法提供決策者想要的資訊，因而導致決策者提出發展決策支援系統的構想或需求。但往往問題的癥結所在，並不在於企業是否應該導入決策支援系統，而是在於企業的管理資訊系統由於設計的不良，無法發揮其基本功能。在這種情況之下，就算是一些極具結構性的決策，也無法輕易地利用現存於管理資訊系統的相關資訊。事實上，許多決策相關的資訊、分析需求，可由一個設計良好的管理資訊系統來加以滿足。此外，許多決策者或系統供應商往往認為，任何一個資訊系統只要能輔助決策制定，就是一個決策支援系統。類似這種廣泛的定義，經常會產生一些系統發展和使用上的困擾，以及相關人員之間溝通的困難。對於一些較為成熟的決策支援科技，如個人決策支援系統，一般學者專家對其所應有的功能及其被發展的目的已有相當的共識，不應再以其廣泛、籠統的涵蓋其他的資訊系統。

　　2.在許多情況之下，決策者對其他決策者所提的方案或偏好，會有不同的認知，因此造成各說各話的情形。這種問題在談判之中，常會因為談判雙方對於所面對真正的問題，沒有一個清楚的定義而發生。經由發展一個針對所探討的議題的正式模型，談判者往往可以發現，大家對問題的許多層面有不同的認知。因此在許多遭遇到無法作出共同認可的協議的情形下，困難的癥結所在，事實上在於談判者沒有做適切的溝通，以達到對所面對的議題有相同的認知。常常在將真正面對的問題釐清後，一個解決紛爭的方案就可以清楚的浮現，不須更進一步的分析。這樣的情況，在進行合作群體決策時也會發生。因此一個正式模型的存在，可強迫談判者專注在問題上，並針對問題加以溝通。事實上，這是建立模型的過程本身，對共識的形成有所助益，而不真正需要任何方法論的輔助。換句話說，僅僅方法的存在，而不必真正的被用來分析問題，就足以滿足使用者的需求。因此如果一般案例分析顯示，某一特定方法論被成功的應用，並不足以顯示該方法論在實際談判應用上的效度。要真正的展示某一方法論的有效性，研究人員必須要能顯示系統使用的成功，是真正由該方法論所導致。

3.一般使用者通常可被粗略的分為兩種：(1)專注在答案本身；(2)專注在解決問題的過程上。第一類的決策者只在意能得到對問題的解決，而不太在意解答求得的過程。雖然最好能有辦法對此解決方案加以辯護，但通常並不想花時間在瞭解求得解決方案的詳細過程上 —— 一般管理者大多屬於這一類型。相反的，有些使用者希望能瞭解求得解決方案過程的任何細節。僅僅給予解決方案，而不提供推演的詳細過程，無法贏得這類決策者對解決方案的信任 —— 大多分析師及技術人員屬於這一類型。因為一般決策支援科技，很難同時滿足這兩類的決策者，系統發展人員必須預先確定所想要發展的系統，是要滿足哪一類的使用者，以免發展出一個無法滿足任何決策者需求的系統。

4.在面對一個特定問題的時候，一般管理者通常會有大量相關的資訊存於腦際，他們希望電腦系統，最好能直接從他們的腦中讀取資訊，而不需要他們花時間在傳授他們的知識上。事實上，在大多情況之下，這並不是一個嚴重的問題，因為許多問題的結構，會直接導致某一特定的結果，而不需要過於詳細的資訊。因此在使用各種決策支援科技的過程中，應盡可能地使決策程序繼續進行，避免花太多時間在細節之上。就算需要對某些細節做完整的瞭解，這部分也可以在事後補齊，而這部分的需求往往很容易的在事後就被忘記或忽視掉了。所以能隨時在決策過程當中顯示任何分析細節的功能，在一些情境之下並非關鍵。當然，以使用談判支援系統而言，在較高競爭性及敵意的談判中，能隨時利用系統顯示某些細節，以對己方的立場加以辯護，這或許是達成協議的關鍵。

　　5.雖然在一般決策理論中，與效用或偏好相關的理論極多，但大多建立在良好定義的效用函數及數學架構之上。即使對決策者偏好、風格的分析對決策支援系統發展而言是必要的，這些理論對實際發展系統而言，僅能提供相當有限的指引，特別是發展談判支援系統。因為在實際談判中，談判者對一些議題或方案的偏好並非一成不變。在多數情況之下，談判者的偏好會隨著談判的進行改變，而這種偏好的動態，很難以數學模型的方式加以量化。同時，在競爭性質較強的談判中，一般參予談判的人，大多不願意明白的、完全的顯示自己對某些議題或方案的偏好，以免陷於資訊的劣勢中。另外，在許多策略決策制定的環境中，方案之間會有某種程度的相關性。換句話說，某些方案可能產生的結果，會隨其他方案的採用或不採用而變，因此造成談判者對方案偏好的改變。由於這些原因，談判支援系統應提供一些有彈性的偏好分析工具。

　　6.雖然決策支援系統可清楚展示一些可行方案，以及依據分析最為有利的方案，然而決策者卻不依系統分析的結果採行最佳方案。在這種情況之下，只要使用者對系統所提供的支援滿意，就算系統設計者對使用者沒有採行系統所建議的最佳方案，而感到不滿意，這個系統也算是成功的。任何決策支援系統的設計或發展者均須瞭解，任何的分析工具都很難將決策者的偏好和風格完全、忠實地反應出來，因此只要使用者對系統所提供的支援感到滿意，該系統對決策所作的貢獻就應被肯定。

　　7.有時某些從系統設計者觀點來看並不重要的功能，使用者卻相當重視。例如，某些特定系統功能或技術，如群體決策支援系統中之群體技術或談判支援系統中之偏好或衝突分析技術，在目前的系統使用上雖無多大助益，但使用者可能只為要見識系統能運用該技術從事分析，因而要求使用該技術。又例如，使用者可能為習於在某種特定風格的界面下使用電腦，如麥金塔的界面或視窗，因而要求談判支援系統應有近似的界面，而不管這種風格的界面，是否真的會產生較佳的效果。因此系統設計者應要瞭解人們對「用慣的東西就是好的」的心態。

　　8.常常一些需要談判解決的問題有時看似簡單，實際上卻相當複雜。例如，雖然「囚犯困境」僅是一個兩個對手各有兩個策略的賽局，但這個問題實際上卻相當的複雜，吸引了很多的學者研究，並針對這個問題發表了無數的研究報告。從另一方面來談，人們常常會有一種傾向：當所面對的問題實質上是很簡單的，卻不願意相信問題是如此單純。這種傾向在使用談判決策支援系統時，可能更容易發生，因為當系統將問題以模型的方式顯示時，可能使問題顯得過於簡單，縱使模式對實際的問題做了忠實的顯示。同時，假如使用者對於所面對問題的複雜性的來源並不清楚，在這種傾向之下，往往會建構出較實際問題複雜的模型，使談判變得更為複雜。面對這種可能性，不但談判仲裁人應在談判的過程中，盡量正確的導引使用者，系統設計者也應盡可能設計出，能在造模過程中將多餘資訊排除的功能。

　　9.縱使現在資訊科技如此發達，仍有許多人對電腦存有不信任感，因此對資訊科技產生敵意。對一些專業管理人員而言，資訊科技不可能對其決策能力有所幫助，這是對導入一般決策支援系統經常必須面對的問題。以談判支援系統為例，對一些經常參予談判的人員而言，談判是一種藝術，甚至喜歡享受談判過程中的爾虞我詐，因此排斥利用資訊科技輔助其談判的想法。面對這種心態，唯一能贏得這些人的辦法，就是能一再的清楚地顯示使用談判支援系統的實質利益。

研討習題

1. 描述專家系統在決策支援系統中之資料庫及管理系統的應用。
2. 描述專家系統在決策支援系統中之模式庫及管理系統的應用。
3. 描述專家系統在決策支援系統中之使用者界面的應用。
4. 討論發展或導入決策支援系統時，所經常會遭遇的問題及解決辦法。

——參考文獻——

1. *Decision Sciences*, Special Issue on Expert Systems and Decision Support Systems, J. C. Henderson (ed.), 18, 1987, p.3.

2. *Decision Sciences*, Special Issue on Expert Systems and Decision Support Systems, M. Goul, J. C. Henderson, and F. M. Tonge, (eds.), 1992, p.23.

3. Fraser, N. M., "Lessons from the Marketplace," *Interfaces*, 24, 6, 1994, pp.100–106.

4. Goul, M., J. C. Henderson and F. M. Tonge, "The Emergence of Artificial Intelligence as a Reference Discipline for Decision Support Systems Research," *Decision Sciences*, 23, 1992, pp.1263–1276.

5. Turban, E., & P. R. Watkins, "Integrating Expert Systems and Decision Support Systems," *MIS Quarterly*, June, 1986, pp.121–136.

三民大專用書書目——心理學

心理學	劉 安 彥	著	傑克遜州立大學
心理學	張春興、楊國樞	著	臺灣師大等
怎樣研究心理學	王 書 林	著	
人事心理學	黃 天 中	著	淡 江 大 學
人事心理學	傅 肅 良	著	前中興大學
心理測驗	葉 重 新	著	臺 中 師 院
青年心理學	劉安彥	著	傑克遜州立大學
	陳英豪		省 政 府

三民大專用書書目——美術

廣告學	顏 伯 勤	著	輔 仁 大 學
展示設計	黃世輝、吳瑞楓	著	
基本造形學	林 書 堯	著	臺灣藝術學院
色彩認識論	林 書 堯	著	臺灣藝術學院
造 形 (一)	林 銘 泉	著	成 功 大 學
造 形 (二)	林 振 陽	著	成 功 大 學
畢業製作	賴 新 喜	編	成 功 大 學
設計圖法	林 振 陽	著	成 功 大 學
廣告設計	管 倖 生	著	成 功 大 學
藝術概論	陳 瓊 花	著	臺 灣 師 大
藝術批評	姚 一 葦	著	國立藝術學院
美術鑑賞	趙 惠 玲	著	臺 灣 師 大
舞蹈欣賞	平 珩	主編	國立藝術學院
戲劇欣賞——讀戲、看戲、談戲	黃 美 序	著	淡 江 大 學
音樂欣賞 (增訂新版)	陳樹熙、林谷芳	著	臺灣藝術學院
音 樂	宋 允 鵬	著	
音 樂 (上)(下)	韋瀚章、林聲翕	著	

電腦叢書書目

三民大專用書書目——行政‧管理